>>> 常金华 陈梅◎编著

博弈论

通识十八讲

U0196806

北京大学出版社
PEKING UNIVERSITY PRESS

图书在版编目（CIP）数据

博弈论通识十八讲／常金华，陈梅编著．—北京：北京大学出版社，2017.10
（21世纪通才系列教材）
ISBN 978-7-301-28838-2

Ⅰ．①博…　Ⅱ．①常…②陈…　Ⅲ．①博弈论—普及读物　Ⅳ．①O225-49

中国版本图书馆 CIP 数据核字（2017）第 243354 号

书　　　　名	博弈论通识十八讲
	BOYILUN TONGSHI SHIBA JIANG
著作责任者	常金华　陈　梅　编著
策 划 编 辑	徐　冰
责 任 编 辑	王　晶
标 准 书 号	ISBN 978-7-301-28838-2
出 版 发 行	北京大学出版社
地　　　　址	北京市海淀区成府路 205 号　100871
网　　　　址	http://www.pup.cn
新 浪 微 博	@北京大学出版社　@北京大学出版社经管图书
电 子 邮 箱	编辑部 em@pup.cn　总编室 zpup@pup.cn
电　　　　话	邮购部 62752015　发行部 62750672　编辑部 62752926
印 刷 者	北京虎彩文化传播有限公司
经 销 者	新华书店
	730 毫米×980 毫米　16 开本　15 印张　285 千字
	2017 年 10 月第 1 版　2024 年 2 月第 3 次印刷
定　　　　价	36.00 元

前　言

诸贝尔经济学奖获得者保罗·萨缪尔森(Paul Samuelson)教授说:"要想在现代社会做一个有文化的人,你必须对博弈论有一个大致了解。"当前,博弈论已成为了"经济学帝国主义"的急先锋,并入侵到法律、政治科学、社会学、历史、语言等其他社会科学领域,甚至在诸如生物学、人工智能和火箭工程等自然科学及技术领域也大展英姿。

博弈论是当前经济学最前沿的研究领域之一,其应用十分广泛,而目前的博弈论教学往往以理论为主,并要求相当程度的专业预备知识和数学基础,让人望而生畏。在高校开设"博弈论平话"通识课程,以现实生活中有趣的故事和通俗的例子讲解博弈论的知识,能极大地降低博弈论的进入门槛和学习难度,从而激发学生的学习兴趣,培养学生的创造性思维,提高学生的实践能力和综合素质,并推进博弈论的教学改革。

本教材在参考国内外经典博弈论教材的基础上,结合中南财经政法大学"博弈论平话"通识课程的教学经验,以轻松的故事和丰富的案例向学生讲授博弈论的精彩内容,通过比较浅显的例子和故事介绍博弈论知识,帮助学生走进博弈论的殿堂。本教材是为适应博弈论通识课程教学的需要编写的,因为这是一门面向全校本科生教授的博弈论通识课程,所以我们力求理论联系实际,贴近现实生活。学生阅读本书不需要经济学、政治学和数学等专业的预备知识,而是通过对日常生活中的智慧、经济活动中的竞争和合作、政治活动中的技巧、军事活动及战争中的策略演绎,在漫游于故事情景的同时学习博弈论知识,掌握分析问题的新的视角、理念和方法。

本教材的主要内容集中于完全信息静态博弈和完全信息动态博弈的范畴,也伸延到其他一些专题。全书分为十八讲,每讲为2学时,基本涵盖了博弈论的基本知识,包括博弈论的基本概念和分类、博弈论的历史和发展、完全信息静态博弈、完全且完美信息动态博弈、重复博弈、演化博弈、完全且不完美信息动态博弈、不完全信息静态博弈、不完全信息动态博弈和合作博弈等内容,并在附录中对近二十多年来由于博弈论领域的贡献获得诺贝尔经济学奖的18位学者的人物生平和主要学术贡献进行了介绍。每一讲的内容主要包括基本理论和应用案例两个部分,开篇由案例引入,通过案例讲解学习基本理论知识,在掌握相关理论知识的基础上,最后补充相应的应用案例,帮助学生深入理解所学博弈理论在现实生活中的应用。通过"案例－理论－案例"的编写模式，激发学生的学习兴趣，启发学生思考，培养学生应用理论知识分析解决实际问题的能力。

本教材的编写得到了湖北省省级教改项目（2016154）、中南财经政法大学校级教改项目（2013YB40 和 YB2015005）以及中南财经政法大学首批通识教材立项项目的资助。可以说，基于本书的博弈论通识课教学是适应当前我国高等教育改革需要、加强博弈论通识教学改革、培养学生创新能力的实践。尽管我们有着良好的愿望，力求通过简明的语言和丰富的案例对博弈论的基本知识进行介绍，对博弈论通识课程教学作一些有益的探索，但由于能力和经验的局限，书中存在一些不足甚至错误之处，恳请读者不吝赐教。

感谢北京大学出版社和本教材的出版策划人、编辑对我们教学改革的鼎力支持和辛勤劳动！感谢学校教务部领导和学院领导对博弈论通识课程教学改革的支持。特别感谢北京大学出版社张昕老师和王晶编辑为教材编写工作进行的反复沟通和对文稿提出的宝贵修改意见。感谢我校周月梅老师多年的博弈论课程教学经验分享并为本书编写提供了大量素材。感谢我校历年来选修博弈论系列课程的学生们对本书教学案例的贡献，感谢书稿写作过程中给了我们很多帮助和支持的研究生李丹、范芹芹、张伟和李明姗，感谢他们对教材编写资料整理所做的大量工作。对于其他支持我们完成该书的人士，我们在此一并深表谢意！

编　者
2017 年 5 月于中南财经政法大学

目　录

第一讲　博弈论概述

一、什么是博弈论

(一)从游戏到博弈

日常生活中的博弈(game,"游戏")往往指的是诸如赌博和运动这样的东西:赌抛硬币、百米赛跑、打网球/橄榄球,等等。如何在这些游戏中取胜呢? 许多博弈都包含着运气、技术和策略,其中策略是为了获胜所需要的一种智力的技巧,是对于如何最好地利用身体(物质)的技巧的一种算计。策略思考本质上涉及与他人的相互影响,因为其他人在同一时间、对同一情形也在进行类似的思考。

博弈论就是用来分析这样交互式的决策的。理性的行为是指:明白自己的目的和偏好,同时了解自己行动的限制和约束,然后以精心策划的方式选择自己的行为,按照自己的标准做到最好。博弈论从新的角度赋予了理性行为新的含义——与其他同样具有理性的决策者进行相互作用。博弈论是关于相互作用(互动)情况下的理性行为的科学。

(二)如何在博弈中获胜?

你真的能(总是)在博弈中获胜吗?

答案是不能。因为你的对手和你一样聪明!

许多博弈相当复杂,博弈论并不能提供万无一失的应对办法。请看下面的例子。

(1)无谓竞争

你所注册的一门课程按照比例来给分:无论卷面分数是多少,只有40%的人能够得优秀,40%的人能得良好。

所有学生达成一个协议,大家都不要太用功,如何? 想法不错,但无法实施! 因为对于每个学生来说,稍加努力即可胜过他人,诱惑大矣。问题是,大家都这么做。这样一来,所有人的成绩也不会比大家遵守协议更高。而且,大家还付出了更多的努力。正因为这样的博弈对所有参与人存在着或大或小的潜在成本,如何达成和维护互利的合作就成为一个值得探究的重要问题。

（2）焦点博弈

两个学生想要推迟考试，谎称由于返校途中轮胎漏气，未能很好地备考。

老师分别对他们提出了问题："哪个轮胎漏气？"如何应答？他们本应该预先估计到老师的招数，提前准备好答案。在博弈中，参与人应该向前看到未来的行动，然后通过向后推理，推算出目前的最佳行动。如果双方都没有准备，他们能够独立地编出一个相互一致的谎言吗？"乘客侧前轮"看起来是一个合乎逻辑的选择。但真正起作用的是你的朋友是否使用同样的逻辑，或者认为这一选择同样显然。并且你是否认为这一选择对他同样显然；反之，他是否认为这一选择对你同样显然，以此类推。也就是说，需要的是对这样的情况下该选什么的预期的收敛。这一使得参与人能够成功合作的共同预期的策略被称为焦点。心有灵犀一点通。我们无法从所有这样的博弈的结构中找到一般和本质的东西，来保证这样的收敛。某些博弈中，可能由于偶然的外因可以对策略贴标签，或者参与人之间拥有某些共同的知识体验，导致了焦点的存在。如果没有某个这样的暗示，默契的合作就完全不可能。

（3）为什么老师如此苛刻？

许多老师强硬地规定，不进行补考，不允许迟交作业或论文。老师们为何如此苛刻？

因为如果允许某种迟交，而且老师又不能辨别原因的真伪，那么学生就总是会迟交，期限本身就毫无意义了。避免这一"滑梯"通常只有一种办法，就是"没有例外"的策略。问题是，一个好心肠的老师如何维持如此铁石心肠的承诺？他必须找到某种使拒绝变得强硬和可信的方法。比如拿行政程序或学校政策来作挡箭牌，再如在课程开始时明确和严格地宣布，同时可通过几次严打来获得"冷面杀手"的声誉。

（三）博弈的定义

那么，究竟什么是博弈呢？美国罗杰·迈尔森（Roger B. Myerson）指出，一个博弈指的是涉及两个或更多个参与人的社会局势。英国经济学家亚当·斯密（Adam Smith）提出，博弈是个体参与人从各自的动机出发发生相互作用的一种状态。下面给出一个非技术性的定义。博弈是指代表不同利益的决策主体，在一定的环境条件和规则下，同时或先后、一次或多次从各自允许选择的行动方案中加以选择并实施，从而取得各自相应结果的活动。

从上述定义中可以看出，一个标准的博弈应当包括三个方面，即我们可以从以下三个方面入手分析一个基本的博弈：

（1）博弈的参与人（player），又称"博弈方"，是指博弈中独立决策，以自身利益最大化来选择行动的决策主体。

（2）各博弈方的策略（strategy）或行动（action），策略可以理解为参与人的一个相机行动方案，它规定了参与人在什么情况下该如何行动，即参与人选择行动的规则。行动是参与人在博弈的某个时点的决策变量。

（3）各博弈方的得益（payoffs），指参与人在给定策略组合下得到的报酬，即博弈方作出决策后从博弈中的所得或所失，它是每个博弈方真正关心的东西。

二、博弈的基本概念

（一）参与人

参与人是指一个博弈中的决策主体，他们各自的目的是通过选择行动（策略）以最大化自己的目标函数/效用水平/得益函数。他们可以是自然人也可以是团体或法人，如企业、国家、地区、社团、欧盟、北约等。那些不作决策或虽作决策但不直接承担决策后果的被动主体不是参与人，而只能当作环境参数来处理，如指手画脚的看牌人、看棋人，企业的顾问等。对参与人的决策来说，最重要的是必须有可供选择的行动集（策略集）和一个很好定义的得益函数。

虚拟参与人（pseudo-player）是指自然（nature），即决定外生的随机变量的概率分布的机制。如"谋事在人，成事在天"的"天"；如出远门去旅游，可能很开心，也可能很尴尬（生病住医院），两者的概率分布是 90%、10% 或 98%、2% 或其他，由"自然"决定。

在以后的讨论中，我们记参与人为 i，参与人集合为 I，即 $I = \{1, 2, \cdots, i, \cdots, n\}$，表示该博弈中共有 n 个参与人；为了讨论的方便，把某个参与人 i 之外的其他参与人称为 i 的对手，记为 $-i$；N 代表自然。

（二）策略

博弈中有两种策略概念。一种为纯策略（pure strategy），简称策略，指参与人在博弈中可以选择采用的行动方案，是参与人在给定信息结构的情况下的行动规则，它规定参与人在什么时候的什么情况下采取什么行动，因而一个纯策略是参与人的一个"相机行动方案"（contingent action plan），如"人不犯我……""按第一套方案行动、实施第二套方案……"，等等。记参与人 i 的一个策略为 s_i，参与人 i 在一个博弈中的全部可供选择的策略记为策略集 S_i（strategy set）或策略空间（strategy space），即 $s_i \in S_i$，$S_i = \{s_1, s_2, \cdots, s_i, \cdots, s_n\}$，表示参与人 i 在该博弈中共有 n 个可行的策略。如果 n 个参与人每人从自己的 S_i 中选择一个策略 s_i，则向量 $s = (s_1, s_2, \cdots, s_i, \cdots, s_n)$ 是一个策略组合（strategy profile），参与人 i 之外的其他参与人的策略组合可记为 $s_{-i} = (s_1, s_2, \cdots, s_{i-1}, s_{i+1}, \cdots, s_n)$。

另一种策略概念是在纯策略基础上形成的混合策略（mixed strategy），参与人 i 的混合策略 p_i 是他的纯策略集 S_i 上的一种概率分布，表示参与人实际进行决策时根据这种概率分布在纯策略中随机选择加以实施。如果天气预报说有时可能有雨,那么你出门是否要带伞? 它是一种不确定性,采用这种策略的目的就是让对方捉摸不透,实施时似乎由一架随机机器在操作。

注意:(1)策略与行动是两个不同的概念,策略是行动的规则而不是行动本身。在静态博弈中,由于参与人同时行动,没有人能掌握他人之前行动的信息,故没有可针对的行动,从而策略的选择就变成了行动的选择,即策略和行动是等同的。(2)作为一种行动规则,策略必须是完备的,就是说,策略要给出参与人在每一种可能想象到的情况下的行动选择,即使参与人并不预期这种情况会实际发生。如"丑话说在前面……"。

(三)得益

得益是指参与人从各种策略组合中获得的收益。收益往往采用效用(utility)的概念。它或者是一个特定策略组合下某个参与人得到的确定效用水平,或者是期望效用水平。它是策略组合的函数,所以也称得益函数(payoff function),记为 $u_i, u_i = u_i(s_1, s_2, \cdots, s_i, \cdots, s_{n-1}, s_n)$。

注意:(1)博弈的一个基本特征是一个参与人的得益不仅取决于自己的策略选择,而且取决于所有其他参与人的策略选择,是策略组合的函数。(2)得益是参与人真正关心的东西,参与人在博弈中的目标就是选择自己的策略以最大化自己的得益函数。

一个博弈中,明确了以上三个概念,该博弈的基本框架就形成了,故这三个概念称为博弈的三个基本要素。一个具体博弈的界定,还需明确行动的顺序和有关的信息。

(四)行动的顺序

行动的顺序(the order of play)是指博弈中参与人实施决策活动的顺序,可以是同时,也可以是有先有后。其他因素不变,但行动顺序不同,参与人的最优选择就不同,博弈的结果也不同。事实上,不同的行动顺序安排意味着不同的博弈。

(五)信息

信息(information)是指一个博弈中参与人有关该博弈的知识,如关于 N 的选择、其他参与人的策略集、得益函数、行动顺序等。博弈论中关于信息的具体概念有:

(1)信息集(information set),主要出现在动态博弈中,可理解为参与人在特定时刻上对有关变量的值的知识;一个参与人无法准确知道的变量的全体属于一个信息集。

(2)完美信息(perfect information),指一个参与人对其他参与人(包括 N)

的行动选择有准确了解的情况,即一个信息集只包含一个值。它也是动态博弈的一个概念。

（3）完全信息(complete information),指 N 不首先行动或 N 的初始行动被所有参与人准确观察到的情况,即没有事前的不确定性。

（六）均衡

均衡(equilibrium): $s^* = (s_1^*, \cdots, s_i^*, \cdots, s_n^*)$,是指博弈中几个博弈方每方选取的最优策略所构成的一个策略组合。均衡是指一稳定的博弈结果,但并不是所有的博弈结果都能成为均衡。博弈的均衡是稳定的,因而是可以预测的。

三、几类经典的博弈模型

在展开博弈理论分析之前,先介绍几类经典的博弈模型。

（一）囚徒困境

囚徒困境是数学家艾伯特·塔克(Albert Tucker)于 1950 年提出的,该博弈是博弈论中最经典、最著名的模型,本身讲的是一个法律刑侦或犯罪学方面的问题,但可以扩展到许多经济问题甚至社会问题,如可以揭示市场经济的根本缺陷。

1. 基本模型

假设有两个囚徒被警察抓获后分别关押在两个房间接受审讯,如果两人都坦白,则各判刑 5 年;如果一人坦白,一个抵赖,则坦白的一方被释放,抵赖的一方判刑 8 年;如果两人都抵赖,则各判刑 1 年。如果用 -5、-8 和 -1 表示两个囚徒被判刑 5 年、8 年和 1 年的得益,用 0 表示囚徒被释放的得益,则可以用一个得益矩阵(payoff matrix)将这个博弈表示如下:

囚徒 2

		坦白	不坦白
囚徒 1	坦白	-5, -5	0, -8
	不坦白	-8, 0	-1, -1

2. 双寡头竞价博弈

假设市场上有两个生产同一种产品的厂商,他们可以选择高价和低价两种策略,如果都采用高价策略,两家的利润各是 100 万元;如果一个定高价,一个定低价,则定高价一方的利润为 20 万元,定低价一方的利润为 150 万元;如果两家都采用低价策略,则利润都为 70 万元,如果用 100、70、150、70 表示两寡头得益 100 万、20 万、150 万和 70 万则其得益矩阵如下所示：

		寡头 2	
		高价	低价
寡头 1	高价	100,100	20,150
	低价	150,20	70,70

（二）赌胜博弈

赌博、竞技等构成的博弈问题，在经济中也有许多应用，赌胜博弈就是一类重要的博弈问题，对经济竞争和合作也有很大启示。赌胜博弈的特点是一方所得等于另一方所失，不可能双赢，属于"零和博弈"。两个常见的赌胜博弈得益分析如下：

（1）猜硬币博弈

		猜硬币方	
		正面	反面
盖硬币方	正面	$-1,1$	$1,-1$
	反面	$1,-1$	$-1,1$

（2）石头 – 剪刀 – 布博弈

		博弈方 2		
		石头	剪刀	布
博弈方 1	石头	0,0	$1,-1$	$-1,1$
	剪刀	$-1,1$	0,0	$1,-1$
	布	$1,-1$	$-1,1$	0,0

四、博弈的分类

按照不同的分类标准，可将博弈进行不同的分类，具体如下。

（一）按博弈的博弈方分类

博弈中的博弈方是独立决策、独立承担博弈结果的个人或组织。在博弈规则面前博弈方之间平等，不因博弈方之间权力、地位的差异而改变。博弈方数量对博弈结果和分析有影响。根据博弈方的数量可将博弈分为单人博弈、两人博弈、多人博弈等。

1. 单人博弈

单人博弈即只有一个博弈方的博弈,单人博弈是退化的博弈。举例如下。

(1)单人迷宫

有一个人从入口进入一个迷宫,如图1.1所示:走到岔路口 A,有往左走和往右走两个选择,往右走走到死胡同,往左走则走到岔路口 B;到岔路口 B 同样有往左走和往右走两个选择,往左走走到死胡同,往右走则走到出口,得到 M 的奖金。

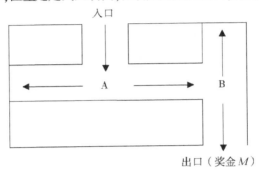

图 1.1　单人迷宫图示

其扩展式如下图所示:

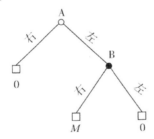

(2)运输路线

一个商人要运输一批货物,有走水路和走陆路两个选择:好天气时走水路的成本是7000,走陆路的成本是10000;坏天气时走水路的成本是16000,走陆路的成本是14000。好天气的概率是75%,坏天气的概率是25%。

		自然	
		好天气(75%)	坏天气(25%)
商人	水路	−7000	−16000
	陆路	−10000	−14000

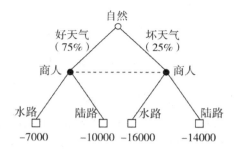

2. 两人博弈

两人博弈即有两个博弈方的博弈。两人博弈最常见,研究也最多,是最基本和有用的博弈类型。囚徒困境、猜硬币、田忌赛马等都是两人博弈。两人博弈有多种可能性,博弈方的利益方向可能一致,也可能不一致。

3. 多人博弈

多人博弈为三个或三个以上博弈方之间的博弈。博弈中可能存在"破坏者",即其策略选择对自身的利益并没有影响,但却会对其他博弈方的利益产生很大的、有时甚至是决定性的影响。申办奥运会是典型的多人博弈的例子。多人博弈的表示有时与两人博弈不同,需要多个得益矩阵,或者只能用描述法。

(二)按博弈的策略分类

博弈中的策略有定性定量、简单复杂之分。不同博弈方之间不仅可选策略不同,而且可选策略数量也可不同。按照博弈中的策略可将博弈分为有限博弈和无限博弈。有限博弈中每个博弈方的策略数都是有限的。无限博弈中至少有某些博弈方的策略有无限多个。

(三)按博弈的得益分类

博弈中的得益为各博弈方从博弈中所获得的利益,是各博弈方追求的根本目标及行为和判断的主要依据。得益对应各博弈方策略的组合。根据得益可将博弈分为:零和博弈、常和博弈和变和博弈。

1. 零和博弈

零和博弈也称"严格竞争博弈"。博弈方之间利益始终对立,偏好通常不同,且博弈方之间得益的总和为零。如猜硬币博弈、田忌赛马、石头－剪刀－布等。

2. 常和博弈

常和博弈中博弈方之间得益的总和为常数,博弈方之间的利益是对立的且是竞争关系。如分配固定金额的奖金。

3. 变和博弈

零和博弈和常和博弈以外的所有博弈均为变和博弈。变和博弈中合作利益可能存在,因此博弈效率问题非常重要。如囚徒困境、产量决策等。

(四)按博弈的过程分类

博弈过程指博弈方选择、行动的次序,包括是否存在多次重复选择、行动。博弈过程对博弈结果也有重要影响。根据博弈的过程,博弈可分为静态博弈(同时行动)、动态博弈(序贯行动)和重复博弈。

1. 静态博弈

静态博弈指所有博弈方同时或可看作同时选择策略的博弈。如田忌赛马、猜硬币、古诺模型。

2. 动态博弈

动态博弈指各博弈方的选择和行动有先后次序且后选择、后行动的博弈方在自己选择、行动之前可以看到其他博弈方的选择和行动的博弈。如弈棋、市场进入、领导 – 追随型市场结构。

3. 重复博弈

重复博弈指同一个博弈反复进行所构成的博弈,提供了实现更有效率博弈结果的新可能。如长期客户、长期合同、信誉问题。按照重复的次数可将重复博弈分为有限次重复博弈和无限次重复博弈。

(五)按博弈的信息分类

按照博弈中各博弈方所掌握的信息,可将博弈进行不同的分类。具体而言,根据关于得益的信息可将博弈分为完全信息博弈和不完全信息博弈;根据关于博弈过程的信息可将博弈分为完美信息博弈和不完美信息博弈。

1. 完全信息博弈

完全信息博弈即各博弈方都完全了解所有博弈方各种情况下的得益的博弈。

2. 不完全信息博弈

不完全信息博弈为至少部分博弈方不完全了解其他博弈方得益的情况的博弈,也称为"不对称信息博弈"。

3. 完美信息博弈

完美信息博弈即每个轮到行动的博弈方对博弈的进程有完全了解的博弈。

4. 不完美信息博弈

不完美信息博弈即至少某些博弈方在轮到行动时不完全了解此前全部博弈进程的博弈。

(六)按博弈方的能力和理性分类

按照博弈方的能力和理性可将博弈分为:完全理性博弈和有限理性博弈;个体理性博弈和集体理性博弈。

(1)完全理性,即各博弈方有完美的分析判断能力并不会犯选择和行动的错误。

(2)有限理性,即博弈方的判断选择能力有缺陷。

(3)个体理性,即以个体利益最大为目标。

(4)集体理性,即追求集体利益最大化。

(七)小结

一般来说,博弈论包括合作博弈和非合作博弈两个部分。合作博弈指的是允许存在有约束力协议的博弈;非合作博弈指的是不允许存在有约束力协议的博弈。非合作博弈的基本分类如表 1.1 所示:

表 1.1 非合作博弈的基本分类

	完全信息	不完全信息
静态	完全信息静态博弈	不完全信息静态博弈
动态	完全信息动态博弈	不完全信息动态博弈

第二讲　博弈论的历史与发展

一、博弈论的发展史

我国学者对博弈论的发展史进行了梳理,将其分为以下四个阶段。

(一)博弈论的早期研究

博弈论最初的历史没有共识,对具有策略依存特点的决策问题的研究可上溯到 18 世纪初甚至更早,博弈论真正的发展是在 20 世纪,总体上仍然是发展中的学科。博弈论发展史上的代表性案例包括:2000 年前我国古代的"田忌赛马";1500 年前巴比伦犹太教法典"婚姻合同问题"等;1838 年古诺提出古诺双寡头模型;1883 年伯特兰德提出寡头竞争模型;1913 年齐默罗提出象棋博弈定理 和"逆推归纳法";1921—1927 年波雷尔提出混合策略的第一个现代表述,以及有数种策略两人博弈的极小化极大解;1928 年冯·诺伊曼和摩根斯坦提出用扩展式定义博弈,并证明有限策略两人零和博弈有确定结果。

(二)博弈论的形成

冯·诺伊曼和摩根斯坦《博弈论和经济行为》(*Theory of Games and Economic Behavior*,1944)这本著作的出版标志着现代博弈论的正式形成。在该书中,他们引进了博弈的扩展式表示和规范式表示,提出稳定集(stable sets)解概念,并正式提出创造博弈论一般理论的想法,给出博弈论研究的一般框架、概念术语和表述方法。

(三)博弈论的成长和发展

博弈论的成长和发展具体分为以下两个阶段:

1. 博弈论的第一个研究高潮:20 世纪 40 年代末到 50 年代初

1950 年约翰·纳什(John Nash)提出"纳什均衡"(Nash equilibrium)概念,并证明纳什定理,发展了非合作博弈的基础理论。1950 年梅尔文·德雷希尔(Melvin Dresher)和梅里尔·弗勒德(Merrill Flood)在兰德公司提出"囚徒困境"(Prisoner's dilemma)博弈实验。1952—1953 年期间罗伊德·沙普利(Lloyd Shapley)和吉尔斯(D. B. Gillies)提出"核"(core)作为合作博弈的一般解概念,同时沙普利提出了合作博弈的"沙普利值"(Shapley value)概念等。

罗伯特·奥曼(Robert Aumann)认为:"20世纪40年代末、50年代初是博弈论历史上令人振奋的时期,原理已经破茧而出,正在试飞它们的双翅,活跃着一批巨人。"

2. 博弈论发展的青年期:20世纪50年代中后期到70年代

罗伯特·奥曼在1959年提出了"强均衡"(strong equilibrium)的概念。"重复博弈"(repeated games)也是在50年代末开始研究的,这自然引出了关于重复博弈的"民间定理"(folk theorem)。1960年,托马斯·谢林(Thomas Schelling)引进"焦点"(focal point)的概念。博弈论在演化生物学(evolutionary biology)中的公开应用也是在60年代初出现的。莱因哈德·泽尔腾(Reinhard Selten)于1965年提出"子博弈完美纳什均衡"(subgame perfect Nash equilibrium),1975年他又提出了"颤抖手完美均衡"(trembling hand perfect equilibrium)。约翰·海萨尼(John Harsanyi)在1967—1968年发表了三篇构造不完全信息博弈理论的系列论文,提出了"贝叶斯纳什均衡"(Bayesian Nash equilibrium)等,并在1973年提出关于"混合策略"的不完全信息解释,以及"严格纳什均衡"(strict Nash equilibrium)。20世纪70年代"演化博弈论"(evolutionary game theory)取得了重要发展,约翰·梅纳德·史密斯(John Maynard Smith)于1972年引进"演化稳定策略"(evolutionarily stable strategy,ESS)等。奥曼1976年的一篇文章引起了大家对"共同知识"(common knowledge)的广泛重视。

总而言之,20世纪40年代末到70年代末是博弈论发展的重要阶段。这个时期博弈理论仍然没有成熟,理论体系还比较混乱,概念和分析方法很不统一,在经济学中的作用和影响还比较有限,但这个时期博弈论研究的进展和繁荣却是非常显著的。

这一阶段博弈论研究的迅速发展,除了理论发展自身规律的作用以外,全球政治、军事、经济特定环境条件的影响(战争背景下的军事对抗和威慑策略研究的需要、国际经济竞争的加剧等),以及经济学理论发展本身的需要等,都起了重要的作用。正是因为有了这一阶段博弈论研究的繁荣发展,才有20世纪八九十年代博弈论的成熟和对经济学的博弈论革命。

(四)博弈论与主流经济学的融合

20世纪八九十年代是博弈论走向成熟的时期。埃隆·科尔伯格(Elon Kohlberg)于1981年提出了"顺推归纳法"(forward induction)。戴维·克瑞普斯(David Kreps)和罗伯特·威尔逊(Robert Wilson)在1982年提出了"序列均衡"(sequential equilibrium)的概念。1982年约翰·梅纳德·史密斯出版了《演化和博弈论》(*Evolution and the Theory of Games*)。1984年道格拉斯·伯恩海姆(Douglas Bernheim)和皮尔斯(D. G. Pearce)提出"可理性化性"(rationalizability)。

海萨尼和泽尔腾在 1988 年提出了在非合作和合作博弈中均衡选择的一般理论和标准。1991 年德鲁·弗登伯格（Drew Fudenberg）和让·梯若尔（Jean Tirole）首先提出了"完美贝叶斯均衡"（perfect Bayesian equilibrium）的概念。

二、博弈论和诺贝尔经济学奖

从 1994 年到 2014 年，有 8 届共 18 位学者由于博弈论领域的贡献获得诺贝尔经济学奖，其获奖理由和主要贡献如下。更多详细信息可参见本书附录。

1994 年诺贝尔经济学奖获得者：美国人约翰·海萨尼、美国人约翰·纳什和德国人莱因哈德·泽尔腾，获奖理由是在非合作博弈的均衡分析理论方面作出了开创性的贡献，对博弈论和经济学产生了重大影响。

1996 年诺贝尔经济学奖获得者：英国人詹姆斯·莫里斯（James Mirrlees）和美国人威廉·维克瑞（William Vickrey），获奖理由为前者在信息经济学理论领域作出了重大贡献，尤其是不对称信息条件下的经济激励理论的论述；后者在信息经济学、激励理论、博弈论等方面都作出了重大贡献。

2001 年诺贝尔经济学奖获得者：三位美国学者乔治·阿克洛夫（George Akerlof）、迈克尔·斯彭斯（Michael Spence）和约瑟夫·斯蒂格利茨（Joseph Stiglitz），获奖理由为在"对充满不对称信息市场进行分析"领域作出了重要贡献。

2002 年诺贝尔经济学奖获得者：美国普林斯顿大学的以色列教授丹尼尔·卡尼曼（Daniel Kahneman）和美国乔治·梅森大学教授弗农·史密斯（Vernon Smith）。丹尼尔·卡尼曼是因为"把心理学研究和经济学研究结合在一起，特别是与在不确定状况下的决策制定有关的研究"而得奖。弗农·史密斯是因为"通过实验室实验进行经济方面的经验性分析，特别是对各种市场机制的研究"而得奖。

2005 年诺贝尔经济学奖获得者：以色列人罗伯特·奥曼和美国人托马斯·谢林，获奖原因是"通过博弈论分析加强了我们对冲突和合作的理解"。

2007 年诺贝尔经济学奖获得者：美国经济学家莱昂尼德·赫维奇（Leonid Hurwicz）、埃里克·马斯金（Eric Maskin）和罗杰·迈尔森，获奖原因是在创立和发展"机制设计理论"方面所作的贡献。"机制设计理论"最早由赫维奇提出，马斯金和迈尔森则进一步发展了这一理论。这一理论有助于经济学家、各国政府和企业识别在哪些情况下市场机制有效，哪些情况下市场机制无效。此外，借助"机制设计理论"，人们还可以确定最佳和最有效的资源分配方式。

2012 年诺贝尔经济学奖获得者：美国人埃尔文·罗斯（Alvin Roth）和罗伊德·沙普利，他们因稳定配置和市场设计实践理论获奖。罗斯是利用博弈论的数学工具来改进和修补运转不佳、支离破碎的庞大体系。过去 20 年里,他成功开创了经济学的分支市场设计(market design)。除了沙普利值,他的贡献还有随机对策理论、Bondareva-Shapley 规则、Shapley-Shubik 权力指数、Gale-Shapley 运算法则、潜在博弈论概念、Aumann-Shapley 定价理论、Harsanyi-Shapley 解决理论、Shapley-Folkman 定理。

2014 年诺贝尔经济学奖获得者:法国人让·梯若尔,得奖原因是对市场力量和管制的研究分析。梯若尔的成就在于,阐明了如何理解和监管由数家公司巨头主导的行业。很多行业由数家大型公司或单个寡头控制,监管缺失,以非成本因素造成价格高企,或是效率低下的公司通过阻碍新的、更高效的公司进入市场而存活,不会受到社会欢迎。让·梯若尔在《产业组织理论》(*The Theory of Industrial Organization*)一书中,便利用博弈论研究不同市场结构的企业行为,至今仍是经济学主流教科书之一。

三、学术贡献举例

(一)乔治·阿克洛夫与柠檬市场

1. 柠檬市场

1970 年,31 岁的著名经济学家乔治·阿克洛夫发表了题为"柠檬市场:质量不确定和市场机制"的论文,该论文后来成为研究信息不对称理论的最经典文献之一。在论文里,阿克洛夫首次提出了"柠檬市场"的概念("柠檬"一词在美国俚语中意思为次品或不中用的东西),现在"柠檬"已成为每位经济学家最为熟知的一个隐喻。

柠檬市场也称次品市场,是指信息不对称的市场,即在市场中,产品的卖方对产品的质量拥有比买方更多的信息。在极端情况下,柠檬市场会止步、萎缩甚至不存在,这就是信息经济学中的逆向选择。阿克洛夫在其发表的题为"柠檬市场:质量不确定和市场机制"的论文中举了一个二手车市场的案例。他指出:在二手车市场,显然卖家比买家拥有更多的信息,两者之间的信息是不对称的。柠檬市场的存在是由于买方并不知道商品的真正价值,只能通过市场上的平均价格来判断平均质量,由于难以分清每一个商品的质量好坏,因此也只愿意付出平均价格。由于商品有好有坏,对于平均价格来说,提供好商品的自然就要吃亏,提供坏商品的便得益,于是好商品便会逐步退出市场。因此平均质量又会下降,于是平均价格也会下降,真实价值处于新的平均价格以上的商品也逐渐退出市场,最后就只剩下坏商品。在这种情况下,消费者便会认为市场上的商品都是坏的,就算面对一件价格较高的好商品,都会持怀疑态度,为了避免被骗,最后还是选择坏商品。这就是柠檬市场的表现。

2. 应用举例

（1）劣币驱逐良币

"劣币驱逐良币"是柠檬市场的一个重要应用,也是经济学中的一个著名定律。该定律是这样一种历史现象的归纳:在铸币时代,当那些低于法定重量或者成色的铸币——"劣币"进入市场流通领域之后,人们就倾向于将那些足值货币——"良币"收藏起来,最后,良币将被驱逐,市场上流通的就只剩下劣币了。当事人的信息不对称是"劣币驱逐良币"现象存在的基础。因为如果交易双方对货币的成色都十分了解,劣币持有者就很难将手中的劣币用出去,或者,即使能够用出去也只能按照劣币的"实际"而非"法定"价值与对方进行交易。简单说来,货币是作为一般等价物的特殊商品,当货币的接受方对货币的成色或真伪缺乏信息的时候,就会想办法提供价值更低的交易物,而交易物的需求方(也就是支付货币的一方)相应地也会想办法用更不足值的货币来进行支付,最终导致劣币充斥整个市场。

（2）就业歧视问题

有些雇主拒绝在一些重要岗位上雇用有色人种或少数族裔,这并非因为他非理性,或是存在偏见,而恰恰是其遵循了"利润最大化"原则的后果。因为在缺乏充足、可信的信息的情况下,在这些雇主看来,一个人的种族、民族便成为其社会背景和素质能力的一个信号。当然,教育程度可能是对一个人的素质、能力进行衡量的更好的指标,它可以通过诸如授予学位等方法给出更好的信号,正如舒尔茨在 1964 年所写:"教育开发一个人的潜能,启迪人的智慧,也只有通过接受教育,一个人的能力才可以被发现和挖掘,才能够获得社会的认可。"当然,一个没有接受过任何训练的工人完全可能有很好的潜质,但在一个公司接纳他之前,这种才能一定要经过教育体系的"鉴证"。这个"鉴证"的体系一定要有权威,具有可信度。而我们知道,由于在美国有色人种或少数族裔接受良好教育的机会相对较少,有的甚至是在贫民窟学校完成学业。来自贫民窟学校的"鉴证"比起一些正规的名牌学校来说,可信度要低得多。这使有色人种或少数族裔的就业者处于一个不利的地位。因为在雇主不信任一些学校的"鉴证"时,对他而言,在重要的岗位上雇用有色人种或少数族裔类似于购车者花费较多的金钱在信息不完全的"二手车"市场上买车。

（二）丹尼尔·卡尼曼与前景理论

1. 前景理论

前景理论是丹尼尔·卡尼曼与阿莫斯·特沃斯基把心理学运用到现代经济学最成功的成果,他们的行为经济学研究从实证出发,从人自身的心理特质、行为特征出发,去揭示影响选择行为的非理性心理因素,开创了利用实验研究个体决策行为的先河。人在不确定条件下的决策,似乎取决于结果与设想的差距而不是结果本身。换言之,人们在决策时,通常会在心里有个参考标准,然后看结果与这个参考标准的差别是多少。卡尼曼和特沃斯基发展了前景理论,认为它与期望效用理论是互补的。效用理论可用于理性行为;预期理论则用于描述实际行为。风险理论演变经过了三阶段:从最早的期望值理论,到后来的期望效用理论到最新的前景理论,其中前景理论是一个最有力的描述性理论。

前景理论有以下三个基本原理:

第一,大多数人在面临获得的时候是风险规避的;

第二,大多数人在面临损失的时候是风险偏爱的;

第三,人们对损失比对获得更敏感。

丹尼尔·卡尼曼采用实验的研究方法,在长期被忽视的领域中向主流理论发起攻击,他关注到人类行为有非理性的一面,使经济学界开始修正主流经济理论中关于人类行为的某些公理性假设,以更加逼近真实世界的人类行为。因此,卡尼曼的理论尽管有许多玄妙之处,但在实际生活中却非常有用。

2. 应用举例

(1)心理账户

前景理论认为人的理性是有限的。例如,研究者发现人们会对不同来源的财富分别建立不同的概念。钱并不具备完全的替代性,虽说同样是100元,但在消费者心里,分别为不同来路的钱建立了两个不同的账户,挣来的钱和意外之财是不一样的,这直接影响到个人对于金钱的消费等观念。这就是芝加哥大学行为科学教授、心理学家理查德·塞勒(Richard Thaler)教授所提出的"心理账户"的概念。"心理账户"的概念可以帮助政府制定政策。比方说,一个政府现在想通过减少税收的方法刺激消费。它可以有两种做法:一种是减税,直接降低税收水平;另外一种是退税,就是在一段时间后返还纳税人一部分税金。从金钱数额来看,减收5%的税和返还5%的税是一样的,但是在刺激消费上的作用却大不一样。人们觉得减收的那部分税金是自己本来该得的,是自己挣来的,所以增加消费的动力并不大;但是退还的税金对人们来说就可能如同一笔意外之财,会刺激人们增加更多的消费。显然,对政府来说,退税政策比减税政策达到的效果要好得多。

(2)幸福的比较效应

前景理论认为我们的最终目标,不是将财富最大化,而是将人的幸福最大化。传统经济学认为,增加财富是提高人们幸福水平的有效手段。前景理论则认为,人们是否幸福,取决于很多和财富绝对值无关的因素。这一理论认为,主要有两个方面影响我们的幸福感:时间的比较和社会的比较。如果一个人的生活水平并不高,但是他的生活时不时地有一些起伏变化,比如旅游、探险等,这些脉冲式的快乐,就能使人感到更加幸福。在财富变化不大、金钱增加不多的情况下,采取有效的方式,同样可以增加人们的幸福感。追求财富是人的本能,但社会资源的总量是有限的,至少在现在这个阶段,我们不可能期望人人都成为富豪,富裕阶层与弱势群体之间的贫富鸿沟也不可能完全消失。绝对财富的鸿沟无法填平,而幸福感却可能被每个人所拥有。从这个意义上,"终极目标是幸福的最大化"的论断,为我们开拓了新的视野,具有非常重要的现实意义。众所周知,在错综复杂、变化多端的经济环境中,人们常常不得不在大量信息无法确定的条件下作出决策。"前景理论"是在这种不确定条件下,人类进行决策的行为规范。

(三)罗伯特·奥曼与塔木德难题

1. 塔木德难题

在犹太教典籍《塔木德》中,有一则"三妾分产"的故事。该故事记载于《塔木德·妇女部·婚书卷》,说的是一个富翁在婚书(婚姻契约)中向他的三位妻子许诺,死后将给三老婆 100 个金币,二老婆 200 个金币,大老婆 300 个金币。可是富翁死后人们分割其遗产时,发现他的遗产根本没有 600 个金币,那么他的三位妻子各应分得多少金币?人们去找拉比,拉比是犹太人中的博学之士,他们不仅研究犹太教律法,而且担任民事法庭的法官,进行民事案件的裁决。拉比规定的财产分配方案如下(简称"塔木德方案"):

遗产 ＼ 妻妾	三老婆	二老婆	大老婆
100 金币	33.3	33.3	33.3
200 金币	50	75	75
300 金币	50	100	150

按常理,这三人得到的遗产比例应为 1:2:3,而在犹太拉比的裁决中,只有当遗产数为 300 个金币时,这一比例才成立。人们不明白这个与常理相悖的方案是如何制定出来的,它背后是否有一个贯穿始终的分配原则。为此,两千年来人们一直在寻求谜底。

2. 塔木德难题的解决

1985 年,罗伯特·奥曼和另一位数学家解开了这个谜,而解开这个谜的钥匙仍在《塔木德》里。《塔木德·损害部·中门卷》有则故事:甲乙二人共同抓着一件大衣来找法官,若甲乙都发誓自己拥有这件大衣的全部所有权,法官会判定甲乙分别得到这件大衣的二分之一。若甲发誓自己拥有这件大衣的全部所有权,乙发誓自己拥有二分之一的所有权,则法官会判定甲拥有大衣的四分之三,乙拥有四分之一。

奥曼深入研究了《塔木德》,并根据这个故事,总结出古代犹太人解决财产争执的三个原则:

第一,仅分割有争议财产,无争议财产不予分割。

第二,宣称拥有更多财产权利一方最终所得不少于宣称拥有较少权利一方。

第三,财产争议者超过两人时,将所有争议者按照其诉求金额排序,最小者自成一组,剩下所有争议者另成一组,争议财产在两组间公平分配。

以"三妾分产"为例,根据"塔木德方案":当遗产只有 100 个金币时,由于三位妻妾都宣称有权利获得 100 个金币,这时如果按照第三条原则来分割财产,要求最少的三老婆得到 50 个金币,而要求更多的二老婆和大老婆反而一共才得到 50 个金币,违背了第二条原则,所以三人应该平分,各得 33.3 个金币。

当遗产为 200 个金币时,由于三老婆宣称自己有权获得 100 个,因此剩余 100 个可以明确分给二老婆和大老婆。然后,三老婆自成一组,二老婆和大老婆合为一组,两组分割三老婆宣称有权继承的那 100 个金币,二老婆和大老婆再得 50 个金币,三老婆剩 50 个金币,三老婆的财产继承结束。此时,二老婆和大老婆共有 150 个金币,由于二人都宣称拥有这 150 个金币的继承权,因此这 150 个金币二人平分,二人各得 75 个金币。

当遗产为 300 个金币时,由于三老婆宣称自己有权获得 100 个,因此剩余 200 个可以明确分给二老婆和大老婆。然后,三老婆自成一组,二老婆和大老婆合为一组,两组分割三老婆宣称有权继承的那 100 个金币,二老婆和大老婆再得 50 个金币,三老婆剩 50 个金币,三老婆的财产继承结束。此时,二老婆和大老婆共有 250 个金币,由于二老婆宣称拥有 200 个金币的继承权,因此其中 50 个金币可以明确分配给大老婆。然后,二老婆与大老婆继续分割二老婆宣称有权继承的那 200 个金币,双方各得 100 个金币,二老婆的财产继承结束。此时,三老婆拥有 50 个金币,二老婆拥有 100 个金币,大老婆拥有 150 个金币。

奥曼首次从现代博弈论角度证明了古代犹太拉比的裁决完全符合现代博弈论的原理。从博弈论的角度看,"塔木德方案"给财产争执提供了一个出色的解决方案,它拥有一个贯穿始终的原理,一旦接受这一原理,则争执方无论从哪个角度考虑都会发现这一解决方案是公正的。

(四)托马斯·谢林与种族隔离模型

1. 种族隔离模型

"物以类聚,人以群分",这一简单的趋同现象却曾令诸多学者深深着迷,哈佛大学经济学家托马斯·谢林就是其中一位。在谢林看来,人类生活在一个相互关联的网络之中,个体的选择与行为常常要取决于他人的选择与行为。换言之,在个体与其所生存的环境之间存在着一个"互动的体系"。早在1971年,谢林就尝试以论文"隔离的动态模型"来解释包括种族隔离在内的一般隔离现象的形成机制,更在后来的《微观动机与宏观行为》一书中加以深入阐述。通常人们会认为,隔离是同压迫联系在一起的。但是在发达国家,尽管并不存在人为的压迫,并且人们采取种种方式消除隔离,但隔离现象却依旧存在,这又该如何解释呢?谢林的主要发现是:种族隔离可能跟种族歧视毫无关系。在谢林看来,即使所有的个体都足够宽容——他们或许并不反对与不同文化、宗教或肤色的人居住在同一个社区,这也并不能消除城市中存在的隔离现象。因为在个体看来,他们的邻居中必须至少有一部分是和自己特征相近的人。如果这个条件不能得到满足的话,他们将不得不迁出社区,去寻找那些和自己特征相近的群体。因此,如果社区内某个群体的规模持续下降,就会产生多米诺骨牌效应,最终导致这个群体的成员全部迁出社区,原先各种族平安相处的社区就会变成一个"种族隔离"的社区。

谢林的模型很简单:他用国际象棋棋盘和深浅两色硬币作为道具,棋盘方格代表房屋,两色硬币分别代表两种族裔。一开始,他将数量相当的两色硬币完全随机混合摆放在棋盘上,形成族群融合的和谐局面;然后,他对每个社会个体的基本行为逻辑做出简单假设,观察随时间推移会发生的宏观变化。首先,他假设每个人都是种族主义者,一旦发现邻居非我族类,就一定会搬家,意料之中地,两色硬币很快互相隔离开来。但这是否是种族隔离形成的唯一可能?谢林提出了第二个假设:或许每个人都很乐意与其他种族相邻,但他们只是不希望自己成为极少数群体,如果他们发现与自己相同族裔的邻居在整个社区少于一定比例(例如30%),就会倾向于搬家。我们知道,这种心态并不等于种族歧视,只是非常值得理解的人之常情罢了。

那么最后,两种族裔是否能以一定比例和谐共处?结果令人惊讶:即使所有人都没有种族歧视心态,仅仅是为了避免自己成为少数,也能够导致整个社区分成完全相互隔离的群体。此后用计算机建立的演化模型进一步验证了谢林的结论:微小的个体偏好累积起来,完全可能导致极端的整体隔离,也就是说人们在微观层面上的细微偏好会导致宏观层面上的极端后果。这一理论颠覆了人们对于种族隔离现象的理解,一定程度上也影响了舆论风向与政府政策;谢林的模型更成为社会科学界津津乐道的经典。

2. 应用举例

(1)富人区和贫民区

谢林的种族隔离模型可以用来解释为什么会出现富人区和贫民区这样明显的聚集情形——富人总是和富人住在一起,穷人也总是和穷人住在一起。一个富人,肯定不想自己住的地方周围都是穷人;一个教育程度高的人,自然也不想在一个都是没文化的人住的地方居住。我们概括性地将人分为富人和穷人。对于一个富人而言,只有当他的邻居富人的比例不小于 3/5 时,他才会在这里居住,否则他就会搬家,搬到一个富人比例不小于 3/5 的地区。假设一个社区有 5 户人,有 3 户是富人,2 户是穷人,那么富人比例是 3/5。但如果有一户穷人搬进了这个社区,那么富人的比例就变成 1/2 了,那么有些富人就会搬走了。有些人的阈值比较高,而有些就比较低,这是一个动态的过程。渐渐地,富人和穷人,都会呈现出一种集中的趋势。

(2)科学精英在现代大学的流动

在考察科学精英与平庸者的流动时,可将两类主体视为最初是随机分布的。科学精英对周边同类人员数量具有敏感性,具有最小临界值要求。比如科学精英认为某所大学至少需存在 20% 与之同等水平的科研人员才能将其视为较理想的学术环境,若达不到这一比例,如仅有 10%,则他们会移动或等待移动时机,重新选择新的大学或平台,从而与原大学的平庸者完全分隔。即使科学精英对处于阈值水平附近的大学具有包容性,当其与平庸者之间缺乏正式有效的信息交流,或并不认同基层学术组织文化时,则也会导致隔断。在这一模型中,科学精英的移动行为是基于邻域同类成员的百分比,尤其当合约到期或有更好工作机会时,若此时邻域同类成员小于阈值,则很有可能选择其他大学。若大于阈值,则其认为与之水平相当的人都甘于继续留下,说明该大学组织足以支持个人的学术职业发展而依然续约。大学既应该创造出良性环境以挽留组织内原本的精英人才;针对空缺岗位,大学也需要采取有效措施激励科学精英与原环境分离,以从其他组织引进人才。

(五)罗斯、沙普利与匹配理论

1. 匹配理论

匹配理论作为新兴的经济学分支,最早被两位美国数学家戴维·盖尔(David Gale)和沙普利(Shapley)提出并应用于大学录取与婚姻匹配问题,它是对市场双边匹配功能进行系统化研究而得出的,如工人和企业、学校和学生的匹配等,其中"双边"指的是市场中的参与者始终只属于两个互不相交的集合之一,"匹配"指的是市场双边交换的本质,即各自"敏感性偏好清单"。根据双边匹配理论的匹配稳定存在性可将其分为三种类型:一对一、多对一、多对多的双边匹配理论。沙普利采用合作博弈理论,在比较了不同匹配方法的基础上,用"Gale-Shapley算法"来保证总能获得稳定的匹配,这一算法还可对各方试图操纵匹配过程的做法加以限制。

罗斯是最早明确公开提出双边匹配概念的,他认为双边就是指事先被指定好的两个互不相交的集合,而双边匹配是指在这些市场中双边代理人的匹配。他不仅明确地界定了"双边"和"双边匹配"的概念,而且发现稳定是市场机制运行成功的关键因素,并将匹配理论应用到市场设计实践之中,设计了一系列市场的匹配机制,如医疗市场清算中心、公立学校选择及肾交换市场等,使匹配更有效率。这些实际应用对人类福利产生了广泛而重大的影响。

沙普利设计的 Gale-Shapley 算法和最大交易圈子算法完美地解决了稳定匹配问题。罗斯在其算法的基础上,研究能够改善市场绩效的机制,阐明了稳定性与激励兼容的重要性,为原有的配对方法加入具体环境与伦理道德等限制条件,结出了市场设计的"硕果"。沙普利和罗斯两位奠基者的研究尽管是各自独立完成的,但却是一种"绝配",堪称理论与实践完美结合的典范,因此他们共同获得了 2012 年度诺贝尔经济学奖。

2. 应用举例

故事引入:如果婚姻市场上有数量大致相当的适婚男女,信息透明。如何解决婚恋市场复杂的配对问题?

男性对女性排序,女性也对男性排序。接下来一方发起求婚,另一方对照自己的偏好排序表,如果是最爱的就接受,不是就拒绝。在交易费用为零和配对时间不限的情况下,每个人总能找到自己的伴侣,并且这种配对是稳定的,即不会出现出轨的现象。为什么呢?

第一,元素没有动机离开自己的匹配对象;第二,即使元素有动机离开原来的匹配对象,但由于无法拆散其他的匹配,从而找不到能够增进自身福利的新的匹配对象。

假定 $W = \{w_1, w_2\}$,$M = \{m_1, m_2\}$,w_1 认为 m_1 比 m_2 好;w_2 同样认为 m_1 比 m_2 好;m_1 认为 w_1 比 w_2 好;m_2 认为 w_2 比 w_1 好。现在有一个匹配结构 $\{(w_1, m_1), (w_2, m_2)\}$,尽管 w_2 有动机离开 m_2,但由于 w_2 无法说服 m_1 离开 w_1(m_1 认为 w_1 比 w_2 好),因此,w_2 无法组成新的匹配以增进自己的福利,最终可以判断这一匹配结构符合稳定性的原则(可以依次检验其他元素)。引出"稳定配置",其大意是说两个人都最中意彼此。通俗来说,就是你的配偶是你所能获得的最爱。

再来看几个实际问题。

(1)美国医学院的实习分配问题

起初,实习的机会多于学生的数量,所以医院相互竞争,这导致医院向学生发邀请的时间一再提前,以致影响了学校的教学。此外,由于越来越多的女生选择就读医学院,在校期间结婚的学生数量也出现激增,旧的分配系统很难满足学生夫妻希望在同一地点接受住院培训的要求。

假定医院首先向实习医生 A 发出实习邀约函,A 比较她收到的各个医院的邀约函,并留下一个邀约函在手中,同时拒绝所有其他的邀约函。其关键点在于:A不需要立即接受她中意的邀约,而只需延迟接受即可。被拒绝的医院再向其他实习医生发出邀约,直到医院不想再发出新的邀约,这时A最终就要接受她拿在手里的那个邀约。医院的期望在不断降低,实习医生的期望却是单调递增的。当医院递减的期望和实习医生递增的期望一致时,算法即停止。

我们假定有四个实习医生1、2、3和4,他们分别希望在外科S、肿瘤科O、皮肤科D和小儿科P找到一份实习工作,他们对实习工作的偏好如下:

1:S > O > D > P

2:S > D > O > P

3:S > O > P > D

4:D > P > O > S

医院临床科室对四个实习医生的偏好如下:

S:4 > 3 > 2 > 1

O:4 > 1 > 3 > 2

D:1 > 2 > 4 > 3

P:2 > 1 > 4 > 3

第一轮:实习医生1得到来自皮肤科D的邀约,实习医生2得到来自小儿科P的邀约,实习医生4得到来自外科S和肿瘤科O的邀约,但是实习医生4会拒绝外科S,保留肿瘤科O的邀约。第二轮:外科S向实习医生3发邀约。每个实习医生都接受一个邀约,算法停止。

最后稳定配置结果是:1→D,2→P,3→S,4→O。

(2)器官移植匹配问题

在这个市场上,等待器官移植的人由于受到法律和道德的限制,不能实施价高者得的市场机制(即使可以实施其代价也非常高),因此,器官只能通过市场以外的方法得到配置,比如亲属之间的捐献。但是,亲属捐献的肾脏不一定能与需要接受器官移植手术的病人配型成功。

假定有病人A,亲属A′愿意为其捐献肾,但是配型不成功。病人B,亲属B′愿意为其捐献肾,但是配型也不成功。巧合的是,B′的肾跟A配型成功,而A′的肾跟B也能配型成功,这样就存在一种肾交换的圈子。

罗斯与合作者采用递延接受算法来考虑肾交换中等待名单选择权的问题。等待接受肾移植的病人很多,每个病人在这个等待名单上排队。医生为每个病人建议最合适的肾源,或者等待名单选择权。如果有循环(即存在两个或多个可以互相交换肾源的病人),则按照循环进行肾源交换。这一设计极大地提高了肾源捐赠匹配系统的效率。

(3)纽约市高中生匹配系统

2003年之前,纽约市公立高中要求申请者提交5个最喜欢的学校名单,由学校来决定录取、拒绝还是放入等候名单,这样的过程一共进行 3 次,随后还没有被录取的学生将会通过行政程序被分配到一个学校。这个程序没有实现激励兼容,学校更喜欢录取那些把它作为第一志愿的学生,因此如果一个学生不是很有希望被最喜欢的学校录取,那么他的最优策略就是将最有可能录取他的学校作为第一选择。

　　罗斯对系统进行改变:每名学生可以按顺序列出 12 所心仪的学校,采用申请人发邀约的延迟接受算法。这个算法可以实现申请人的激励兼容,即如实报告偏好是申请人的最优选择。这个算法也消除了拥挤,学校和申请人都有足够的机会来参与匹配。

第三讲　零和博弈与共同知识

一、博弈的基本概念与表示方式

（一）博弈问题的分类

我们把非合作博弈问题分为四类,分别为:完全信息静态博弈、完全信息动态博弈、不完全信息静态博弈和不完全信息动态博弈,每一类都分别对应一个均衡。

完全信息静态博弈:纳什均衡

完全信息动态博弈:子博弈完美纳什均衡

不完全信息静态博弈:贝叶斯纳什均衡

不完全信息动态博弈:完美贝叶斯纳什均衡

（二）博弈论的几个基本概念

在展开博弈理论分析之前,先回顾博弈论的几个基本概念。

1. 参与人

参与人是博弈中选择行动以最大化自己效用的决策主体。可以是自然人,也可以是团体,如企业、国家甚至由若干国家组成的集团(OPEC、欧盟等)。博弈的参与人集合 $i \in I, I = (1,2,3,\cdots,n)$, i 代表参与人,N 代表自然;"自然"作为虚拟参与人,是指决定外生的随机变量的机制,为分析方便而引入,自然作为虚拟参与人没有自己的得益函数和目标函数(即所有结果对它是无差异的)。

2. 策略

策略是指参与人的决策变量,是在给定信息集的情况下选择行动的规则,它规定参与人在什么情况下选择什么行动,是参与人的"相机行动方案"。s_i 表示第 i 个参与人的特定策略, $S_i = \{s_1, s_2, \cdots, s_i, s_n\}$ 代表第 i 个参与人所有可选择的策略集合。如果 n 个参与人每人选择一个策略, n 维向量 $s = (s_1, s_2, \cdots, s_i, \cdots, s_n)$ 成为一个策略组合。在静态博弈中,策略和行动是相同的,作为一种行动规则,策略必须是完备的。

3. 信息

信息是参与人在博弈中的知识,特别是有关其他参与人的特征和行动的知识。

（1）完美信息

完美信息是指一个参与人对其他参与人(包括"自然")的行动选择有准确

了解的情况,即每一个信息集只包含一个值。

以房地产开发博弈为例:有一个房地产开发项目,假设有 A、B 两家开发商,市场需求可能大,也可能小;每建造一栋楼需要投入 1 亿;如果市场上有两栋楼出售:需求大时,每栋售价 1.4 亿,需求小时,售价 7000 万;如果市场上只有一栋楼:需求大时,可卖 1.8 亿,需求小时,可卖 1.1 亿。

如果两个开发商同时决定是否开发,需求大时,得益矩阵如下(其中 4000 表示 4000 万元,并以此类推):

		开发商 B	
		开发	不开发
开发商 A	开发	4000,4000	8000,0
	不开发	0,8000	0,0

需求小时,得益矩阵如下:

		开发商 B	
		开发	不开发
开发商 A	开发	−3000, −3000	1000,0
	不开发	0,1000	0,0

如果 A 不知道市场需求,而 B 知道,则 A 的信息集为{大,小},B 的信息集为{大}或{小},其中 B 为完美信息。

(2)完全信息

完全信息是指自然不首先行动或自然的初始行动可以被所有参与人都观察到的情况。完全信息意味着各个参与人的得益函数是共同知识。

以求爱博弈为例:假设自然 N 决定追求者的类型为品德优良者或品德恶劣者,品德优良者的概率为 x,品德恶劣者的概率为 $(1-x)$,当追求者为品德优良者时,你的得益矩阵如下:

		你	
		接受	不接受
追求者	追求	100, 100	−50,0
	不追求	0,0	0,0

当追求者为品德恶劣者时,你的得益矩阵如下:

		你	
		接受	不接受
追求者	追求	100, −100	−50,0
	不追求	0,0	0,0

你在他追求的时候不清楚对方是品德优良者还是品德恶劣者,故该博弈属于不完全信息静态博弈,在 $100x + (−100)(1−x) > 0$,即当 x 大于 1/2 时,你应该接受求爱。

再以黔驴技穷(不完全信息动态博弈)为例:成语故事黔驴技穷中,老虎通过不断试探来修正对毛驴的看法,每一步行动都是给定它的信念下最优的,最终将毛驴吃掉。在老虎和毛驴的博弈中,他们的行动有先后次序之分,且对手特征、得益函数和策略集是未知的,故该博弈属于不完全信息动态博弈。

(3)共同知识

共同知识是与信息有关的一个重要概念。如学生听过某个老师的课,学生认识老师,但老师不一定就记住该学生,路上碰在一块了,学生应不应该向老师问好呢?也许学生会以为老师不认识他,打招呼会把老师弄得莫名其妙,这其中就涉及共同知识的问题。共同知识指"所有参与人知道,所有参与人知道所有参与人知道,所有参与人知道所有参与人知道所有参与人知道……",即如果每个参与人都知道某个事实,每个参与人都知道每个参与人都知道它,如此等等,从而形如"(每个参与人都知道)^k 每个参与人都知道它"的语句对 $k = 0, 1, 2, \cdots$ 都是正确的,那我们就称这个事实为参与人中间的共同知识,这是一个"由己及人,由人及己"的无限推理过程。一件事一旦在某个群体中成为共同知识,则从任何一个个体出发,他对这件事的理解等都已达到了完全的统一,不再有任何层面的不确定性(奥曼,1976)。

私人信息(private information)指任何一个参与人拥有但不是该博弈中所有参与人的共同知识的信息。由于存在私人信息,便有了信息不对称的问题。

共同知识则要求:A 和 B 都知道 1 + 1 = 2;A 知道 B 知道 1 + 1 = 2,B 知道 A 知道 1 + 1 = 2;A 知道 B 知道 A 知道 1 + 1 = 2, B 知道 A 知道 B 知道 1 + 1 = 2 ……

共同知识和常识是有一定区别的:常识是所有人知道,共同知识是"所有人都知道,所有人都知道所有人都知道,所有人都知道所有人都知道所有人都知道……"如童话故事《皇帝的新装》中,虽然所有人都知道皇帝没有穿衣服,但是骗子说皇帝穿了新衣服,大家不知道其他人是否知道皇帝没有穿衣服,因而"皇帝没有穿衣服"只是常识而不是共同知识。

4. 得益函数

得益函数是指参与人从博弈中获得的效用水平或者指参与人得到的期望效用水平。u_i 表示第 i 个参与人的得益（效用水平），$u = \{u_1, u_2, \cdots, u_i, \cdots, u_n\}$ 为 n 个人的得益组合，u_i 是所有参与人策略选择的函数：$u_i = u_i(s_1, s_2, \cdots, s_i, \cdots, s_n)$，该函数说明了博弈的基本特征是一个参与人的得益不仅取决于自己的策略选择，而且取决于所有其他参与人的策略选择。

5. 均衡

均衡是所有参与人的最优策略的组合，一般记为：$s^* = (s_1^*, \cdots, s_i^*, \cdots, s_n^*)$。其中，$s_i^*$ 是第 i 个参与人在均衡情况下的最优策略，它是 i 的所有可能策略中使 u_i 或 $E(u_i)$ 最大化的策略。也就是说，记 $s_{-i} = (s_1, \cdots, s_{i-1}, s_{i+1}, \cdots, s_n)$ 为除 i 之外的所有参与人的策略，则 s_i^* 是给定 s_{-i} 情况下第 i 个参与人的最优策略，这意味着：$u_i(s_i^*, s_{-i}) \geqslant u_i(s_i', s_{-i})$，$\forall s_i' \neq s_i^*$。均衡则意味着对所有的 $i = 1, 2, \cdots, n$，上式同样成立。

（三）博弈的表示方式

博弈有两种基本表示方式：扩展式（extensive form，又称为展开式）与策略式（strategic form，又称为规范式，normal form）。我们应根据所研究问题的不同特点来选择不同的博弈表示方式。扩展式更多地用于动态博弈，可参见第 10 章。策略式表示定义如下。

记博弈的参与人集合：$I = (1, 2, \cdots, n)$，$i = 1, 2, \cdots, n$；

每个参与人的策略集：$S_i = \{s_1, s_2, \cdots, s_i, \cdots, s_n\}$，$i = 1, 2, \cdots, n$；

每个参与人的得益函数：$u_i = (s_1, \cdots, s_i, \cdots, s_n)$，$i = 1, 2, \cdots, n$；

则可以用策略式 $G = \{S_1, \cdots, S_n; u_1, \cdots, u_n\}$ 表述博弈。

对于只有两个参与者的博弈，其策略式还可以使用得益矩阵来表示。

二、零和博弈及其求解方法

（一）二人博弈基本模型

假设有博弈方甲与乙，甲有 m 个策略，其策略集 $S_1 = \{s_{11}, \cdots, s_{1m}\}$，乙有 m 个策略，其策略集 $S_2 = \{s_{21}, \cdots, s_{2m}\}$，则该博弈有策略组合 (s_{1i}, s_{2j})（共有 $m \times m$ 个策略组合）；博弈方甲对应着一个得益 $u_1(s_{1i}, s_{2j})$，记为 $a_{ij} = u_1(s_{1i}, s_{2j})$，得到博弈方甲的得益矩阵 $A = (a_{ij})_m$；博弈方乙对应着一个得益 $u_2(s_{1i}, s_{2j})$，记为 $b_{ij} = u_2(s_{1i}, s_{2j})$，得到博弈方乙的得益矩阵 $B = (b_{ij})_m$；若 $c_{ij} = (a_{ij}, b_{ij})$，则

$$C = (c_{ij})_m = \begin{pmatrix} (a_{11},b_{11}) & \cdots & (a_{1m},b_{1m}) \\ \vdots & \ddots & \vdots \\ (a_{m1},b_{m1}) & \cdots & (a_{mm},b_{mm}) \end{pmatrix}$$

（二）两人零和博弈及其求解方法

1. 定义及特点

两人零和博弈是在两人博弈问题中，博弈方甲、乙的得益满足 $a_{ij} = -b_{ij}$ [或 $u_1(s_{1i},s_{2j}) + u_2(s_{1i},s_{2j}) = 0$]，则称此博弈为两人零和博弈。若 $u_1(s_{1i},s_{2j}) + u_2(s_{1i},s_{2j}) = C$，则是两人常和博弈。

两人零和博弈表明，无论博弈方采取什么策略，无论博弈的最终结局如何，两个博弈方总有一方赢，另一方输，且输赢数相同。

2. 求解方法

（1）最大最小方法

假设有博弈 $G = \{S_1, S_2, A\}$，其中 $S_1 = (\alpha_1, \alpha_2, \alpha_3, \alpha_4)$，$S_2 = (\beta_1, \beta_2, \beta_3)$，甲的得益矩阵如下：

$$A = \begin{pmatrix} -6 & 1 & -8 \\ 3 & 2 & 4 \\ 9 & -1 & -10 \\ -3 & 0 & 6 \end{pmatrix}$$

试分析该博弈。

分析过程：

①方案一：

情形一：甲选 α_3，乙选 β_3。

结局：博弈方甲不仅得不到9，反而输掉10。

情形二：考虑到乙选 β_3 的心理，甲选 α_4。

结局：博弈方乙不但得不到10，反而损失6。

分析得，双方都要考虑如何在不冒风险的情况下得到自己最好的收入。

②方案二：

对博弈方甲：

A 中每一行的最小数字（赢得最少——最坏的情况）分别是：

$$-8, 2, -10, -3$$

其中最大数字（最好的结果）为2。

结果是：博弈方甲选 α_2 参加博弈时，可保证收益不低于2。

对博弈方乙：

A 中每一列的最大数字(输得最多——最坏的情况)分别是:

$$9,2,6$$

其中最小数字(最好的结果)为 2。

结果是:博弈方乙选 β_2 参加博弈时,可保证至多输掉 2。

结论:策略组合 (α_2,β_2) 是一个最稳妥且能使双方满足的策略组合。也称这样的策略组合为博弈问题在纯策略范围内的一个解。

(2)两人零和纯策略对策

两人零和纯策略对策特点:

①博弈方只有两人,双方都只有有限个策略可供选择,

甲的策略集为 $S = \{s_1,s_2,\cdots,s_m\}$;

乙的策略集为 $N = \{n_1,n_2,\cdots,n_n\}$。

②博弈方的"得失"相加等于零,这种对策称为"零和对策"。在两人对策中,甲方的所获等于乙方的所失。

假定在策略组合 (s_i,n_j) 下(即甲取策略 s_i、乙取策略 n_j 时所形成的局势),甲的收入或得益是 a_{ij}。将所有的得益值 a_{ij} 排成一个矩阵 A,则 A 叫作甲的得益矩阵,如下所示:

$$A = \begin{pmatrix} a_{11} & a_{12} & \cdots & a_{1n} \\ a_{21} & a_{22} & \cdots & a_{2n} \\ \vdots & \vdots & \ddots & \vdots \\ a_{m1} & a_{m2} & \cdots & a_{mn} \end{pmatrix}$$

首先,如果甲采取策略 s_i,则甲至少可以获得 $\min\limits_j a_{ij}$,由于甲希望 a_{ij} 越大越好,因此甲当然选择使 $\min\limits_j a_{ij}$ 达到最大的 i,即甲选择策略 s_i 使得他的所获不少于 $\max\limits_i \min\limits_j a_{ij}$(甲至少可以获得的数)。其次,如果乙采取策略 n_j,则乙至多失去 $\max\limits_i a_{ij}$(第 j 列的最大者)。由于乙希望 a_{ij} 越小越好,因此乙当然选择使得 $\max\limits_i a_{ij}$ 达到最小的 j,即乙选择策略 n_j 使他的得益不多于 $\min\limits_j \max\limits_i a_{ij}$(乙至多失去的数)。

分析下例:设有一个两人零和有限对策博弈,博弈方甲的得益矩阵如下:

$$\begin{pmatrix} -7 & 1 & -8 \\ 3 & 2 & 4 \\ 16 & -1 & -9 \\ -3 & 0 & 5 \end{pmatrix}$$

求甲方和乙方的最优策略。

分析过程:每一行的最小值集合为 $\min\limits_j a_{ij} = \{-8,2,-9,-3\}$,其中最大数是 2;

每一列的最大值集合为 $\max_i a_{ij} = \{16, 2, 5\}$，其中最小值是 2。

甲方：$\max_i \min_j a_{ij} = 2$

乙方：$\min_j \max_i a_{ij} = -2$

结论：甲方的最优策略为策略 α_2，乙的最优策略为策略 β_2。

三、应用案例

以下是几个关于共同知识的经典案例。

案例 1. 脏脸博弈

有三个人，他们的脸都是脏的，但是自己都不知道，他们各自只能看到其他人的脸是否干净。这时如果让他们判断自己的脸是干净的还是脏的，显然三个人都说不出。这时，作为局外人的我告诉他们："你们之中至少有一个脸是脏的!"其实这明显是一句"废话"，因为每个人都可以看到其余两个人的脸都是脏的，但就因为这一句看似没用的话，游戏就可以进行下去了。这时我再问第一个人，他的脸是脏的还是干净的，他还是答不出来；问第二个人，也答不出来；但是当我问第三个人的时候，如果他足够聪明的话，就应该肯定地回答，我的脸是脏的。

分析过程。第一个人答不出来，说明后两人中至少有一个人脸是脏的（否则第一个人就知道自己脸是脏的了）；第二个人当然知道第一个人的推理，如果这时他看到第三个人的脸是干净的，就可以迅速判断自己的脸是脏的，但他看到第三个人的脸是脏的，所以他还是无法判断；第三个人看第二个人还说不出来，那推断出自己的脸肯定是脏的了。

推理过程固然简单，关键是，为什么一句看似很没用的话就会让结果不同呢？换句话说，如果不说"你们之中至少有一个脸是脏的"这句话，每个人也知道这件事，而且每个人也知道其他人知道这件事。问题就在于，在说这句话之前，每个人不知道其他人知道其他人知道这件事。

为了说明两种情况下的区别，我们只需推理到一种情境，在这种情境下至少一个人脸是脏的命题是不成立的（因为如果说了这句话，至少一个人脸是脏的就成了"共同知识"，无论在何种情况下都会成立）。在没有说这句话的时候，A、B、C 三人，首先都知道至少一个人脸是脏的。对 A 来说，A 会想 B 一定也知道"至少一个人脸是脏的"，因为 A 能看到 C 的脸是脏的，所以这点是确定的。还是对 A 来说，因为在 A 看来，B 也许只能看到一个脏脸 C，因为 A 知道 B 也不知道自己的脸是否是脏的，所以再这样想下去，A 想到 B 会想到 C 可能看到的都是干净的脸，这样想了三层以后就出现了和"共同知识"不符合的一种情境，命题得证。所以在缺少"共同知识"的条件下，如果还进行上面的那种推理的话，第三个人是无法知道第二个人的推理的，所以他就无法判断。

案例 2. 不贞的妻子

故事发生在一个村庄,村里有 100 对夫妻,他们都是地道的逻辑学家。村里有一些奇特的风俗:每天晚上,村里的男人们都将点起篝火,绕圈围坐举行会议,议题是自己的妻子。在会议开始时,如果一个男人有理由相信他的妻子对他总是守贞的,那么他就在会议上当众赞扬她的美德。另一方面,如果在会议之前的任何时间,只要他发现妻子不贞的证据,那他就会在会议上悲鸣恸哭,并企求神灵严厉地惩罚她。再则,如果一个妻子曾有不贞,那她和她的情人会立即告知村里除她丈夫之外所有的已婚男人(奇特的风俗)。所有这些风俗都是村民的共同知识。

事实上,每个妻子都已对丈夫不忠。于是每个丈夫都知道除自己妻子之外其他人的妻子都是不贞的女子,因而每个晚上的会议上每个男人都赞美自己的妻子。这种状况持续了很多年,直到有一天来了一位传教士。传教士参加了篝火会议,并听到每个男人都在赞美自己的妻子,他站起来走到围坐圆圈的中心,大声地提醒说:"这个村子里有一个妻子已经不贞了。"在此后的 99 个晚上,丈夫们继续赞美各自的妻子,但在第 100 个晚上,他们全都悲鸣恸哭,并企求神灵严惩自己的妻子。

分析过程。首先要明确,任何一个丈夫都知道除自己妻子以外的其他女人的真实忠贞状况,若只有一个妻子不贞,她的丈夫能够立刻知道这个不贞的女人就是自己的妻子,因为她的丈夫知道没有另外的不贞女人,若有的话他是知道的。既然如此,那么在传教士访问后的第一个晚上,丈夫 A_1 没有哭,那就意味着确实存在一个女子不贞,若这个女人是丈夫 A_1 的妻子,那么他当晚便会哭泣。但事实是他并没有哭,说明 A_1 推断这个不贞的女人是他所知道的除自己妻子外的 99 个女子其中之一。对每一个丈夫 A_n 均是如此,他们既知道这个不贞的女子不是自己的妻子,也知道其他丈夫知道这个女子也不是他们的妻子。由此,从"第一个晚上没有男人哭"中可推断出:有两个女子已经不贞。在传教士走后的第二个晚上,既然已推断出有两个女子不贞,而 A_1 只知道一个,那另一个就是自己的妻子,故丈夫 A_1 应该在"第二个晚上哭"。然而第二个晚上"丈夫 A_1 也没有哭",由此丈夫们推断出:已有三个女子不贞。

由归纳法可以证明:对于 1 和 100 之间的任意正整数 k,如果恰有 k 个妻子不贞,那么在传教士走后的连续 $k-1$ 个晚上,所有的丈夫照样各自称赞自己的妻子;但在第 k 个晚上,k 个不贞妻子的丈夫会悲鸣恸哭。于是,在 99 个赞扬之夜过后的第 100 个晚上,每个丈夫都知道一定有 100 个不贞的妻子。不幸的是包括自己的妻子在内!

案例 3. 协同攻击难题

两个将军各带着自己的部队埋伏在相距一定距离的两座山上,等候敌人。

将军 A 得到可靠情报说,敌人刚刚到达,立足未稳。如果趁敌人没有防备,两股部队一起进攻的话,就能够获得胜利;而如果只有一方进攻的话,进攻将失败。

将军 A 遇到了一个难题:如何与将军 B 协同进攻?

分析过程。那时没有电话、电报之类的通信工具,只有派情报员来传递信息。将军 A 派遣一个情报员去了将军 B 那里,告诉将军 B:敌人没有防备,两军于黎明一起进攻。

然而可能发生的情况是,情报员被敌人抓获或者失踪。也就是说,将军 A 虽然派遣情报员向将军 B 传达"于黎明一起进攻"的信息,但如果情报员未能返回的话,他不能确定将军 B 是否收到他的信息。

而如果情报员回来了,将军 A 又陷入迷茫:将军 B 怎么知道情报员肯定回来了? 将军 B 如果不能肯定情报员回来的话,他也不能肯定将军 A 能确定自己收到信息,那么他必然不会贸然进攻。

于是将军 A 又将该情报员派遣到将军 B 那里。然而,他再次不能保证这次情报员肯定到了将军 B 那里……

这就是著名的协同攻击难题,它是由格莱(J. Gray)于 1978 年第一次提出。糟糕的是,有学者证明,不论这个情报员来回成功地跑多少次,都不能使两个将军一起进攻。在协同攻击难题中,两个将军协同进攻的条件是:"于黎明一起进攻"是将军 A、B 之间的共同知识,然而,无论情报员跑多少次,都不能够使 A、B 之间形成这个共同知识。因为共同知识的条件是:①A 知道,B 知道;②A 知道,B 也知道;B 知道,A 也知道。但是 A、B 没有这一层次的确认,因而不能形成共同知识。

案例 4. 老师的生日

小李和小王都是张老师的学生,张老师的生日是 M 月 D 日,两人都知道张老师的生日是下列 10 组中的一天,这 10 组日期为:

3 月 4 日,3 月 5 日,3 月 8 日;6 月 4 日,6 月 7 日;

9 月 1 日,9 月 5 日;12 月 1 日,12 月 2 日,12 月 8 日。

张老师把 M 值即月份告诉了小李,把 D 值即日期告诉了小王。张老师问他们:知道他的生日是哪一天吗?

小王说:"我不知道。"

小李说:"本来我不知道但是现在知道了。"

小王说:"现在我也知道了。"

在小王说"我不知道"之前、之后,小李和小王关于张老师生日的共同知识分别是什么?

分析过程:

①小王说不知道之前的共同知识是:老师的生日是 10 组中的一个,小李知

道月份,小王知道日子。

②小王说不知道之后的共同知识是:老师的生日不是6月7日也不是12月2日。因为日期是2和7的生日只有6月7日和12月2日,若拿到这两个数中的一个,那么小王一定会说自己知道了而不是"我不知道",因此排除6月7日和12月2日。所以,对于小李而言,生日组只剩下了3月4日,3月5日,3月8日,6月4日,9月1日,9月5日,12月1日,12月8日。

③小李说知道了之后的共同知识是:小王不知道,小李本来不知道但是现在知道了。小王听到了小李说的"我本来不知道但是现在知道了",所以小王知道"小王不知道,小李本来不知道但是现在知道了"。并且小李也知道小王听到了自己说的"本来我不知道但是现在知道了",所以小李知道小王知道了"小王不知道,小李本来不知道但是现在知道了"。

小李知道了,意味着在排除了6月7日和12月2日之后,小李所知道的月份里只剩了一个日期,故小李才会说自己知道了。满足该条件的月份只有6月,故此时老师的生日已经可以被推断出来了,即为6月4日 。

④小王最后说"我现在知道了"的共同知识是:老师的生日是6月4日。小王知道了老师的生日是6月4日,小王还知道小李也知道了老师的生日是6月4日这件事;小李知道了老师的生日是6月4日,小李听到小王说"现在我也知道了",所以小李知道小王也知道了老师的生日是6月4日。

案例5. 帽子的颜色

有三顶黑帽子和两顶白帽子。让三个人从前到后站成一列,给他们每个人头上戴一顶帽子。每个人都看不见自己戴的帽子的颜色,只能看见站在前面那些人的帽子颜色。从最后那个人开始,问他知不知道自己戴的帽子的颜色,他说不知道;继续问中间那个人同样的问题,他也说不知道。当问到排在最前面的人的时候,他却说已经知道了。

问题:为什么排在最前面的人能知道自己戴的帽子颜色呢?他的帽子是什么颜色呢?

分析过程:(将三人从前往后按1、2、3号的顺序进行编码)

①第一个人3号说不知道之后的共同知识是:前面两个人至少戴了一顶黑色的帽子。当2号知道了"3号不知道自己戴的帽子颜色"时,他推断3号看到的肯定是一黑一白或者是两顶黑色的帽子,因为如果是两顶白帽子3号则肯定能推断出自己戴的帽子是黑色的。

②第二个人2号说不知道之后的共同知识是:最前面的人戴的帽子是黑色。当3号说出"我不知道"时,1号和2号也明白了在他们两人中间要么是一黑一白要么是两顶黑色的帽子。假设2号看到了1号的帽子是白色的,那么他马上就会知道自己戴的一定是黑色的帽子。但事实上是2号也说自己不知道,

那么就说明 1 号戴的是黑色的帽子。故 1 号（排在最前面的人）知道了自己帽子的颜色，是黑色。

案例 6. 别人的红包更诱人

话说某地主有张三和李四两个长工，年底时地主发给长工红包，每人一份。两人都看到自己的红包是 1000 元，但都不知道对方红包是多少。地主发话道："你们红包里的钱可能是 1000 元或者 3000 元。如果你们愿意对换，可以由我公证，但你们每人要支付 100 元公证费给我。"

第一次问后，两人都表示愿意；第二次问后，两人还是都表示愿意。

结局：两人各自损失 100 元，没有得到任何好处。

问题：如果你是长工之一，该如何应对？

张三想：假如我与李四换红包，如他是 1000 元，就亏损 100 元公证费，这种可能性是 50%；如他是 3000 元，扣除 100 元公证费，我净得 1900 元，这种可能性也是 50%。所以，交换的预期收益是 50% × (−100 元) + 50% × 1900 元 = 900 元。

李四的想法与张三是一样的，他也觉得与张三换红包是很合算的。于是，张三、李四异口同声地对地主说："我愿意换!"

张三和李四的推理究竟在哪个环节发生了错误呢？他们在地主第一次询问时所做的推理并没有错，错在地主第二次询问是否愿意交换后，他们仍然愿意交换。错误原因：地主第一次询问时，既然张三表示愿意，那么李四就应该想到：如果张三是 3000 元，他肯定不愿意交换，现在他同意交换，说明他是 1000元，我就应改变主意不换才对。

第四讲　占优策略均衡

一、占优策略均衡

1. 优劣策略

设有 $G = \{S_1, S_2, A, B\}$，若对一切 $j(1 \leq j \leq n)$，均有 $a_{ij} \geq a_{kj}$，则称博弈方甲的纯策略 α_i 优于纯策略 α_k，或纯策略 α_k 劣于纯策略 α_i。同样，若对一切 $i(1 \leq i \leq m)$ 均有 $b_{ij} \geq b_{ik}$，则称博弈方乙的纯策略 β_j 优于纯策略 β_k，或纯策略 β_k 劣于纯策略 β_j。

分析下例：设 $G = \{S_1, S_2, C\}$

$$
C \begin{array}{c} \\ \alpha_1 \\ \alpha_2 \\ \alpha_3 \end{array}
\begin{array}{ccc}
\beta_1 & \beta_2 & \beta_3 \\
\left(\begin{array}{ccc}
(1, -1) & (-2, 3) & (2, 1) \\
(-1, 2) & (1, 4) & (7, 4) \\
(2, -5) & (4, 3) & (7, 3)
\end{array} \right)
\end{array}
$$

试分析策略的优劣。

分析过程：对于甲：由 $a_{3j} \geq a_{2j}(j = 1, 2, 3)$，得 α_3 优于 α_2。

对于乙：由 $b_{i2} \geq b_{i3}(i = 1, 2, 3)$，得 β_2 优于 β_3。

2. 严优策略

设有 $G = \{S_1, S_2, A, B\}$，若对于一切 $j(1 \leq j \leq n)$，均有 $a_{ij} \geq a_{kj}$ 且至少有一个 $j_0(j_0 \in (1, 2, \cdots, n))$，使 $a_{ij_0} > a_{kj_0}$，则称纯策略 α_i 严优于纯策略 α_k，或称纯策略 α_k 严劣于纯策略 α_i。类似地，若对于一切 $i(1 \leq i \leq m)$，均有 $b_{ij} \geq b_{ik}$ 且至少有一个 $i_0(i_0 \in (1, 2, \cdots, m))$，使 $b_{i_0j} > a_{i_0k}$，则称纯策略 β_j 严优于纯策略 β_k，或称纯策略 β_k 严劣于纯策略 β_j。

分析下例：

		乙	
	β_1	β_2	β_3
α_1	4,3	5,1	6,2
甲 α_2	2,1	8,4	3,6
α_3	3,0	9,6	2,8

甲有得益向量　(4,5,6)——对应 α_1 之得益

(2,8,3)——对应 α_2 之得益

(3,9,2)——对应 α_3 之得益

甲不存在严优策略。

乙有得益向量 $\begin{pmatrix} 3 \\ 1 \\ 0 \end{pmatrix} \begin{pmatrix} 1 \\ 4 \\ 6 \end{pmatrix} \begin{pmatrix} 2 \\ 6 \\ 8 \end{pmatrix}$，分别对应 β_1、β_2、β_3 之得益，其中 β_2 为严格劣策略，乙无论如何也不能选它。

3. 占优策略

一般来说，由于每个博弈方的效用都依赖于所有人的选择，因此每个博弈方的最优选择（策略）也依赖于所有其他博弈方的选择（策略）。但是，当一个博弈方的最优选择并不依赖于他人的选择时，这样的最优策略就被称为"占优策略"（dominant strategy）。由所有博弈方的占优策略构成的策略组合被称为"占优策略均衡"（dominant – strategy equilibrium），简称为占优均衡。

占优策略均衡的出现只要求所有博弈方都是理性的，不要求每个博弈方知道其他博弈方是否理性。也就是说，不论其他博弈方选择什么策略，博弈方的最优策略是唯一的。如果 s^* 是第 i 个参与人的占优策略，$s_{-i} = (s_1, \cdots, s_{i-1}, s_{i+1}, \cdots, s_n)$ 表示由除 i 之外的所有参与人的策略组成的向量，$u_i(s_i^*, s_{-i}) \geq u_i(s_i', s_{-i})$，$\forall s_i' \neq s_i^*$，对应的，所有 $s_i' \neq s_i^*$ 被称为劣策略。

当双方的策略选择有迹可循时，就能形成某种"定式"——均衡。如果所有博弈方都有（严格）占优策略存在，那么占优策略均衡就是大家都可预测的唯一均衡。

占优策略有两个特点：一是不要求理性是共同知识，即占优策略只要求每个博弈方都是理性的，而不要求每个博弈方知道其他博弈方是理性的；二是个人理性有时与集体理性发生冲突。下面要介绍的"囚徒困境"就表明个人理性与集体理性的冲突，而且生活中这样的例子很多，如寡头竞争、军备竞赛、团队生产中的劳动供给、公共产品的供给，等等。

4. 博弈结局的有效性

有效结局是指博弈双方中的任一方都不存在更有效（得益更大）选择的结局。无效结局是指对博弈双方存在更有效（得益更大）选择的结局。

以团队中的道德风险为例：

设有两职工甲、乙，每人可以选择工作，对应 $S_i = 1$；或偷懒，对应 $S_i = 0$。团队的总产出为 $4(S_1 + S_2)$，并在两人中平均分配。若每人工作的成本为 3，偷懒的成本为 0，且 C 代表工作，D 代表偷懒，则两人行为的得益矩阵为

乙

		C	D
甲	C	1,1	−1,2
	D	2,−1	0,0

由占优策略分析得博弈的结局为(偷懒,偷懒),而这个结局却不是有效的。

二、囚徒困境

"囚徒困境"是1950年美国兰德公司的梅里尔·弗勒德和梅尔文·德雷希尔拟定出的关于困境的理论,后来由顾问艾伯特·塔克以囚徒方式阐述,并命名为"囚徒困境"。

囚徒困境是一个非常经典的占优策略均衡案例,两个共谋犯罪的人被关入监狱,不能互相沟通情况。如果两个人都不揭发对方,则由于没有确凿证据,每个人都坐牢一年;若一人揭发,而另一人沉默,则揭发者因为立功而立即获释,沉默者因不合作而入狱8年;若互相揭发,则因证据确凿,二者都判刑5年。其得益矩阵如下:

囚徒 B

		坦白	不坦白
囚徒 A	坦白	−5,−5	0,−8
	不坦白	−8,0	−1,−1

无论对方如何选择,每个人的最优选择都是坦白,即坦白是囚徒 A 和囚徒 B 的严格占优策略,所以,我们可以预测,结果将是(坦白,坦白),但这似乎对于囚徒 A 和 B 都不是有效的结果。那么有什么好的途径来解决"囚徒困境"问题呢?

1. 用法规解决"囚徒困境"

(1)为什么在城市中心道路上禁止汽车鸣喇叭?

禁鸣喇叭一方面是为了控制城市噪声污染,另一方面是基于以下的博弈论原因。当汽车司机可以鸣喇叭时,可能为汽车超速抢行提供条件。但当大家都抢行时,城市交通拥挤加重,反而都难以顺利通行。在这个博弈中,对每个人来说,"缓行"是劣策略,因为当自己缓行时,对方抢行会占便宜,获得得益9。这就导致占优策略均衡是(抢行,抢行),获得低收益(2,2),这不是一个好的均衡。

<table>
<tr><td></td><td></td><td colspan="2" align="center">司机 2</td></tr>
<tr><td></td><td></td><td align="center">缓行</td><td align="center">抢行</td></tr>
<tr><td rowspan="2">司机 1</td><td>缓行</td><td align="center">8,8</td><td align="center">1,9</td></tr>
<tr><td>抢行</td><td align="center">9,1</td><td align="center">2,2</td></tr>
</table>

当禁止鸣喇叭时,司机为了避免造成交通事故,只得缓行,从而得到好的结果(缓行,缓行)。

(2)苏格兰的草地为什么消失了?

在 18 世纪以前,英国苏格兰地区有大量的草地,其产权没有界定,属公共资源,大家都可以自由地在那里放牧。草地属于"可再生资源",如果限制放牧的数量,没有被牛羊吃掉的剩余草皮还会重新长出大面积草场,但如果不限制放牧规模,过多的牛羊将草吃得一干二净,则今后不会再有新草生长出来,草场就会消失。由于草地的产权没有界定,政府也没有对放牧作出规模限制,每家牧民都会如此盘算:如果其他牧民不约束自己的放牧规模,让自己的牛羊过多地到草地上吃草,那么,我自己一家约束自己的放牧规模对保护草场的贡献是微乎其微的,不会使草场免于破坏;相反,我也加入过度放牧的行列,至少在草场消失之前还会获得一部分短期的收益;而如果其他牧民约束放牧规模,单独一家人过度放牧不会破坏广袤的牧场,但却获得了高额的收益。因此,任何一家牧民的结论都会是:无论其他牧民是否过度放牧,我选择"约束自己的放牧规模"都是劣策略,从而被剔除。大家最终都会选择过度放牧,结果导致草地消失,生态破坏。

类似的例子还有:渤海中的鱼愈来愈少了,工业化中的大气及河流污染越来越严重,森林植被被逐渐破坏等。解决公共资源过度利用的出路是政府制定相应的规制政策加强管理,如我国政府规定海洋捕鱼中,每年有一段时间的"休渔期",此时禁止捕鱼,让大鱼好好地产卵,小鱼苗安静地生长,并对渔网的网眼大小作出规定,禁用过小网眼的捕网打鱼,保护幼鱼的生存。又如在三峡库区,为了保护库区水体环境,关闭了前些年泛滥成灾的许多小造纸厂等。

2. 用税收制度解决公共物品中的囚徒困境

私人物品与公共物品的不同点是使用上的排他性,私人物品是自愿购买的,而公共物品可能需要强制购买。税收制度就在于解决公共产品生产上的"囚徒困境",保证公共产品的生产。

请看下例:为什么政府要负责修建公共设施?

　　设想有两户相邻而居的农家,十分需要有一条路从居住地通往公路。修一条路的成本为4,每户农家从修好的路上获得的好处为3。如果两户农家共同出资联合修路,并平均分摊修路成本,则每户农家获得净的好处为 $3-4/2=1$;当只有一户农家单独出资修路时,修路的农家获得的好处为 $3-4=-1$ (亏损),"搭便车"不出资但仍然可以使用修好的路的另一户人家获得好处 $3-0=3$,见下表。

		乙	
		修	不修
甲	修	1,1	-1,3
	不修	3,-1	0,0

　　我们看到,对甲和乙两户农家来说,"修路"都是劣策略,因而他们都不会出资修路。在这种情况下,为了解决这条新路的建设问题,需要政府强制性地分别向每家征税2,然后投入资金修好这条对大家都有好处的路,并使两户农家的生活水平都得到改善。这就是我们看到的为什么大多数路、桥等公共设施都是由政府出资修建的原因。同样的道理,国防、教育、社会保障,环境卫生等都由政府承担资金投入,私人一般没有承担这方面服务的积极性和能力。

　　由此得到的结论是:修路博弈是公共物品之囚徒困境,因此公共物品一定要有人协调和管理,政府应该起到这个作用。

　　3. 通过增大未来的影响解决囚徒困境

　　通常人们认为合作是件好事,毕竟双方合作在"囚徒困境"中对双方都有好处。然而如前面说过的,在一些情形中人们做的却恰恰相反。只要这种接触不是重复的,合作就非常困难,正是持续的接触使基于回报的合作的稳定成为可能。促进双方合作可以从三个方面着手:①使得未来相对于现在更重要;②改变对策者四个可能结果的收益值;③教给对策者那些促进合作的准则、事实和技能。如果未来相对于现在足够重要的话,双方的合作是稳定的,因为每个对策者可以用隐含的报复来威胁对方,只要相互之间的接触能持续足够长使得这种威胁奏效。这个结论强调了促进合作的第一种方法的重要性,即增大未来的影响。有两个基本的方法来做到这一点:使相互作用更持久和使相互作用更频繁。

　　请看下例:为什么要加入 WTO?

　　WTO 是一个自愿申请加入的自由贸易联盟,即 WTO 成员之间实现低关税或零关税的自由贸易。为什么需要一个组织来协调国家之间的自由贸易呢? 这是因为,如果没有一个协调组织,国与国之间的贸易就不会呈现低关税或零关税的自由贸易局面,而国与国之间的贸易会是一个"囚徒困境":给定一个国家对另一个国家的货物实行低关税,另一个国家反过来对这个国家的货物实行高关税是占优于实行低关税的策略的。也就是说:集中接触是使两个人更经常见面的一个方法。

在协商谈判中,另一个使接触更加频繁的方法是把问题分解成若干部分。例如,可以将军备控制和裁军条约分解成许多阶段,这样就允许双方有更多让步的机会而不只是一两个让步。这样可以使回报更有效。如果双方都知道对方的一步不合适的策略可以通过下一步的回报来补偿,那么双方对整个过程可以按期望进行就更有信心。而且,如果双方对自己识别欺骗的能力缺乏信心,那么,有许多小的步骤比只有少数大的步骤更有助于促进合作。分解是一个广泛适用的原则。在商业上,人们喜欢将一个大订单分别按每次发货时间付款,而不愿等到最后付总账。这使得当前步骤的背叛相对于整个未来的接触过程来说不是那么有诱惑力,是促进合作的好方法。我们得到的启示是:两只困倦的刺猬由于寒冷而拥在一起。可因为各自身上都长着刺,它们就又离开了一段距离,但又冷得受不了,就又凑到一起。几经折腾,两只刺猬终于找到一个合适的距离:既能互相获得对方的温暖而又不至于被扎。了解并关心对方,并巧妙地保护自己,会使合作更加长久。

三、应用案例

案例 1. 商业价格战

2007 年 6 月 21 日,光明、蒙牛、伊利等十四家国内外乳业企业在南京签署"乳品自律南京宣言",约定取消特价、降价等促销方式(变相的联合涨价),结果在 2007 年 7 月 24 至 8 月 10 日,出现了"买一箱伊利纯牛奶送 250 毫升牛奶""光明利乐枕原价 22.80,现价 18.00""蒙牛买一箱送一包"的情况,为什么所有的企业都会违约呢? 看看下表我们便会明白。

		卖家 B	
		降价	不降价
卖家 A	降价	−50, −50	100, −100
	不降价	−100, 100	0, 0

假如 A 公司选择降价,B 公司不降,那么 A 的利润将增加 100,B 的利润将减少 100,如果 A、B 都不降价,那么他们的利润增加 0;如果都降价,他们的利润都增加 −50。和囚徒困境一样,降价才是每个企业的占优选择。就如同看球赛,前边的人为了看得更清楚而站起来,后边的人也必须站起来,否则你就看不到,最后所有人都站了起来。实际上相当于人人都没站起来,而且还都更加辛苦。

案例2. 网购商品买卖双方博弈

随着电商和物流的迅速发展，我们也越来越习惯网购。假设我们想在网上购买一件商品，这件商品按品质大致可以分为两种：高质量和低质量。虽然卖家明确把他的商品的质量等级向你表明了，可是因为我们是在网上购买，没法对实物进行考察和测试，所以我们不知道我们加入购物车的商品究竟是高质量的还是低质量的，不知道卖家说的是真是假。这个商品也有两个不同的价格：高价和低价。所以我们面临着4种可能的结果：高价高质、高价低质、低价高质和低价低质。

我们把购买这件商品所得到的价值回报用货币金额的数值来表达：假如我们出高价买到了高质量的商品，那么你的价值回报是6元；假如我们出低价买到了高质量的商品，那么你的价值回报是9元；假如我们出高价买到了低质量的商品，那么你的价值回报是－4元；假如我们出低价买到了低质量的商品，那么你的价值回报是2元。

卖家同样也有4种选择：高价卖高质、高价卖低质、低价卖高质以及低价卖低质。卖家在这4种情况下得到的回报金额是：假如他以高价卖掉了高质量的商品，那么他得到的回报是6元；假如他以低价卖掉了高质量的商品，那么他得到的回报是－4元；假如他以高价卖掉了低质量的商品，那么他得到的回报是9元；假如他以低价卖掉了低质量的商品，那么他得到的回报是2元。得益矩阵如下：

		卖家	
		高质	低质
买家	高价	6,6	－4,9
	低价	9,－4	2,2

由得益矩阵可知，无论卖家如何选择，买家总是出低价更划算；另一方面，无论买家如何选择，卖家总是提供低质商品更划算。最终走入了囚徒困境。

案例3. 毒木耳事件

新闻里曝光了北方某个村庄全村多年生产毒木耳的事。所谓"毒木耳"就是把从别的地方低价进过来的烂木耳通过硫磺熏制的办法，让烂木耳恢复好木耳的外观，从而充当好木耳流通到全国千家万户的餐桌。生产毒木耳的村民们无疑都知道食用毒木耳会对人体健康造成一定的危害，而且时间长了，这个产业迟早会倒掉。我们不能说这个村的村民中就没有几个心地善良的人，我们也不能说这个村的村民都是目光短浅之辈，可是，无论心地善良的或心地恶毒的，目光长远的或目光短浅的，他们都数年如一日地生产销售着毒木耳。这是为何？

　　记者暗访该村的一位村民时问过一句话:你们这样生产毒木耳,难道不担心有一天被媒体报道出去,从此就再也没有批发商和消费者买你们这个地方产的木耳了吗?这位村民的回答颇有道理:我们也知道我们村的这个产业迟早要倒掉,我们县的这个产业也会倒掉。就算我从现在开始生产优质木耳,别人还会生产毒木耳,所以这个产业还是要倒掉,我还不如趁倒掉之前再赚点钱呢!摆在全村村民面前的博弈是这样的:对于其中每一个村民来说,别人生产毒木耳,我一人生产优质木耳,别人赚很多钱,我无钱可赚,我一人的善行就像滴入乌黑的海水中的一滴清水,不会改变什么,也不会引起关注,而木耳产业照样倒掉;别人生产优质木耳,我一人生产毒木耳,别人赚少量的钱,我赚很多的钱,我一人的恶行就像滴入蓝蓝的海水中的一滴污水,不会改变什么,也不会引起关注,而木耳产业照样不会倒。所以无论别人生产毒木耳与否,我生产毒木耳都是占优策略。最后导致全村多年生产毒木耳的结果。

　　案例 4. 乘客与歹徒博弈

　　在现实社会中,有时歹徒在公共场所(比如公共汽车)上偷东西甚至抢劫,车上的乘客看到了,但不敢吭声。此刻,他们在想什么?

　　没有被抢劫的人:见义勇为得不到任何好处,反而可能遭到伤害!

　　打劫的人:谁想反抗,将殴打谁!

　　被抢劫的人:自认倒霉,不敢反抗!

　　对于乘客来说,歹徒的威胁是可信的,因而乘客的最优策略是"不反抗";

　　而对于歹徒来说,乘客"不反抗"下的"不殴打"策略为最优。

　　结果:个体的理性行为导致了集体利益的受损。在公共汽车上,歹徒公然抢劫,没有人出来抗争。囚徒困境准确地抓住了人性的不信任和需要相互防范背叛这种真实的一面。道德是消除集体行为悲剧的一个良方。

　　囚徒困境博弈揭示了个体理性与团体理性之间的矛盾:从个体利益出发的行为可能没有实现团体的最大利益。囚徒困境博弈也揭示了个体理性本身的内在矛盾:从个体利益出发的行为最终也不一定能真正实现个体的最大利益,甚至会得到相当差的结果。

　　那么上述问题如何摆脱困境?

　　加大道德宣传,培养社会群体的道德感能解决群体沉默这一困境。因为增强人的道德观念就是加大"反抗"策略的获益。当反抗时,尽管有受伤的可能,但道德荣誉感让乘客的心理有所补偿;如果乘客不反抗,他们的道德观将使得他们为自己的行为感到羞耻。从全社会角度来说,如果每个公民都有这样高的道德感,歹徒将成为过街老鼠——人人喊打。

第五讲　重复剔除的占优均衡

不是所有博弈都有占优策略,哪怕这个博弈只有一个参与人。实际上,优势与其说是一种规律,不如说是一种例外。虽然出现一个占优策略可以大大简化行动的规则,但这些规则却并不适用于大多数现实生活中的博弈。这时候我们必须用到其他原理。

一、智猪博弈的启迪

当博弈问题不存在占优策略均衡,即不是博弈双方都有占优策略时,还是有可能有一博弈方有占优策略。假如你有一个占优策略,你可以选择采用;假如知道你的对手有一个占优策略,他也会采纳,这样就会使分析的思路明朗起来。

1. 智猪博弈

假设猪圈有一头大猪,一头小猪。猪圈的一头有猪食槽,另一头安装着控制猪食的按钮,按一下按钮,10 个单位的猪食进槽,但先按按钮需要付出 2 个单位的成本,且会晚到。若大猪先到,大猪可吃到 9 个单位的食物,小猪只能吃到 1 个单位;若小猪先到,小猪可吃到 4 个单位,大猪也吃到 6 个单位;若两猪同时到,大猪吃到 7 个单位,小猪吃到 3 个单位。在这种情况下,你认为对小猪来说最佳选择是什么?

分析过程:智猪博弈的得益矩阵为:

		小猪	
		按	等待
大猪	按	5,1	4,4
	等待	9,−1	0,0

大猪的最优策略依赖于小猪的选择,但小猪的最优策略与大猪无关,等待是小猪的占优策略。如果大猪知道小猪是理性的,大猪将选择按。因此小猪将舒舒服服地等在食槽边,而大猪则为一点残羹不知疲倦地奔忙于按钮和食槽之间。

2. 应用举例

智猪博弈可以对诸多经济现象进行解释,通过下面几个例子来说明。

（1）股市博弈

在股票市场上，大户是"大猪"，他们要进行技术分析，收集信息、预测股价走势，而大量散户就是"小猪"，他们不会花成本去进行技术分析，而是跟着大户的投资策略进行股票买卖，即所谓"散户跟大户"的现象。

（2）为何股份公司中的大股东才有投票权？

在股份公司中，大股东是"大猪"，他们要收集信息监督经理，因而拥有决定经理任免的投票权，而小股东是"小猪"，不会直接花精力去监督经理，因而没有投票权。

（3）为什么中小企业不会花钱去开发新产品？

在技术创新市场上，大企业是"大猪"，它们投入大量资金进行技术创新，开发新产品，而中小企业是"小猪"，不会进行大规模技术创新，而是等待大企业的新产品形成新的市场后模仿大企业生产类似产品去销售。

（4）为什么只有大企业才会花巨额资金打广告？

大企业是"大猪"，中小企业是"小猪"。大企业投入大量资金为产品打广告，中小企业等大企业的广告为产品打开销路形成市场后才生产类似产品进行销售。往往只有某一领域的龙头或优势企业愿意付出较高的广告费用，而其他小企业则待消费者对这一类产品需求增加时自然而然获得一定程度的选择可能性。

（5）商业聚集

在大酒店和大宾馆的周围有很多小酒店和小旅馆聚集，这又是一个典型的"小猪搭便车"现象，大酒店即"大猪"，有实力打广告吸引客户和人流，这是小酒店不可能复制的营销策略，那么靠在大酒店旁边自然可以利用别人吸引来的客流。服务型企业，诸如酒店旅馆等常聚集在风景名胜区旁边也是同样的道理。

二、重复剔除的占优均衡

假如你有一个劣策略，你应该避免采用，并且你知道若是你的对手有一个劣策略他也会规避。在你没有占优策略的情况下，你要做的就是：不能追求最好，就要避免最差，即剔除所有劣策略，不予考虑，如此一步一步做下去。

1. 重复剔除严格劣策略

"重复剔除严格劣策略"的思路是：首先找出某博弈方的严格劣策略，把这个劣策略剔除后，剩下的是一个不包含已剔除劣策略的新的博弈；然后再剔除这个新的博弈中的严格劣策略；继续这个过程，直到没有劣策略存在。如果这样的解存在，我们说该博弈是"重复剔除占优可解的"。如果剩下的策略组合是唯一的，这个唯一的策略组合就是"重复剔除的占优均衡"（iterated elimination of strictly dominated equilibrium)。

这种剔除法只是一个过程,它是决策双方通过对各种纯策略的优劣进行对比,逐次剔除严劣策略,保留严优策略,最终得到一个双方都认可的博弈策略组合的过程。

2. 应用举例

(1) $G = \{S_1, S_2, C\}$,其中,C 为

$$
\begin{array}{c c c c}
 & \beta_1 & \beta_2 & \beta_3 \\
\alpha_1 & (4,3) & (5,1) & (6,2) \\
\alpha_2 & (2,1) & (8,4) & (3,6) \\
\alpha_3 & (3,0) & (9,0) & (2,8)
\end{array}
$$

分析过程。博弈方甲各项纯策略 $\alpha_1, \alpha_2, \alpha_3$ 之得益向量为 $(4,5,6)$,$(2,8,3)$,$(3,9,2)$,显然 $\alpha_1, \alpha_2, \alpha_3$ 之间不存在严优关系(连弱优关系都不存在)。博弈方乙的各项纯策略 $\beta_1, \beta_2, \beta_3$ 的得益向量是 $\begin{pmatrix} 3 \\ 1 \\ 0 \end{pmatrix} \begin{pmatrix} 1 \\ 4 \\ 0 \end{pmatrix} \begin{pmatrix} 2 \\ 6 \\ 8 \end{pmatrix}$,显然 β_3 严优于 β_2,因而剔除 β_2。

一次严劣策略剔除后,原博弈问题变为:

$$
\begin{array}{c c c}
 & \beta_1 & \beta_3 \\
\alpha_1 & (4,3) & (6,2) \\
\alpha_2 & (2,1) & (3,6) \\
\alpha_3 & (3,0) & (2,8)
\end{array}
$$

此时博弈方甲的 $\alpha_1, \alpha_2, \alpha_3$ 之得益向量分别为 $(4,6)$,$(2,3)$,$(3,2)$,显然 α_1 严优于 α_2, α_3,因而博弈方甲可剔除 α_2, α_3。博弈方乙的新策略 β_1, β_3 之得益向量分别为 $\begin{pmatrix} 3 \\ 1 \\ 0 \end{pmatrix}$ 与 $\begin{pmatrix} 2 \\ 6 \\ 8 \end{pmatrix}$,显然 β_1 与 β_3 无严优关系。

二次严劣策略剔除后,得到新博弈问题:

$$
\begin{array}{c c c}
 & \beta_1 & \beta_3 \\
\alpha_1 & ((4,3) & (6,2))
\end{array}
$$

二次保持严优策略后,博弈方甲只保留了纯策略 α_1,这时博弈方乙也应选择纯策略 β_1。

(2)用严劣策略剔除法分析下面的博弈 $G = \{S_1, S_2, C\}$,其中 C 为

$$
\begin{array}{c c c}
 & \beta_1 & \beta_2 \\
\alpha_1 & (8,10) & (-100,9) \\
\alpha_2 & (7,6) & (6,5)
\end{array}
$$

分析过程。用严劣策略剔除法分析得,博弈方甲、乙的策略组合为(α_1, β_1)。

(3)囚徒困境中:

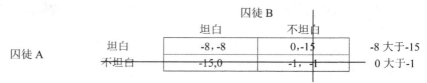

	囚徒B 坦白	囚徒B 不坦白	
囚徒A 坦白	-8, -8	0, -15	-8 大于-15
囚徒A 不坦白	-15, 0	-1, -1	0 大于-1

分析过程。囚徒 A 的严劣策略为"不坦白",囚徒 B 的严劣策略为"不坦白",则该博弈有严劣策略剔除法得到的策略组合(坦白,坦白)。

(4)博弈 G 如下图所示:

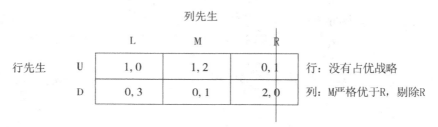

	列先生 L	列先生 M	列先生 R	
行先生 U	1, 0	1, 2	0, 1	行:没有占优战略
行先生 D	0, 3	0, 1	2, 0	列:M严格优于R,剔除R

得到新的得益矩阵:

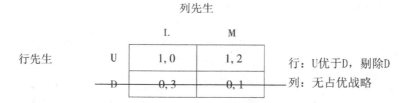

	列先生 L	列先生 M	
行先生 U	1, 0	1, 2	行:U优于D,剔除D
行先生 D	0, 3	0, 1	列:无占优战略

又由于 M 优于 L,剔除 L,则(U,M)是重复剔除的占优均衡。

需要注意:重复剔除的必须是严格劣的策略,否则会出现一些意想不到的结果。

(5)博弈 G 如下图所示:

	博弈方Ⅱ L	博弈方Ⅱ M	博弈方Ⅱ R
博弈方Ⅰ U	2, 8	1, 6	1, 8
博弈方Ⅰ S	0, 8	0, 6	0, 8
博弈方Ⅰ D	0, 8	1, 5	0, 9

分析过程。

①方法 1:博弈方Ⅱ的策略 L 和 M 都是策略 R 的严格劣策略,剔除策略 L 和 M 后得益矩阵为:

	R
U	1,8
S	0,8
D	0,9

博弈方Ⅰ的策略 S 和 D 都是策略 U 的严格劣策略,剔除策略 S 和 D 后剩下唯一策略组合(U,R)。

②方法 2:博弈方Ⅰ的策略 S 和 D 都是策略 U 的严格劣策略,剔除策略 S 和 D 后为:

	L	M	R
U	2,8	1,6	1,8

博弈方Ⅱ的策略 M 和 R 都是策略 L 的劣策略(但不是严格劣策略),剔除策略 M 和 R 后剩下策略组合(U,L)。同时,策略 L 和 M 都是策略 R 的劣策略,剔除策略 L 和 M 后剩下策略组合(U,R)。

由上例可以看出:如果不是按严格劣策略重复剔除,最后将得到不同的策略组合。

3. 对重复剔除占优均衡的理解

如果策略组合 $s^* = (s_1^*, \cdots, s_n^*)$ 是重复剔除劣策略后剩下的唯一策略组合,则称它为重复剔除的占优均衡。如果这种唯一策略组合是存在的,我们就说该博弈是重复剔除占优可解。如果重复剔除后的策略组合不唯一,该博弈就不是重复剔除占优可解的。在这个过程中要注意以下几点。

①重复剔除的占优均衡结果与劣策略的剔除顺序是否有关,取决于剔除的是否是严格劣策略。

请看下例:

		博弈方Ⅱ		
		C_1	C_2	C_3
博弈方Ⅰ	R_1	2,12	1,10	1,12
	R_2	0,12	0,10	0,11
	R_3	0,12	0,10	0,13

剔除顺序 R_3、C_3、C_2、R_2，得策略组合（R_1，C_1）；剔除顺序 C_2、R_2、C_1、R_3，得策略组合（R_1，C_3）。可以看到，（R_1，C_1）和（R_1，C_3）虽都是剔除占优均衡，但在这里是不可解的。

②重复剔除的占优均衡要求每个博弈方都是理性的，而且要求"理性"是博弈方的共同知识。即所有博弈方都知道所有博弈方是理性的。

③尽管许多博弈中重复剔除的占优均衡是一个合理的预测，但并不总是如此，尤其是得益存在极端值的时候。

博弈方 B

		L	R
博弈方 A	U	8,10	$-1000,9$
	D	7,6	6,5

重复剔除后，U 是博弈方 A 的最优选择，但是，只要 B 有 1/1000 的概率选 R，A 就会选 D。

再以如何以弱敌强为例：在战争史上，以弱胜强的例子是很多的。在商业竞争中，以弱敌强也是经常会遇到的情形。在第二次世界大战诺曼底登陆战的谋略策划中，盟军就面临以弱敌强的问题。盟军有两个可以选择的登陆目标地，一是加莱，二是诺曼底。德国守军在人数上超过了盟军，并且就军事进攻而言，在人数相同的情况下，攻方与守方相比会处于不利的情形。下面将这种情形模型化。

有一支军队准备进攻一座城市，它有军力两个师。守城军队有三个师。通往城市有甲、乙两条道路或方向。假定两军相遇时，人数居多的一方取胜，当两方人数相等时，守方获胜，且军队只能整师调动。

攻方战略：a = 两个师集中沿甲方向进攻；b = 兵分两路，一个师沿甲方向进攻，另一个师沿乙方向进攻；c = 两个师集中沿乙方向进攻。

守方战略：A = 三个师集中守甲方向；B = 两个师守甲方向，一个师守乙方向；C = 一个师守甲方向，两个师守乙方向；D = 三个师集中守乙方向。

用"＋"、"－"分别表示胜和败，见下表：

守方

		A	B	C	D
攻方	a	－，＋	－，＋	＋，－	＋，－
	b	＋，－	－，＋	－，＋	＋，－
	c	＋，－	＋，－	－，＋	－，＋

分析过程。用重复剔除劣策略分析：

攻方无劣策略，但守方有劣策略，A 劣于 B，D 劣于 C，故守方不会采用策略 A 和 D，剔除后的博弈变为：

守方

		B	C
攻方	a	−，+	+，−
	b	−，+	−，+
	c	+，−	−，+

攻方知道守方不会选 A 和 D，他由此知道博弈变成上图所示。此时，攻方就有一个劣策略 b，他剔除 b 后得到新的博弈：

守方

		B	C
攻方	a	−，+	+，−
	c	+，−	−，+

此时，两方的形势是相同的，即攻方尽管开始在军力上劣于守方，但实际上它只要运用计谋，其获胜的可能与守方是相同的。

4. 严劣策略重复剔除法存在的问题

严劣策略重复剔除法存在以下问题：（1）局限性；（2）不一致性；（3）欠合理性。许多博弈没有占优均衡，也没有重复剔除的占优均衡，考虑如下博弈：

博弈方 C

		C_1	C_2	C_3
	R_1	0，4	4，0	5，3
博弈方 R	R_2	4，0	0，4	5，3
	R_3	3，5	3，5	6，6

首先考虑参与人 R 的选择：如果 C 选择 C_1，R 的最优选择是 R_2；如果 C 选择 C_2，R 的最优选择是 R_1；如果 C 选择 C_3，R 的最优选择是 R_3。

再来看参与人 C 的选择：如果 R 选择 R_1，C 就选择 C_1；如果 R 选择 R_2，C 会选择 C_2；如果 R 选择 R_3，C 会选择 C_3。

也就是说，在这个博弈中，每个参与人都可能选择三个策略中的任何一个，依赖于他如何判断对方的选择,没有绝对意义上的劣策略。所以,这个博弈不能用劣策略剔除法求解。

三、应用案例

在国际环境保护中,一般认为发达国家与发展中国家要分别承担有区别的责任:发达国家因其强大的国家财力与技术,以及造成全球环境退化的历史责任,要对国际环境保护作出先行的承诺并付诸实践;而发展中国家由于经济发展水平低、科学技术落后、专业人员匮乏等缘由,只能承担有限的责任。

假设环境保护可使全球获得100个单位的好处,但承诺实施环境保护需要付出20个单位的成本。发达国家先作出承诺,则其可以获得60个单位的好处,发展中国家能获得40个单位;若发展中国家先承诺,则其可获得10个单位的好处,发达国家可获得90个单位;若两者同时作出承诺,发达国家可获得70个单位的好处,发展中国家获得30个单位。在这种情况下,对发展中国家来说最佳选择是什么?

		发展中国家	
		承诺	不负责
发达国家	承诺	50,10	40,40
	不负责	90, -10	0,0

由得益矩阵分析可知,环境保护问题中大国和小国之间博弈的结果是,发达国家作出承诺,发展中国家不负责。

可以基于"智猪博弈"分析《京都议定书》的签订过程与结果。《京都议定书》的基本内容是:《京都议定书》的签署是为了人类免受气候变暖的威胁。发达国家从2005年开始承担减少碳排放量的义务,而发展中国家则从2012年开始承担减排义务。《京都议定书》需要得到占全球温室气体排放量55%以上的至少55个国家批准,才能成为具有法律约束力的国际公约。中国于1998年5月签署并于2002年8月核准了该议定书。欧盟及其成员国于2002年5月31日正式批准了《京都议定书》。2004年11月5日,俄罗斯总统普京在《京都议定书》上签字,使其正式成为俄罗斯的法律文本。截至2005年8月13日,全球已有142个国家和地区签署了该议定书,其中包括30个工业化国家,签署国家的人口数量占全世界总人口的80%。

"智猪博弈"基本模型:

世界环境 = "食槽",发达国家 = "大猪",发展中国家 = "小猪"

策略一

小猪积极投入保护环境,控制有损环境的经济发展,本国的经济发展受到限制而减缓,而大猪选择其以往不顾环境的发展模式,经济水平提高相对较快,这种情况下,在世界政治经济格局中,小猪的地位相对下降,大猪的地位相对上升,小猪原本所承受的世界不公平因此更加严重,也就是说,这种策略对小猪来说是负收益。因此在现实中,这种博弈结果是不太可能的。

策略二

大猪致力于保护环境,制定环境政策,为此限制某些行业的经济发展。小猪选择快速经济发展之路,消耗大量资源,造成大量环境污染。这种策略下的收益分配是:大猪为世界环境污染埋单,小猪"搭便车";大家都获得了环境收益,只有大猪为此作出了牺牲。这种策略看起来对大猪有些不平等,但是考虑到世界各国各自的发展历史和发展水平以及各国对环境污染的责任,这种策略得到很多国家赞同。

策略三

大猪、小猪都致力于环境保护,在环境保护的基础上发展经济,共同为环境保护尽自己的一份力。这种策略及结果在理论上是现存的非合作环境博弈的根本目的,如果达到这种结果,对世界各国都是极其有利的,因为此时的非合作环境博弈已变成了合作博弈。但是在实际中,由于各国的利益诉求不同,这是很难实现的。

策略四

大猪、小猪同时选择置世界环境于不顾,都依据个人理性最大化原则,竭力利用公共环境来发展本国的经济,满足本国人民的需要。此时两者的经济绝对值都增加了,但是环境收益都降低了,这种"均衡"在很大程度上正是目前世界各国面临的"囚徒困境"。

博弈结果:

在《京都议定书》的缔约过程中,发达国家中的欧盟一直态度积极,积极推动了《京都议定书》的通过,并积极承担了自己保护环境的责任,是"智猪博弈"均衡中大猪的理性策略。作为小猪的发展中国家暂时没有减排的动力。这样二氧化碳减排额成为一种商品在世界流通,"花钱换减排",发展中国家可以从中得到技术和财富的实际利益,并且承诺在未来的环境保护中承担自己的责任。《京都议定书》是大猪小猪双赢的结果。

四、智猪博弈解决方案

我们回过头来,再看看是什么导致了"小猪躺着大猪跑"的现象?可以看出,是由于规则的核心指标——每次投放的食物数量,以及踏板与投食口之间的距离所导致的。我们可以改变这两个关键条件,再来看看相应的策略。

方案一:减量方案,投食为原来的一半分量

结果是小猪大猪都不去踩踏板了。小猪去踩,大猪将会把食物吃完;大猪去踩,小猪也将会把食物吃完。谁去踩踏板,就意味着为对方贡献食物,所以谁也不会有踩踏板的动力了。

方案二:增量方案,投食为原来的两倍分量

结果是小猪、大猪都会去踩踏板。谁想吃,谁就会去踩踏板。反正对方不会一次把食物吃完。小猪和大猪相当于生活在物质相对丰富的"共产主义"社会,但竞争意识却不会很强。

方案三:减量加移位方案,投食为原来的一半分量,但同时将投食口移到踏板附近

结果呢,小猪和大猪都在拼命地抢着踩踏板。等待者不得食,而多劳者多得。每次的收获刚好消费完。

同样,对于企业的经营管理者而言,采取不同的激励方案,对员工积极性调动的影响也是不同的,并不是足够多的激励就能充分调动员工的积极性。举一个例子来说,在我们的一些企业改制方案中,企业由于原先改制过程中实施了职工全员持股的方案,结果如增量方案一样,人人有股不但没有起到相应的激励作用,反而形成了新的"大锅饭"。

正如"智猪博弈"变化方案,不同的方法会导致不同的结果,结果产出并不完全与投入成正比。对于增量方案,虽然能够保证大猪和小猪都会踩踏板,但是缺乏一定的积极性,而且成本较高;对于减量加移位方案,在移动投食口的基础上,采取低成本方案,反而取得了较好的效果,大猪和小猪都抢着踩踏板。

同样,企业在构建战略性激励体系过程中,也需要从目标出发,设计相应的合理方案:一是根据不同激励方式的特点,结合企业自身发展的要求,准确定位激励方案的目标和应起到的作用;二是选择相关激励方式,并明确激励的对象范围和激励力度。

第六讲　纳什均衡

一、斗鸡博弈的启迪

设有两人博弈,每个博弈方都有不同的策略,谁都希望自己出"高招"使自己获胜(即寻求效用的最大化),但获胜并不完全依赖于自己的行动,还依赖于对手怎么做。

1. 斗鸡博弈

试想有两只公鸡遇到一起,每只公鸡有两个行动选择:一是退下来,一是进攻。如果一方退下来,而对方没有退下来,对方获得胜利,另一只公鸡则很丢面子;如果对方也退下来双方则打个平手;如果自己没退下来,而对方退下来,则自己胜利,对方失败;如果两只公鸡都进攻,那么两败俱伤。因此,对每只公鸡来说,最好的结果是,对方退下来,而自己不退,但是此时面临着两败俱伤的风险。对于相当多的博弈,我们都无法运用重复剔除劣策略的方法找出均衡解。为了找出这些博弈的均衡解,显然需要引入纳什均衡。由斗鸡博弈可以对许多现象进行解释。

2. 应用举例

(1)选课博弈

假设在读大二的陈明和钟信是同班同学,也是同住一个寝室的室友,他们计划这学期选修一门第二外语。其中陈明更喜欢德语,钟信更喜欢法语,但是他们又希望选修同样的课程,这样可以结伴一起上课。得益矩阵如下图所示:

		钟信	
		德语	法语
陈明	德语	3,2	1,1
	法语	0,0	2,3

(2)约会博弈

大海和小莉是一对情侣,大海喜欢看足球,小莉喜欢看芭蕾,但是他们更希望能一起去看足球或是看芭蕾,得益矩阵如下图所示:

		女孩	
		足球	芭蕾
男孩	足球	2,1	0,0
	芭蕾	−1,−1	1,2

二、纳什均衡及其求解方法

(一)纳什均衡的定义

纳什均衡是在博弈 $G = \{s_1, \cdots, s_n; u_1, \cdots, u_n\}$ 中,如果各博弈方 i 的某策略 s_i^* 与其他博弈方的策略 s_{-i}^* 组成策略组合 (s_i^*, s_{-i}^*),且任一博弈方 i 的策略 s_i^* 都是对其余博弈方策略 s_{-i}^* 的最优反应,即 $u_i(s_i^*, s_{-i}^*) \geqslant u_i(s_i, s_{-i}^*) (s_i^* \neq s_i)$,则称 (s_i^*, s_{-i}^*) 为该博弈的一个纳什均衡。特别地,当且仅当 (s_i^*, s_{-i}^*) 是纳什均衡,且对所有纯策略 $s_i(s_i \neq s_i^*)$ 有 $u_i(s_i^*, s_{-i}^*) > u_i(s_i, s_{-i}^*)$,又称 (s_i^*, s_{-i}^*) 是严格(强)纳什均衡。

纳什均衡是最常见的均衡。它的含义是:在对方策略确定的情况下,每个参与人的策略都是最好的,此时没有人愿意先改变自己的策略。纳什均衡是博弈论中的重要概念,同时也是经济学的重要概念。

(二)纳什均衡的性质

纳什均衡是所有博弈方的最优策略的组合:给定该策略中别人的选择,没有人有积极性改变自己的选择。

1. 一致预测性

纳什均衡是一种策略组合,使得每个参与人的策略都是对其他参与人策略的最优反应。纳什均衡是博弈将会如何进行的"一致"(consistent)预测,"一致"即各博弈方的实际行为选择与他们的预测一致。这是指,如果所有参与人预测特定纳什均衡会出现,那么没有参与人有动力采用与均衡不同的行动。因此纳什均衡(也只有纳什均衡)具有使得参与人能预测到它的性质,并预测到他们的对手也会预测到它,如此继续。与之相反,任何固定的非纳什均衡如果出现就意味着至少有一个参与人"犯了错",可能是对对手行动的预测犯了错,也可能是(给定那种预测)在最大化自己的收益时犯了错。

2. 自动实施性

为了理解纳什均衡的哲学含义,让我们设想 n 个参与人在博弈之前达成一个协议,规定每一个参与人选择一个特定的策略。我们要问的一个问题是,给定其他参与人都遵守这个协议,在没有外在强制的情况下,是否有任何人有动力不遵守这个协议?显然,只有当遵守协议带来的效用大于不遵守协议的效用时,一个人才会遵守这个协议。如果没有任何参与人有动力不遵守这个协议,我们说这个协议是可以自动实施的(self-enforcing),这个协议就构成一个纳什均衡;否则,它就不是一个纳什均衡(张维迎,1996)。

(三)纳什均衡的基本解法

1. 划线法

划线法的基本思想是博弈方先找出自己针对其他博弈方每种策略或策略组合的最佳对策,即自己的可选策略中与其他博弈方的策略或策略组合配合,给自己带来最大得益的策略;然后在此基础上,通过对其他博弈方策略选择的判断,包括对其他博弈方对自己策略判断的判断等,预测博弈的可能结果和确定自己的最优策略。

具体方法是对其他博弈方的任一策略组合,找出博弈方 i 的最优策略,并在其得益值下划一小横线;若存在一个这样的策略组合,所有博弈方的得益值下都划了线,则该策略组合就是该博弈的一个纳什均衡。

下面举几个例子来说明划线法的应用。

(1)约会博弈

		小莉	
		足球	芭蕾
大海	足球	2,1	0,0
	芭蕾	-1,-1	1,2

分析过程:

如果大海选足球,小莉的相对占优策略也是足球,这比她选芭蕾好,这时在小莉的得益值 1 下划线。

如果大海选芭蕾,小莉的相对占优策略也一定是芭蕾,这时将右下格中的得益值 2 下划线。

如果小莉选足球,大海的相对占优策略是足球,这时在大海的得益矩阵左上格中得益值 2 下划线。

如果小莉选芭蕾,大海的相对占优策略也是芭蕾,因而在右下格其得益值 1 下划线。

当双方的相对占优策略确定后,哪个格子里面两个数字都被划线,那么这个格中所对应的策略组合就是一个纳什均衡。

（2）军备竞赛

苏

		扩军	裁军
美	扩军	$-3000,-3000$	$\underline{10000},-\infty$
	裁军	$-\infty,\underline{10000}$	$0,0$

分析过程：这个博弈存在一个纳什均衡（扩军，扩军）。

若军备考虑为扩军、有限、裁军，那么得益矩阵为

苏

		扩军	有限	裁军
美	扩军	$-2000,-2000$	$-1600,\underline{-1500}$	$8000,-\infty$
	有限	$\underline{-1500},-1600$	$\underline{-500},\underline{-500}$	$\underline{9500},-\infty$
	裁军	$-\infty,8000$	$-\infty,\underline{9500}$	$0,0$

据划线法求得纳什均衡为双方都采用有限军备策略。

注意：对每一方，有限军备都是全局占优策略，扩军和裁军都是全局劣策略。此问题也可用重复剔除的占优均衡求得博弈问题的解为（有限，有限）。

（3）博弈 G 如下图所示：

博弈方 Ⅱ

		L	M	R
	U	$\underline{2},\underline{8}$	$\underline{1},6$	$\underline{1},\underline{8}$
博弈方 Ⅰ	S	$0,\underline{8}$	$0,6$	$0,\underline{8}$
	D	$0,8$	$\underline{1},5$	$0,\underline{9}$

分析过程：根据划线法求得该博弈有两个纳什均衡（U，L）和（U，R）。

2. 箭头法

纳什均衡是一种"僵局"，给定别人不改变策略的情况下，没有人有动力改变。纳什均衡的基本思路是对博弈中的每个策略组合进行分析，考察在每个策略组合处各个博弈方能否通过单独改变自己的策略而增加得益，如果能，则从所分析的策略组合对应的得益数组引一箭头，到改变策略后策略组合对应的得益数组，最后综合对每个策略组合的分析情况，只有箭头指向、无箭头指离的策略组合就是该博弈的纳什均衡。

分析下例:博弈 G 如下图所示:

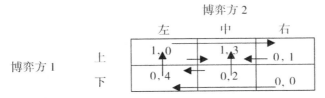

纳什均衡为(上,中)。

(四)纳什均衡的缺点:

1. 在某些博弈中,纳什均衡可能不存在

可以思考如果没有纳什均衡存在,又应该如何分析呢?

分析下例:监督博弈

		工人	
		偷懒	不偷懒
老板	监督	1, −1	−1, 2
	不监督	−2, 3	2, 2

给定工人偷懒,老板的最优选择是监督;给定老板监督,工人的最优选择是不偷懒;给定工人不偷懒,老板的最优选择是不监督;给定老板不监督,工人的最优选择是偷懒;如此形成循环。

2. 在某些博弈中,纳什均衡不唯一

可以思考在纳什均衡不唯一的情况下,哪一个才是最可能出现的呢?

在斗鸡博弈中,

		B	
		进	退
A	进	−3, −3	2, −1
	退	−1, 2	0, 0

这里存在两个纳什均衡:A 进,B 退;A 退,B 进。

三、纳什均衡与其他均衡的关系

1. 纳什均衡与占优策略均衡的关系

占优策略均衡肯定是纳什均衡,但反过来纳什均衡不一定是占优策略均衡,因此占优策略均衡是比纳什均衡更强、更稳定的均衡,只是占优策略均衡在博弈问题中的普遍性比纳什均衡要差得多。

2. 纳什均衡与重复剔除占优均衡的关系

重复剔除的占优均衡和纳什均衡之间的关系要复杂一些,关键是这两者之间是否存在相容性,即重复剔除严格劣策略是否会剔除纳什均衡。

① 命题1。对于 $G = \{s_1, \cdots, s_n; u_1, \cdots, u_n\}$,若通过严格劣策略重复剔除法排除了除 $(s_1^*, \cdots, s_n^*)$ 之外的所有策略组合,那么 $(s_1^*, \cdots, s_n^*)$ 一定是该博弈唯一的纳什均衡。

② 命题2。对于 $G = \{s_1, \cdots, s_n; u_1, \cdots, u_n\}$,若如果 $(s_1^*, \cdots, s_n^*)$ 是 G 的一个纳什均衡,那么严格劣策略重复剔除法一定不会将它剔除。

也就是说,构成纳什均衡的策略一定是重复剔除严格劣策略过程中不会被剔除的策略。但没有被剔除的策略组合不一定是纳什均衡,除非它是唯一的。而且要注意,弱劣策略剔除可能剔除掉纳什均衡。许多不存在占优策略均衡或重复剔除占优均衡的博弈却存在纳什均衡。

3. 小结

每一个占优策略均衡、重复剔除的占优均衡一定是纳什均衡,但并非每一个纳什均衡都是占优策略均衡或重复剔除的占优均衡。

不同均衡概念关系可图示如下:

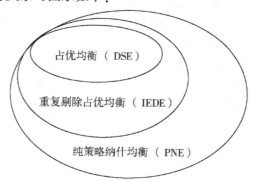

四、应用案例

案例1. 美苏古巴导弹危机

美苏古巴导弹危机是冷战期间美苏争霸最严重的一次危机。苏联面临将导弹撤回国还是坚持部署在古巴的选择;美国面临挑起战争还是容忍苏联挑衅行为的选择。

最终博弈结果是:苏联将导弹从古巴撤回,做了丢面子的"撤退的鸡";美国则坚持了自己的策略,做了"不退的鸡",但是象征性地从土耳其撤回了一些导弹,给苏联一点面子。

对于苏联来说,退下来的结果是丢了面子,但总比战争要好;对美国而言,既保全了面子,又没有发生战争。这就是这两只"大公鸡"博弈的结果。在博弈中如果有两个或两个以上纳什均衡点,结果就难以预料,而且这对每个博弈方都是麻烦事,因为后果难料,行动也往往进退两难。

案例 2. 交通博弈

两个骑自行车的人对面碰头,很容易互相"向住":因为不知道对方会不会躲、躲的话往哪边躲,自己也不知该如何反应,于是撞到一起。自行车相撞一般不会造成什么大麻烦,可是如果换成马车、汽车,就可能出现伤亡。交通博弈可用以下矩阵表示。所以,应该有一个强制性的规定,比如都靠左行或都靠右行,来告诉人们该怎么做。

		自行车 2	
		靠左行	靠右行
自行车 1	靠左行	1, 1	−1, −1
	靠右行	−1, −1	1, 1

由交通博弈的得益矩阵可见,交通博弈中车辆行驶有两个纳什均衡,即都靠左行或都靠右行,具体某个国家靠左或是靠右则由交通法规决定。

海上航行也要面临同样的问题,尽管大海辽阔,但是航线却是比较固定的,因此船只交会的机会很多,这些船只属于不同的国家,如何调节谁进谁退的问题呢? 先来看一个小笑话:

一艘军舰正在执行夜航任务,舰长发现前方航线上出现了灯光。

舰长马上呼叫:"对面船只,右转 30 度。"

对方回答:"请对面船只左转 30 度。"

"我是美国海军上校,右转 30 度。"

"我是加拿大海军二等兵,请左转 30 度。"

舰长生气了:"听着,我是'列克星敦'号战列舰舰长,这是美国海军最强大的武装力量,右转 30 度!"

"我是灯塔管理员,请左转 30 度。"

案例 3. 谁打电话

上面的例子是通过规定解决了问题,不过,若是遇到电话打到一半突然断线的情况,你该怎么办?

假如你正在和朋友通话,电话断了,而话还没说完。这时有两个选择,马上打给对方,或等待对方打来。注意:如果你打过去,他就应该等在电话旁,好把自家电话的线路空出来,如果他也在打给你,你们只能听到忙音;另一方面,假如你等待对方打电话,而他也在等待,那么你们的聊天就没有机会继续下去。得益矩阵如下所示。

		朋友	
		打	不打
你	打	-1, -1	1, 2
	不打	2, 1	-1, -1

由得益矩阵可见,该博弈的纳什均衡有两个,即一方打电话的时候,另一方在等电话,这样谈话才能进行下去。

案例4. 空中客车和波音公司的竞争

欧盟为了打破美国波音公司对全球民航业的垄断,曾放弃欧洲传统的自由竞争精神而对与波音公司进行竞争的空中客车公司给予补贴。当双方都未获得政府的补贴时,两个公司都开发新型飞机会造成市场饱和进而都亏损,但若一家公司开发而另一家公司不开发,则开发的那家公司会获巨额补贴。未补贴时的博弈如下:

		空中客车	
		开发	不开发
波音	开发	-10, -10	100, 0
	不开发	0, 100	0, 0

此时有两个纳什均衡,即一家开发而另一家不开发。

下面,考虑欧盟对空中客车进行20个单位补贴的情况。此时,当两家都开发时,空中客车仍然得益10单位而不是亏损,有补贴时的得益矩阵如下:

		空中客车	
		开发	不开发
波音	开发	-10, 10	100, 0
	不开发	0, 120	0, 0

这时只有一个纳什均衡,即波音公司不开发而空中客车公司开发时的均衡,这有利于空中客车。在这里,欧盟对空中客车的补贴就是使空中客车一定要开发(无论波音是否开发)的威胁变得可置信的一种"承诺行动"。

案例5. 公共物品中的私人供给

考虑两家的地产有一个共同的边界,G有一只山羊,它会走近邻居D的院子,吃蔬菜和花草。D有一只狗,它有时会闯入G的地产吓唬山羊,致使山羊不产奶。若修建一道篱笆,把这两块地产隔离开来,就可以避免这类事情的发生。

假设双方初始禀赋相同。若无篱笆，D 和 G 享有的是某一效用水平。

		D	
		出资	不出资
G	出资	1，1	<u>2</u>，<u>4</u>
	不出资	<u>4</u>，<u>2</u>	−1，−1

　　这里存在两个纳什均衡（出资，不出资）和（不出资，出资），即别人出资自己就不出资，别人不出资自己就出资。尽管（出资，出资）也能使福利最大化，且显然较公平，但它并不构成一个均衡，因为如果他们能说服对方承担修建篱笆的全部成本，G 或 D 的处境将会更好一些（即一方可以通过其他策略改进自己的收益）。说服对方的一种方式是引入动态博弈，即自己先行决策，事先表态自己不会修建篱笆，从而使邻居坚信，它的选择就在（4，2）和（1，1）之间，又因为此时出资的情况好于不出资，那么他会选择出资，即（4，2）。

　　案例 6．由机会成本不同导致的斗鸡博弈

　　在公路上发生了一起交通事故，进京赶考的秀才和一个无赖进行理论，由于时间成本不同，很容易产生斗鸡博弈，最后的结果往往是："秀才遇到兵，有理说不清。"得益矩阵如下：

		兵	
		前进	后退
秀才	前进	−2，<u>−2</u>	<u>1</u>，−2
	后退	−1，<u>2</u>	−1，−1

　　秀才与兵博弈的微妙之处在于：它似乎证明了在某种情况下，一个人越不理性，就越有可能成为赢家，得到理想中较高的收益。我们可以形象地把倾向于退避让路的一方称为胆小鬼，把勇往直前、坚持到底的一方称为亡命徒。显然，在此博弈过程中，胆小鬼比亡命徒更理性，因为丢面子比丢性命要划算。可是，也正是因为有了胆小鬼的这种理性，就使得亡命徒更容易占到便宜，相比之下做个亡命徒似乎更好一些。

五、斗鸡博弈解决方案

（一）有效释放信息，使对方知难而退

　　斗鸡博弈中描绘的是狭路相逢的情景，当然这里所谓的"狭路相逢"并不是"勇者胜"，因为结果会有很多种，它常常容易把人带入骑虎难下的境地。在这

个过程中,如果能够令对方知难而退,也就是让对手主动退出僵局,你就会不费一兵一卒,没有任何损失地成为赢家。当然,能够让对手知难而退的大多数是强者这一方,也就是说,强者可以以优胜者的姿态向对手言明利害,使对方主动退出僵局。

武则天在这方面就做得非常成功。公元 683 年 12 月,唐高宗李治驾崩,太子李显即位,是为唐中宗。武则天以太后的名义垂帘听政。由于不满唐中宗违背她的政见,武则天干脆把唐中宗废掉,立她的四子李旦为帝,也就是唐睿宗。但是,武则天并没有把政权归还唐睿宗,而是自己大权独揽,并且还重用武家人。一时间,满朝都变为武姓人的天下。

唐朝的一些元老大臣们对于这种形势开始不满,其中,徐敬业等人更是打着拥护唐中宗的旗号,在扬州反对武则天。武则天派出 30 万大军到扬州讨伐徐敬业,并且以胜利告终。结果,徐敬业和拥护他的宰相裴炎以及大将军程务挺都被武则天杀害。

虽然杀了徐敬业等人,但武则天知道朝中依然有很多反对者,并且这些人的数量还不在少数,时刻威胁着她。于是,武则天便以胜利者的姿态召见群臣,并且对他们说:"你们这些人中,有比裴炎更倔强更难以制服的先朝老臣吗?有比徐敬业更善于纠集亡命之徒的将门贵族吗?有比程务挺更能攻善战、手握重兵的大将吗?"于是,众多反对她的人都不敢吭声了。

武则天的这种做法可谓是"不战而屈人之兵"。在这场博弈中,她之所以能够使对方主动退出僵局,除了她所处的强者地位外,还有她懂得及时向对方说明利弊的原因。她对群臣的那番话很明显,如果你们对我不利,你们的结果就和徐敬业他们一样,你们有他们那么厉害吗?没有,他们都被我杀了,更不用说你们了。正是因为她向反对者说明了利弊,才使得更多人重新做了选择。

在博弈中,很多人会不考虑结果而直接选择进攻,明知道自己是弱者还要拿鸡蛋去碰石头,结果只能是得不偿失。但是,如果众大臣选择支持武则天。他们不但不会损失反而会得利。比如,他们依然能够做自己的官,并且还可能得到武则天的重用,从而有光明的前途。因此,在斗鸡博弈中,智者都知道选择主动退出僵局,只有这样,才能够避免最大的损失。当不能达到自己利益最大化时,避免最大的损失也未尝不是一种胜利。

(二)以退为进,在合作中达到共赢

一个牧场主养了许多羊,他的猎户邻居养的凶猛的猎犬常常跳过栅栏袭击牧场里的小羊羔。牧场主几次让猎户把狗关好,但猎户都不以为然,猎狗咬伤了好几只羊羔。

忍无可忍的牧场主找到镇上的法官评理。法官说:"我可以处罚那个猎户,也可以发布法令让他把狗锁起来，但这么一来你就失去了一个朋友，多了一个敌人。我可以给你一个更好的主意。"

牧场主到家后，按法官说的，挑选了三只最可爱的小羊羔送给猎户的三个儿子，孩子们如获至宝，因为怕猎狗伤害到儿子的羊羔，猎户做了个大铁笼，把猎狗关了进去。从此两家相安无事，还成了好邻居。

这个案例告诉我们如何在博弈中采用妥协的方式取得利益，如果双方都换位思考，他们可以就补偿进行谈判，最后达成以补偿换退让的协议，问题就解决了。如果牧场主只从自己的立场上出发考虑问题，不愿退让，又不愿意给对方一定的补偿，僵局就难以打破。只要牧场主付出的补偿成本低于猎犬咬伤小羊羔的损失，就说明牧场主的妥协是值得的。

(三)忍一时风平浪静，退一步海阔天空

韩信早年贫困潦倒，喜欢佩剑在街上游荡，人们都瞧不起他。一次，一个青年人对他说："你虽然身材高大，还整天拿着刀剑，但这反而证明你内心非常胆小。如果你不懦弱，你就拿剑刺我，否则就从我的裤裆下钻过去。"韩信注视了这个挑衅他的人很久，然后什么都没说就从他的裆下钻了过去。当时，所有在场的人都嘲笑韩信。后来，他成为刘邦的开国功臣，并且被封王。在提到曾受的胯下之辱时，韩信说："当初那个人侮辱我，我本来可以杀他，但我杀了他对我有什么好处呢？因此，我就忍耐了下来。"

从博弈的角度看，韩信的选择使自己达到了利益最大化。在这个过程中，他有两个选择：第一，拿剑刺杀羞辱他的人；第二，从对方裤裆下钻过去，忍一时之辱。如果他实行第一个选择的话，他就会背上杀人的罪名，也许因此还要遭受牢狱之灾，日后他也不会成为有名的将军了。因此，韩信理智地选择了后者，虽然当时损失了脸面，但正是因为忍了一时的小失，才成就了以后的大名。韩信的选择就是不因小失而乱大局。正是因为有了一时的忍，才使韩信成为一代名将。在博弈中，要能够纵观全局，看到自己的选择所带来的结果，只有这样，才能够不因失小利而坏了大局。只要最终能够达到自己的利益最大化，就不必在乎过程中的失小利。

第七讲　无限策略博弈纳什均衡

上一讲讲述了纳什均衡的基本概念,并介绍了有限策略博弈中纳什均衡的相关案例。在无限策略、连续策略集的博弈中,纳什均衡的概念同样适用。本讲我们通过具体模型来说明这种博弈的纳什均衡分析方法。

一、古诺模型

(一)基本模型

古诺(Cournot)模型是研究寡头垄断市场的经典模型。在古诺模型中,假设一个市场有两家生产同一种产品的厂商。如果厂商 1 的产量为 q_1,厂商 2 的产量为 q_2,则市场总产量为 $Q = q_1 + q_2$。设市场出清价格 P 是市场总产量的函数 $P = P(Q) = P(q_1, q_2)$。再设两厂商单位生产成本分别为 c_1、c_2,且都没有固定成本,总成本可分别用 $C_1(q_1)$ 和 $C_2(q_2)$ 表示,则该博弈中各博弈方的得益函数(即两厂商各自的利润函数)为 $u_i(q_1, q_2) = q_i P(q_1 + q_2) - C_i(q_i)$,$i = 1, 2$。求这个博弈的纳什均衡。

分析过程。

若 (q_1^*, q_2^*) 为纳什均衡产量,则 (q_1^*, q_2^*) 满足

$$q_1^* \in \arg \max u_1(q_1 = q_2^*)$$
$$q_2^* \in \arg \max u_2(q_2 = q_1^*)$$

一阶求导求纳什均衡:找出纳什均衡的方法是对每个企业的利润函数求一阶导数,使其为 0。

$$\frac{\partial u_1}{\partial q_1} = P(q_1 + q_2) + q_1 P'(q_1 + q_2) - C_1'(q_1) = 0$$

$$\frac{\partial u_2}{\partial q_2} = P(q_1 + q_2) + q_2 P'(q_1 + q_2) - C_2'(q_2) = 0$$

可求得两个函数:$q_1 = Q_1(q_2)$

$$q_2 = Q_2(q_1)$$

每个企业的最优产量是另一个企业的产量的函数,并称这两个函数为古诺反应函数。两个反应函数的交叉点就是纳什均衡 $q^* = (q_1^*, q_2^*)$,如图 7.1 所示。

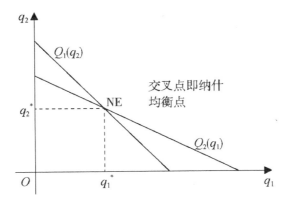

图 7.1　古诺模型的纳什均衡

古诺模型的具体化：

设 $P(q_1 + q_2) = \begin{cases} a - (q_1 + q_2) & q_1 + q_2 \leqslant a \\ 0 & q_1 + q_2 > a \end{cases}$

c 为生产一件产品的单位成本，则有：

$$u_1(q_1, q_2) = q_1[a - (q_1 + q_2)] - cq_1$$
$$u_2(q_1, q_2) = q_2[a - (q_1 + q_2)] - cq_2$$

最优条件为：

$$a - (q_1 + q_2) - q_1 - c = 0 \qquad a - (q_1 + q_2) - q_2 - c = 0$$

求得最佳反应函数为：

$$q_1 = \frac{1}{2}(a - q_2 - c); \; q_2 = \frac{1}{2}(a - q_1 - c)$$

求得纳什均衡 $q^* = (q_1^*, q_2^*)$ 中的 $q_1^* = q_2^* = \frac{1}{3}(a - c)$

寡头垄断利润为：

$$u_1(q_1^*, q_2^*) + u_2(q_1^*, q_2^*) = \frac{2}{9}(a - c)^2$$

博弈结果的绩效评价：设两个厂商为同一公司，从公司总利润最大化的角度再作一次产量选择。设总产量为 q，那么总得益为：

$$u(q) = P(q)q - cq = q(a - q) - cq$$

则最优化条件为 $u'(q) = a - c - 2q = 0$　　得到：$q = \frac{1}{2}(a - c)$

垄断企业的最优产量：$Q^* = \frac{1}{2}(a - c) < q_1^* + q_2^* = \frac{2}{3}(a - c)$

垄断利润：$\pi = \frac{1}{4}(a - c)^2 > \frac{2}{9}(a - c)^2$

结论：寡头垄断的产量大于垄断产量，而寡头垄断的总利润却小于垄断的总利润。寡头垄断的总产量大于垄断产量的原因是：每个企业在选择自己的最优产量时，只考虑对本企业利润的影响，而忽视了对另外一个企业的外部负效应。可以说古诺寡头垄断模型是典型的囚徒困境问题。

(二)应用举例

(1)OPEC控制石油产量

石油输出国组织成立于1960年9月14日，总部设立在奥地利首都维也纳，现有12个成员国，其宗旨是协调和统一成员国的石油政策，维护各自和共同的利益。OPEC依靠其丰富的石油储量及其在国际石油市场上所占份额的优势，通过调整石油政策，对国际市场石油价格的涨落曾经起到重要的控制作用。

OPEC成员国都知道，各自为政、自定产量的博弈结果必定会使油价下跌、利润受损，因此它们有共同磋商制定产量限额以维持油价的意愿。但一旦规定各国的生产限额且按此限额生产，每个成员国都会发现：如果其他国家遵守限额而自己偷偷突破限额，那么肯定能独享更多利益，并且，当只有一国超产时，油价不会下跌很多，所以其他各国只是普遍受少量损失。而反过来，如果其他国家都超产而只有自己国家遵守限额，那么自己会蒙受很大的损失。因此，各个成员国都突破限额，油价严重下跌，各国得到纳什均衡解，但此解并不是最优的。

这也可以用经济学知识分析。对于整个OPEC来说，在最优垄断产量条件下，边际成本＝边际收益，一旦产量超出垄断水平，OPEC的利润就会降低。但是对于个别成员来说，当一个成员增加产量而其他成员的产量不变时，由于增产导致的收益增加全部由个别成员获得，而增产导致降价所带来的收益损失却是由全体成员分担。尽管增产对整个OPEC组织而言，将导致边际收益小于边际成本的结果，但是对于某个增产的成员来说，却是边际收益大于边际成本，因而是有利可图的。谁背离合同，谁就能得到更多的利润；相反，谁忠于合同，谁的利益就会受损。意识到这一点，每个成员都会偷偷背离合同，OPEC也就失去了垄断市场的作用。这也就是为什么OPEC是不稳定的。

(2)我国钢铁产业与钢铁限产

新中国成立以来我国对发展重工业非常重视，钢铁行业迅猛发展，1996年我国粗钢产量首次破亿，占世界总产量的13.5%，第一次跃居世界生产规模首位，2015年钢铁产量超过了11亿吨。然而，产量增长也带来了产能过剩，钢铁市场呈现出了同质产品多、低端产品多、利润率不断走低的局面。政府接连颁布了限制产量的政策，例如2000年政府将钢铁行业列为总量控制、结构调整的重点行业之一，2003年颁布了《关于制止钢铁行业盲目投资的若干意见》，2006年颁布了《关于钢铁工业控制总量淘汰落后加快结构调整的通知》，2013年颁布了《国务院关于化解产能严重过剩矛盾的指导意见》。

我们将钢铁市场按照古诺模型的设定简化为生产同样商品的双寡头：企业A和企业B，其得益矩阵如下：

		企业B	
		限产	超产
企业A	限产	4.5,4.5	3.75,5
	超产	5,3.75	4,4

可以看出，这种情况下，两家企业陷入了囚徒困境，即使知道限产可以以更低产量获得更高利润，也没有人会那样做。最后现实正如我们刚刚提到的，各个钢铁企业在限产政策下依旧进行大规模生产，钢铁产量依然不断走高，利润逐渐减少，2012年沙钢集团董事局主席沈文荣表示："现在一吨普通钢连一盘小炒肉的利润都没有，而二十年前，一吨普通钢的利润在2000元以上。"

二、伯特兰德寡头竞争模型

(一)基本模型

现在我们把反应函数法应用到伯特兰德(Bertrand)模型的分析。伯特兰德1883年提出了另一种形式的寡头垄断模型。这种模型与选择产量的古诺模型的区别在于，伯特兰德模型中各厂商所选择的是价格而不是产量。我们用简单的双寡头且产品有一定差别的伯特兰德价格博弈模型进行分析。

这里的"产品有一定差别"是指两个厂商生产的是同类产品，但在品牌、质量和包装等方面有所不同，因此伯特兰德模型中厂商的产品之间有很强的替代性，但又不是完全可替代，即价格不同时，价格较高的不会完全销不出去。假设当厂商1和厂商2价格分别为P_1和P_2时，它们各自的需求函数为：

$$q_1 = q_1(P_1, P_2) = a_1 - b_1 P_1 + d_1 P_2$$
$$q_2 = q_2(P_1, P_2) = a_2 - b_2 P_2 + d_2 P_1$$

从上式可以看出产品之间是有差别的，其中$d_1, d_2 > 0$，即两厂商产品的替代系数为正。我们也假设两厂商无固定成本，边际生产成本分别为c_1和c_2。两博弈方的得益函数分别为：

$$u_1(P_1, P_2) = P_1 q_1 - c_1 q_1 = (P_1 - c_1)(a_1 - b_1 P_1 + d_1 P_2)$$
$$u_2(P_1, P_2) = P_2 q_2 - c_2 q_2 = (P_2 - c_2)(a_2 - b_2 P_2 + d_2 P_1)$$

我们直接用反应函数法分析这个博弈。上两式分别对P_1和P_2求偏导，并令偏导数为0，由此得：

$$\frac{\partial u_1}{\partial P_1} = a_1 + b_1 c_1 - 2b_1 P_1 + d_1 P_2 = 0$$

$$\frac{\partial u_2}{\partial P_2} = a_2 + b_2 c_2 - 2b_2 P_2 + d_2 P_1 = 0$$

很容易求出两厂商对对方策略(价格)的反应函数分别为

$$P_1 = Q_1(P_2) = \frac{1}{2b_1}(a_1 + b_1 c_1 + d_1 P_2)$$

$$P_2 = Q_2(P_2) = \frac{1}{2b_2}(a_2 + b_2 c_2 + d_2 P_1)$$

纳什均衡(P_1^*, P_2^*)必是两反应函数的交点,即必须满足

$$\begin{cases} P_1^* = \frac{1}{2b_1}(a_1 + b_1 c_1 + d_1 P_2^*) \\ P_2^* = \frac{1}{2b_2}(a_2 + b_2 c_2 + d_2 P_1^*) \end{cases}$$

记 $a_1' = a_1 + b_1 c_1, a_2' = a_2 + b_2 c_2$

求解此方程组即可得到纳什均衡(P_1^*, P_2^*):

$$P_1^* = \frac{a_1'(2b_2 + d_1)}{4b_1 b_2 - d_1 d_2}, P_2^* = \frac{a_2'(2b_2 + d_1)}{4b_1 b_2 - d_1 d_2}$$

将 P_1^*、P_2^* 代入得益函数则可进一步得到两厂商的均衡得益值。

具体地,如果进一步假设模型中的参数分别为:

$$a_1 = a_2 = 28, b_1 = b_2 = 1, d_1 = d_2 = 0.5, c_1 = c_2 = 2$$

则可以得到:$P_1^* = P_2^* = 20$, $u_1^* = u_2^* = 324$。

值得一提的是,这种价格决策与古诺模型中的产量决策一样,其纳什均衡也不如各博弈方通过协商、合作得到的最佳结果,因此也是囚徒困境的一种。

(二)应用举例

(1)滴滴打车与快的打车的合并

滴滴打车与快的打车是两款打车软件,其战略投资人分别是腾讯和阿里巴巴,双方为了抢占客户资源,均采用了补贴客户的烧钱战术来激励乘客和司机使用其软件。

首先,滴滴与快的是打车软件市场中的两家巨型寡头,并且这两家企业不管是在营销方式还是在业务服务上基本是没有差别的,故可以说它们的产品是同质的,合并前,两家企业一直视对方为竞争对手,对司机和乘客的补贴即是一种价格战,它们之间应该是没有串谋行为的。因此,符合伯特兰德模型的基本假设。通过下面的得益矩阵寻找纳什均衡。

		快的	
		补贴	不补贴
	补贴	0,0	5,－5
滴滴	不补贴	－5,5	4,4

　　根据该得益矩阵,滴滴和快的在竞争中,都会选择补贴,并且会竞相削价,直至价格等于边际成本甚至低于边际成本。像这种通过价格补贴而非技术创新来进行竞争的结果往往是两败俱伤。最终,为避免恶性竞争,实现双赢,快的与滴滴于2015年2月14日发布联合声明,宣布实现战略合并。滴滴与快的合并其实是一个博弈的结果,作为营利性公司,其目的必然是获得更多的利润,避免打价格战,避免恶性竞争是这两家公司合并的主要原因。

　　（2）在线旅游业价格战愈演愈烈

　　日前,途牛、携程两大在线旅游平台相继公布2016年第一季度财务报告。从市场份额来看,在线旅游市场仍然保持着"携程＋途牛"的两强格局,二者的市场份额分别为22.4%和23.2%。然而,即便是携程、途牛这样已经占据巨大市场份额的在线旅游企业,也未能避免亏损的局面。财报数据同时显示,两家公司的营业收入大幅增长,但其净亏损却在持续扩大,二者分别亏损了5.39亿元和16亿元人民币。

　　在线旅游行业的高速增长拉升了在线旅游平台的营收规模,但也导致价格战四起,短期内难以实现盈利。业内专家表示,目前各个在线旅游平台仍以高投入换取市场份额,若想打破亏损局面,必须延长产业链,满足消费者多样化和深度化需求。

三、公地悲剧

（一）基本模型

　　随着社会经济的不断发展,我们越来越无法回避公共资源利用、公共设施提供和公共环境保护等方面的问题,而在这些问题中,也包含了众多的博弈关系。我们以人们对公共资源利用方面的博弈关系为例来进行讨论。

　　在经济学中,所谓公共资源是指具有以下两个特征的资源:①没有哪个个人、企业或组织拥有所有权;②大家都可以自由利用,即使用上无排他性。例如大家都可以开采使用的地下水、可自由放牧的草地、可自由排放废水的公共河道,以及公共道路、楼道的照明灯等。

　　最早是从休谟在1739年开始,政治经济学者们就已经开始认识到,在人们完全从自利动机出发自由利用公共资源时,公共资源倾向于被过度利用、低效率使用和浪费,并且过度利用会达到任何利用它们的人都无法得到实际好处的程度。"公地悲剧"是1968年美国学者加勒特·哈丁(Garrett Hardin)在 Science 杂志上发表的一篇题为"公地悲剧"(The Tragedy of the Commons)的文章提出来的。公地悲剧证明:如果一种资源没有排他性的所有权,就会导致资源的过度使用。我们用下面公共草地放牧的例子来论证这个结论。

　　设某村庄有 n 个农户,该村有一片大家都可以自由放牧羊群的公共草地。由于这片草地的面积有限,因此只能让不超过某一数量的羊群吃饱,如果在这片草地上放牧羊只的实际数量超过这个限度,则每只羊都无法吃饱,从而每只羊的产出(毛、皮、肉的总价值)就会减少,甚至只能勉强存活或要饿死。

　　假设这些农户在夏天才到公共草地放羊,而每年春天就要决定养羊的数量,因此可以认为各农户在决定自己的养羊数量时是不知道其他农户养羊数的,即各农户决定养羊数的决策是同时作出的。再假设所有农户都清楚这片公共草地最多能养多少只羊和在羊只总数的不同水平下每只羊的产出。这就构成了 n 个农户之间关于养羊数的一个博弈问题,并且是一个静态博弈。在此博弈中,博弈方就是 n 个农户;他们各自的策略集就是他们可能选择的养羊数 q_i(i $=1,2,\cdots,n$)的取值范围。当各农户养羊数为 $q_1,q_2,\cdots,q_n$ 时,在公共草地上放牧羊只的总数为 $Q=q_1+q_2+\cdots+q_n$,根据前面的介绍,每只羊的产出应是羊群总数 Q 的减函数 $v=v(Q)=v(q_1,q_2,\cdots,q_n)$。假设购买和照料每只羊的成本对每个农户都是相同的常数 c,则农户 i 养 q_i 只羊的得益函数为 $u_i=q_iv(Q)$ $-q_ic=q_iv(q_1,q_2,\cdots,q_n)-q_ic$。

　　为了使讨论比较简单且能得到直观的结论,我们先考虑下列具体数值。假设 $n=3$,即只有三个农户,每只羊的产出函数为 $V=100-Q=100-(q_1+q_2+q_3)$,而成本 $c=4$。这时,三农户的得益函数分别为:

$$u_1=q_1(100-q_1-q_2-q_3)-4q_1$$
$$u_2=q_2(100-q_1-q_2-q_3)-4q_2$$
$$u_3=q_3(100-q_1-q_2-q_3)-4q_3$$

　　由于羊的数量不是连续可分的,因此上述函数不是连续函数。但我们在技术上也可以把羊的数量看作连续可分的,因此上述得益函数仍然可当作连续函数来处理。

　　分别求三农户各自对其他两农户策略(养羊数)的反应函数,得:

$$q_1=R_1(q_2,q_3)=48-\frac{1}{2}q_2-\frac{1}{2}q_3$$

$$q_2=R_2(q_1,q_3)=48-\frac{1}{2}q_1-\frac{1}{2}q_3$$

$$q_3=R_3(q_1,q_2)=48-\frac{1}{2}q_1-\frac{1}{2}q_2$$

三个反应函数的交点 (q_1^*,q_2^*,q_3^*) 就是博弈的纳什均衡。我们将 q_1^*、q_2^*、q_3^* 代入上述反应函数,并解此联立方程组,即得 $q_1^* = q_2^* = q_3^* = 24$;再将其代入三农户的得益函数,则可得 $u_1^* = u_2^* = u_3^* = 576$,此即三农户同时独立决定在公共草地放羊数量时所能得到的利益。

为了对公共资源的利用效率作出评价,我们同样也可讨论总体利益最大的最佳羊只数量。设在该草地上羊只的总数为 Q。则总得益为:

$$u = Q(100 - Q) - 4Q = 96Q - Q^2$$

使总得益 u 最大的养羊数 Q^* 必使总得益函数的一阶导数为 0,容易求得 $Q^* = 48$,总得益值 $u^* = 2304$。该结果比三农户各自独自决定自己的养羊数量时三农户得益的总和 1728 大了许多,而此时的养羊数 $Q^* = 48$ 只则比三农户独立决策时草地上的羊只总数 3×24 只 $= 72$ 只少,因此,三农户独立决策时实际上使草地处于过度放牧的情况,浪费了资源,并且农户也没有获得最好的效益。

(二)应用举例

(1)雾霾问题背后的公地悲剧

雾霾的形成是"公地悲剧"的一个很好例证。空气作为公共资源,具有非排他性和非竞争性,非排他性是指某个体对某一物品的消费过程中,不能排斥或拒绝其他个体参与消费,这会导致空气污染主体的数量越来越多。非竞争性是指对于某一物品,消费者数量增加,不会导致其他消费者消费量的减少,即增加消费量的边际成本是零,这会使得总污染排放量增加。由于废气排放监测上的困难和监管的缺位,以及长期以来我们对于大气保护的意识较差,每一个个体向空气排污的边际成本几乎为零,并且个体生产、生活过程中的废气排放具有负外部性。正是这种零成本下的负外部性和非排他性、非竞争性的连续积累带来了严重的雾霾问题。

为简化分析,在分析雾霾形成的博弈中,设有参与人 A 和 B,他们有两种选择策略:一种是不污染;另一种是污染。在该博弈中,我们发现,当一方不污染环境时,另一方采取污染的行动可以获取更大的收益,当一方污染环境时,另一方也污染环境才不至于吃亏。每个个体在决定自己的行动时,仅仅考虑了自身利益,忽略了自己的行动对整体环境的影响,即在静态博弈的情况下,每个个体从自身效用最大化出发,选择自己认为的最优策略,但个体的理性行为带来了集体的非理性,所有人都采取消极策略,造成了雾霾问题,让整个社会付出巨大健康成本。

(2)莫让共享单车成公地悲剧

共享单车较好解决了城市交通最后一千米的问题。与过去多个城市推出的市政公共自行车相比,无桩的停放形式、即走即停的使用体验,成为共享单车流行的重要原因。然而,成也便捷,乱也便捷。车辆损毁、违规占道、私人侵占、单车押金去向不透明、单车企业运营管理不善等问题也层出不穷。自 2016 年 11 月以来,舆论所呈现的负面问题激增。没有确定法规约束下的任性行为、资本疯狂追逐下的无序竞争,使得便捷反而成了共享单车的问题。可见,共享单车如何更好地融入社会公共管理,成为摆在各方面前的一道考题。

有人说,共享单车是公共管理的显微镜,凸显了法律法规、企业管理等在面对新现象、新挑战时的短板。共享单车行业应在规则规范指引下、在企业有力维护下、在社会共同监管下健康有序地发展,避免城市公共空间上演"公地悲剧"。

当前,全国多个城市市民响应"全国共享单车行业文明骑行"倡议活动,主动规范自身用车行为;多地媒体曝光违规使用单车案例,报道被拘留、被批评教育的违规典型,号召市民文明出行、规范用车。在社会各方通力合作的基础上,整个社会正在营造爱护共享物品、文明骑行的氛围,在一定程度上促进市民文明意识的增强,推动共享经济的发展。

(三)反公地悲剧

1998 年,美国迈克尔·赫勒教授(Michael A. Heller)在《哈佛法律评论》上发表"反公地悲剧:从马克思到市场转型中的产权"(*The Tragedy of the Anti-commons: Property in the Transition from Marx to Markets*)一文中提出"反公地悲剧"理论模型。他说,尽管哈丁教授的"公地悲剧"说明了人们过度利用(overuse)公共资源的恶果,但他却忽视了资源未被充分利用(underuse)的可能性。

在苏联解体、俄罗斯刚刚成立之时,赫勒教授在访问莫斯科时看到一个奇怪的现象:街道旁边许多房屋的商铺门脸,大门紧锁,无人经营,而不远处的巷弄或空地上搭起的简陋大棚里甚至是空地上的流动摊贩点,却是人声鼎沸,生意兴隆。经调查,原来街道旁边的固定商铺如要开业,须申请经过多部门审批的营业许可,如水电、安全、消防、卫生等,只要有一个部门不同意,则前功尽弃,开不成店铺,还要损失人力财力物力,得不偿失。而流动摊贩点则只要打点好当地的警察即可。层层审核相当于人人都有否决权,与草原上放牧人人都有使用权刚好相反,故他将这一现象称为"反公地悲剧"。

在公地内,存在着很多权利所有者,为了达到某种目的,每个当事人都有权阻止其他人使用该资源或相互设置使用障碍,实际上没有人拥有有效的使用权,导致资源的闲置和使用不足,造成浪费,于是就发生了反公地悲剧。一旦发生反公地悲剧,我们就很难将各种产权整合成有效的产权。就像在大门上安装需要十几把钥匙同时使用才能开启的锁,这十几把钥匙又分别归不同的人保管,而这些人又往往无法在同一时间到齐,显而易见,打开房门的机会非常小,房子的使用率非常低。

公地悲剧和反公地悲剧刚好给出了资源利用的两个极端情况,即资源用尽和资源冻结。二者都是资源误用导致的极端无效率。公地悲剧与反公地悲剧的本质在于产权问题。对于稀缺资源来说,公共产权要么造成资源的过度利用,要么造成资源利用不足。公地悲剧因为产权虚置、不明晰,所以需要明晰产权;反公地悲剧因为产权支离破碎,故需要整合产权。

例:行政审批制度的弊端

在建立市场经济的过程中,政府行政审批项目过多过滥,以至于出现地域封锁、部门壁垒,不利于一体化经济的形成,无法通过市场来实现资源配置。据2003 年 8 月 27 日中央电视台《今日说法》报道:2000 年,青海省西宁市民营企业家马显云为筹建小商品批发市场,在 3 年多的时间里,跑了 80 多个部门,盖了 112 个公章,共花费 70 多万元,直到 2003 年批发市场才正式营业。再如发生在郑州市的"馒头办风波"。由于郑州人喜欢吃馒头,所以郑州市的馒头消费量很大,并且本市也有几个在全国叫得响的馒头品牌。为了规范馒头生产秩序,或者说为了分享馒头生产的利润,郑州市设立了全国仅有的"馒头生产管理办公室"(包括 1 个"市级馒头办"、4 个"区级馒头办")。2001 年 6 月,一个馒头生产商正在无照生产,于是"区级馒头办"工作人员迅速赶到现场实施处罚,随后"市级馒头办"也闻风而至,并且也开具了罚单。但生产商拒绝双份罚单。于是"区级馒头办"和"市级馒头办"为争夺监管权和处罚权发生冲突,并引发"馒头办风波"。

四、霍泰林模型

(一)基本模型

霍泰林(Hotelling)(1929)提出了一个考虑空间差异的产品决策模型,主要用于解释企业选址和定价行为。其基本假设如下:

设有一个长度为 1 的线性城市,并设城市位于横坐标上,消费者以密度 1均匀地分布在 [0,1] 区间里,并设有两个商店位于城市的两端,即商店 S_1 在 $x = 0$ 处,商店 S_2 在 $x = 1$ 处。

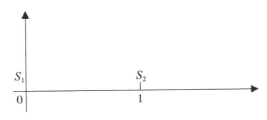

图 7.2　霍泰林基本模型

假设每个商店提供单位产品的成本为 c；消费者购买商品的交通成本与离商店的距离成正比，单位距离成本为 t，住在 x 处的消费者到 S_1 采购，交通成本为 xt；到 S_2 采购，交通成本为 $(1-x)t$。求价格竞争的纳什均衡。

分析过程。

设 p_i 为商店 S_i 的价格，$S_i=1,2$；$Q_i(p_1,p_2)$ 为商店 S_i 的需求函数，$i=1,2$。

住在 x 左侧的消费者将在 S_1 处购买，住在 x 右侧的消费者将在 S_2 处购买，因此有需求：$Q_1=x$；$Q_2=1-x$，其中 x 应满足 $p_1+xt=p_2+(1-x)t$。

因而求得需求函数为：

$$Q_1(p_1,p_2)=x=\frac{p_2-p_1+t}{2t}$$

$$Q_2(p_1,p_2)=1-x=\frac{p_1-p_2+t}{2t}$$

利润函数分别为：

$$u_1(p_1,p_2)=(p_1-c)Q_1(p_1,p_2)=\frac{1}{2t}(p_1-c)(p_2-p_1+t)$$

$$u_2(p_1,p_2)=(p_2-c)Q_2(p_1,p_2)=\frac{1}{2t}(p_2-c)(p_1-p_2+t)$$

商店 S_i 选择自己价格 p_i 以最大化利润 u_i 的条件为：

$$\frac{\partial u_1}{\partial p_1}=p_2+c+t-2p_1=0$$

$$\frac{\partial u_2}{\partial p_2}=p_1+c+t-2p_2=0$$

求得两个反应函数为：$p_1^*=p_2^*=c+t$，得每个商店的均衡利润为：$u_1=u_2=t/2$。

这也就解释了在城市街道上，我们常见到一些地段上的商店十分拥挤，构成一个繁荣的商业中心区，但另一些地段却十分冷僻，没什么商店。对于这种现象，我们可以运用纳什均衡的概念来加以解释。

有一个长度为 1 单位的街道，在街道两边均匀地分布着居民。现有两家商店需要在街道上确定经营位置。如果甲在街道中间位置 1/2 处设店，则乙的最好选择是紧靠甲的左边或右边设店。当乙在甲的右边紧靠甲设店时，其右边街道上的顾客都是乙的顾客；如果乙不是紧靠甲而是远离甲设店，则乙的顾客只是其右边街道的居民，不如它紧靠甲设店时多，因而在远离甲的位置设店是劣策略。所以给定甲在 1/2 处设店，乙在紧靠甲的左边或右边设店是最优的。反过来，给定乙在接近 1/2 处设店，甲的最优选择也是在 1/2 附近设店。这样，甲和乙挤在 1/2 处设店就是纳什均衡，这就是商业中心区的形成原理。

(二)应用举例

(1)为什么麦当劳和肯德基总在一起

当肯德基首先在市中心某条街的某位置布下它的商业网点时,所选定的位置一定是经过周密的人流量计算和目标市场精心调研后的结果,所以这个网点是选址上的最优解。那么在这种情况下,对于接下来开店的麦当劳,它如果想设立新的网点,它的最优解就一定是肯德基的那个位置——离肯德基的店面越近,则结果越接近最优解。这种现象也可以使用霍泰林模型进行解释。

我们假设某条1000米长的街道为AB,街道的最左端的起始点是A,最右端的终结点是B,那么对顾客而言最理想的商店位置是怎么样的呢? 以街道1/2处为中心点,显然是麦当劳和肯德基其中一家在街道1/4处开店,另一家在街道3/4处开店,这样既方便了这条街上任何一个地点的顾客,又能确保麦当劳和肯德基各自包揽一半顾客的生意。

但事情没有这么简单——麦当劳和肯德基两家的产品存在一定的同质性,两者之间存在竞争,它们都不会甘心这种平均主义,他们都想比对手得到更多客流量,一旦其中一方先扩张,另一方势必会做出应对策略——这就构成了一个博弈问题。

我们假设麦当劳和肯德基一开始选址的距离是1000米,即它们分别在街道两端A、B设店。为了方便分析,我们同时假设顾客均匀分布在这长约1000米的线性空间上,而且顾客是理性人,他们的选择是没有偏好的,也就是说,他距离哪家店近就选择哪家。

第一次博弈:最开始麦当劳和肯德基都能分得(1000÷2)米＝500米范围的顾客。这个时候,麦当劳发现如果它向中点移动100米,即从最开始的A点向右挪100米,他就能够独得100米范围的顾客,并且同时能跟肯德基瓜分剩下的(1000－100)米＝900米,这时麦当劳的顾客范围就变成了(100＋900÷2)米＝550米,肯德基也马上发现了这个规律,于是它也从B点向左移动100米,这样结果是双方都还是只能分到500米的顾客范围[自己独占的100米,共同分享中间剩下的800米,(100＋800÷2)米＝500米]。

第二次博弈:麦当劳继续朝右挪动100米,这时它距离最左端的A点已经200米了,此时它可以分得550米的顾客[自己的200米,和肯德基平分700米,(200＋700÷2)米＝550米],肯德基像上次那样做出了再次左移100米的应对策略,这样一来,双方还是只能分得各自的500米[自己独占200米,共同分享中间剩下的600米,(200＋600÷2)米＝500米]。

……

第n次博弈:最后的情况就是双方都到了中点处,都分得了500米范围的顾客。

（2）中间选民定理

中间选民定理直接建立在霍泰林模型之上。假定政党竞争中只存在两个政党，同时假定选民在两个政党之间的选择只取决于政党与自己在意识形态上的距离（即选民投票支持在意识形态上与自己接近的政党）。那么，竞争将使得两个政党向中间投票人的位置移动，即政党表述施政纲领要尽可能地处于中心位置，因为在选举中处于中间位置可以同时吸引左右两边的选民，以便在保持自己原来选票的同时争取更多的选票。

第八讲　混合策略纳什均衡

前面介绍的纳什均衡分析可以圆满地解决许多博弈问题。但如果博弈中不存在纳什均衡或者纳什均衡不唯一,如猜硬币、约会博弈那样,那么上述纳什均衡分析就无法给博弈方的选择或对博弈结果作明确的预测。

因此到目前为止介绍的纳什均衡分析方法,还不能完全满足完全信息静态博弈分析的需要。为此,需要引进在分析这类博弈时非常重要的"混合策略"和"混合策略纳什均衡"概念。并不是所有的博弈均存在纯策略纳什均衡点,当一个博弈问题不一定存在纯策略纳什均衡点时,会至少存在一个混合策略均衡点(所谓混合策略是指参与人采取的不是唯一的固定策略,而是其策略集上的概率分布)。这就是纳什于1950年证明的纳什定理。我们下面将在"警察与小偷"的博弈中给出混合策略的说明。

一、警察与小偷博弈

在西部片里,我们常能看到这样的故事:某个小镇上只有一名警察,他要负责整个镇的治安。现在我们假定,小镇的一头有一家酒馆,另一头有一家银行。再假定该地有一个小偷,要实施偷盗。因为分身乏术,警察一次只能在一个地方巡逻,而小偷也只能去一个地方。假定银行需要保护的财产价值为2万元,酒馆的财产价值为1万元。若警察在某地进行巡逻,而小偷也选择了去该地,就会被警察抓住;若警察没有巡逻的地方而小偷去了,则小偷偷盗成功。警察怎么巡逻才能使效果最好?

一个明显的做法是,警察对银行进行巡逻,这样,警察可以保住2万元的财产不被偷窃。可是如此,假如小偷去了酒馆,偷窃一定成功。这种做法是警察的最好做法吗? 有没有对这种策略改进的措施?

		警察	
		银行	酒馆
小偷	银行	- , +	+ , -
	酒馆	+ , -	- , +

这个博弈没有纯策略纳什均衡点,而实际上有混合策略均衡点。这个混合

策略均衡点下的策略选择是每个博弈方的最优混合策略选择。那么,什么是混合策略呢?

回顾一下,策略是指博弈方在给定信息集的情况下选择行动的规则,它规定博弈方在什么情况下选择什么行动,是博弈方的"相机行动方案"。如果一个策略规定博弈方在每一个给定的信息情况下只选择一种特定的行动,该策略为纯策略。如果一个策略规定博弈方在给定信息情况下以某种概率分布随机地选择不同的行动,则该策略为混合策略。纯策略可视为混合策略的特例。在博弈中,博弈方可以改变他的策略,而使得他的策略选取满足一定的概率。当博弈是零和博弈时,即一方所得是另外一方的所失时,此时博弈只有混合策略均衡,对于任何一方来说,此时不可能有纯策略的占优策略。

在这个例子中,对于警察的一个最好的做法是,警察抽签决定去银行还是酒馆。因为银行的价值是酒馆的两倍,所以用两个签代表银行是合理的。比如,如果抽到1、2号签去银行,抽到3号签去酒馆。这样警察有2/3的机会去银行进行巡逻,1/3的机会去酒馆。而小偷的最优选择是:以同样抽签的办法决定去银行还是去酒馆偷盗,只是抽到1、2号签去酒馆,抽到3号签去银行,那么,小偷有1/3的机会去银行,2/3的机会去酒馆。这种方法正体现了混合策略的思想。

警察与小偷之间的博弈,如同我们孩提时代玩"石头－剪刀－布"的游戏,在这样一个游戏中,不存在纯策略均衡,对每个小孩来说,自己采取出"剪刀"、"布"或"石头"的策略应当是随机的,不能让对方知道自己的策略,哪怕是"倾向性"的策略,如果对方知道你出其中一个策略的"可能性"大,那么你在游戏中输的可能性就大。因此,在这样的博弈中,每个小孩的最优混合策略是采取每个策略的可能性是1/3,每个小孩都各取三个策略的1/3是纳什均衡。

二、混合策略纳什均衡求解方法

混合策略的特点包括:①混合策略可以优于某些纯策略,因为混合策略能虚张声势。②如果一个博弈没有纯策略,并不意味着它没有纳什均衡,因为可能存在混合策略。

(1)手心手背博弈

甲选取"向上"和"向下"的概率分别为 $p, 1-p$;乙选取"向上"和"向下"的概率分别为 $q, 1-q$。

纯策略集 $S_1 = S_2 = \{$"上","下"$\}$,矩阵如下图所示:

乙

	上(q)	下($1-q$)
上(p)	1，−1	−1,1
下($1-p$)	−1,1	1，−1

甲

（表格左侧为"甲"，上方为"乙"，"上(p)"和"下($1-p$)"为甲的策略）

分析过程。对于博弈方甲，希望获胜，即希望乙的平均得益不大于 0（甲的平均得益不小于 0）。

若乙手心"向上"，其期望得益为：$-p+(1-p)=1-2p\leqslant0$，得 $p\geqslant1/2$；

若乙手心"向下"，其期望得益为：$p+[-(1-p)]=2p-1\leqslant0$，得 $p\leqslant1/2$；

综合得：$p=1/2$，即博弈方甲的理想混合策略为（1/2,1/2），即各以 1/2 为概率选取纯策略"向上"和"向下"。同理，乙的理想混合策略亦为（1/2,1/2）。

（2）博弈 G 的得益矩阵如下图所示：

博弈方 Ⅱ

	C	D
A	2,3	5,2
B	3,1	1,5

博弈方 Ⅰ

分析过程。首先，本博弈中两博弈方决策的第一个原则是不能让对方知道或猜到自己的选择，因而必须在决策时利用随机性。第二个原则是他们选择每种策略的概率一定要恰好使对方无机可乘，即让对方无法通过针对性地倾向某一策略而在博弈中获得更大利益。因此如果我们设博弈方 Ⅰ 选 A 的概率为 p_A，选 B 的概率为 p_B；博弈方 Ⅱ 选 C 的概率为 p_C，选 D 的概率为 p_D。那么根据上述第二个原则，博弈方 Ⅰ 选 A 和 B 的概率 p_A 和 p_B 一定要使博弈方 Ⅱ 选 C 的期望得益和选 D 的期望得益相等，即 $u_2(C)=p_A\times3+p_B\times1=u_2(D)=p_A\times2+p_B\times5$，化简后可得：$p_A=4p_B$。由于 $p_A+p_B=1$，因此 $p_A=0.8$，$p_B=0.2$，这就是博弈方 Ⅰ 应该选择的混合策略。同理，博弈方 Ⅱ 选择 C 和 D 的概率 p_C 和 p_D 也应使博弈方 Ⅰ 选择 A 的期望得益和选择 B 的期望得益相等，即：$u_1(A)=p_C\times2+p_D\times5=u_1(B)=p_C\times3+p_D\times1$，化简后可得：$p_C=4p_D$。由于 $p_C+p_D=1$，因此 $p_C=0.8$，$p_D=0.2$，这就是博弈方 Ⅱ 的混合策略。

因此当博弈方 Ⅰ 以（0.8,0.2）的概率随机选择 A 和 B、博弈方 Ⅱ 以（0.8,0.2）的概率随机选择 C 和 D 时，由于谁都无法通过单独改变自己随机选择策略的概率分布改善自己的期望得益，因此这个混合策略组合是稳定的，这就是本博弈唯一理想的混合策略。

当双方采用该策略组合时，虽然不能确定单独一次博弈的结果究竟会是四

组得益中的哪一组,但双方进行该博弈的期望得益,也就是多次独立重复该博弈的平均结果,应该分别为

$$u_1 = p_A \cdot p_C \times u_1(A,C) + p_A \cdot p_D \times u_1(A,D)$$
$$+ p_B \cdot p_C \times u_1(B,C) + p_B \cdot p_D \times u_1(B,D)$$
$$= 0.8 \times 0.8 \times 2 + 0.8 \times 0.2 \times 5 + 0.2 \times 0.8 \times 3 + 0.2 \times 0.2 \times 1$$
$$= 2.6$$

$$u_2 = p_A \cdot p_C \times u_2(A,C) + p_A \cdot p_D \times u_2(A,D)$$
$$+ p_B \cdot p_C \times u_2(B,C) + p_B \cdot p_D \times u_2(B,D)$$
$$= 0.8 \times 0.8 \times 3 + 0.8 \times 0.2 \times 1 + 0.2 \times 0.8 \times 2 + 0.2 \times 0.2 \times 5$$
$$= 2.6$$

(3)社会福利博弈

政府和流浪汉的博弈得益矩阵如下所示:

		流浪汉	
		找工作	流浪
政府	救济	3,2	-1,3
	不救济	-1,1	0,0

该博弈没有一个策略组合构成纳什均衡,求理想的混合策略。

分析过程。

①方法一:支付等值法(无机可乘法)

假定最优混合策略存在,给定流浪汉选择混合策略$(r,1-r)$,政府选择纯策略救济的期望效用为$3r+(-1)(1-r)=4r-1$,

选择纯策略不救济的效用为$-1 \times r + 0(1-r) = -r$,如果一个混合策略(而不是纯策略)是政府的最优选择,一定意味着政府在救济与不救济之间是无差异的,即$4r-1=-r$,解得$r=0.2$。

②方法二:支付最大化法(最佳反应法)

假定政府的混合策略是$\sigma_G = (\theta, 1-\theta)$;流浪汉的混合策略是$\sigma_L = (\gamma, 1-\gamma)$。

政府的期望效用函数为$v(\sigma_G, \sigma_L) = \theta[3\gamma + (-1)(1-\gamma)] + (1-\theta)[-\gamma + 0(1-\gamma)] = \theta(5\gamma-1) - \gamma$,求微分得到政府最优化的一阶条件:$\frac{\partial v_G}{\partial \theta} = 5\gamma - 1 = 0$,故$\gamma^* = 0.2$。

同样,可以根据流浪汉的期望效用函数找到政府的最优混合策略$\theta = 0.5$。

对$\gamma^* = 0.2$的解释:如果流浪汉找工作的概率小于0.2,则政府选择不救济,如果大于0.2,政府选择救济,只有当概率等于0.2时,政府才会选择混合策略或任何纯策略。

对 $\theta^* = 0.5$ 的解释:如果政府救济的概率大于 0.5,则流浪汉的最优选择是流浪,如果政府救济的概率小于 0.5,则流浪汉的最优选择是寻找工作。

(4)小偷和守卫的博弈

由于在博弈论领域的贡献而获得 1994 年诺贝尔经济学奖的泽尔腾教授在一次演讲中,举了一个小偷和守卫博弈的例子。这个例子是这样的:一个小偷欲偷盗一个守卫看守的仓库,如果偷盗时守卫在睡觉,则小偷就偷盗成功,获得价值为 V 的得益;如果小偷偷盗时守卫没有睡觉,则小偷就会被抓住,受到 $-P$ 的惩罚。如果小偷没有偷盗时守卫睡觉,则守卫会获得相当于 S 的正效用;如果小偷偷盗时守卫睡觉,则守卫会受到 $-D$ 的惩罚。而如果小偷不偷,守卫不睡,则双方均无得失,得益为 0。根据上述假设,得益矩阵如下图所示:

守卫

		睡	不睡
	偷	$V, -D$	$-P, 0$
小偷	不偷	$0, S$	$0, 0$

我们先讨论小偷选择"偷"与"不偷"两种策略的概率 p_t 和 $1 - p_t$ 的确定。守卫选择"不睡"策略的期望得益为 0,选择"睡"策略的期望得益为:$S(1 - p_t) + (-D)p_t$,则有 $S(1 - p_t) + (-D)p_t = 0$,得:$p_t^* = \dfrac{S}{D + S}$。几何意义如图 8.1 所示。

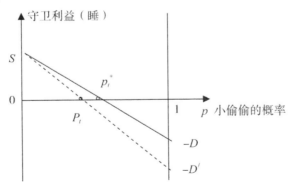

图 8.1　小偷的混合策略

下面假设守卫"睡"与"不睡"策略的概率 p_g 和 $1 - p_g$。小偷选择"不偷"

策略的期望得益为 0,选择"偷"策略的期望得益为:$Vp_g + (-P)(1-p_g)$,则有 $Vp_g + (-P)(1-p_g) = 0$,得:$p_g^* = \dfrac{P}{V+P}$。几何意义如图 8.2 所示。

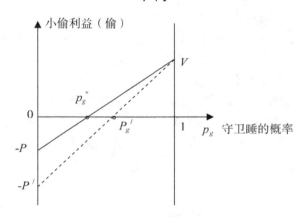

图 8.2　守卫的混合策略

在小偷和守卫的博弈中,小偷分别以概率 p_t^* 和 $1-p_t^*$ 随机选择"偷"与"不偷",守卫分别以概率 p_g^* 和 $1-p_g^*$ 随机选择"睡"与"不睡"时,双方都不能通过改变自己的策略或概率改善自己的期望得益,因此构成混合策略解。

小偷与守卫之间的混合策略博弈,还可以揭示一种"激励的悖论"。先考察当局为了抑制盗窃现象而加重对小偷的惩罚时会出现的结果。

对小偷的惩罚加重会使得 P 增大,如图 8.2 所示。这相当于 $-P$ 向下移动到 $-P'$。如果守卫混合策略中的概率分布不变,此时小偷偷窃的期望得益变为负值,因此小偷会停止偷窃。但是如果这样长期下去,小偷减少偷窃会使守卫更多地选择睡觉,最终守卫会将睡觉的概率提高到 P_g',达到新的均衡,而此时小偷偷的期望得益又恢复到 0。由于小偷的混合策略概率分布是由图 8.1 决定的,并不受 P 值的影响,因此政府加大对小偷的惩罚并不能长期抑制盗窃,最多只能短期抑制盗窃发生率,它的主要作用是使得守卫可以更多地偷懒。

三、混合策略的反应函数

将博弈方的策略集扩展到包括混合策略,将纳什均衡扩展到包括混合策略纳什均衡以后,求纳什均衡的反应函数分析方法也可以扩展到求混合策略纳什均衡的反应函数。

在纯策略的范畴内,反应函数是各博弈方选择的纯策略对其他博弈方纯策略的反应。在混合策略的范畴内,博弈方的决策内容为选择概率分布,反应函数就是一方对另一方的概率分布的反应,同样也是一定的概率分布。

（1）选课博弈

<table>
<tr><td></td><td></td><td colspan="2" align="center">钟信</td></tr>
<tr><td></td><td></td><td align="center">德语</td><td align="center">法语</td></tr>
<tr><td rowspan="2">陈明</td><td align="center">德语</td><td align="center">3,2</td><td align="center">1,1</td></tr>
<tr><td align="center">法语</td><td align="center">0,0</td><td align="center">2,3</td></tr>
</table>

分析过程。设陈明的混合策略 $\sigma_1 = (p, 1-p)$，钟信的混合策略 $\sigma_2 = (q, 1-q)$，则陈明的得益函数为 $u_1(\sigma_1, \sigma_2) = p[3q + (1-q)] + (1-p)[0 + 2(1-q)] = p(4q-1) - 2(q-1)$

此时，陈明的最佳反应为 $q = 1/4$

① 当 $(4q-1) > 0$ 时，即 $q > 1/4$ 时，陈明将 p 选得越大越好，因而取 $p = 1$；

② 当 $(4q-1) < 0$ 时，即 $q < 1/4$ 时，陈明将 p 选得越小越好，因而取 $p = 0$；

③ 当 $(4q-1) = 0$ 时，即 $q = 1/4$ 时，无论陈明取 p 为多少，都有 $u_1(\sigma_1, \sigma_2) = 2(1-q)$，因而 p 可取 $[0,1]$ 中的任何一值。

则陈明的最佳反应函数为

$$p = \begin{cases} 1 & q > \dfrac{1}{4} \\[2mm] [0,1] & q = \dfrac{1}{4} \\[2mm] 0 & q < \dfrac{1}{4} \end{cases}$$

同理，$u_2(\sigma_1, \sigma_2) = q(4p-3) + (3-2p)$

求得钟信的最佳反应函数为

$$q = \begin{cases} 1 & p > \dfrac{3}{4} \\[2mm] [0,1] & p = \dfrac{3}{4} \\[2mm] 0 & p < \dfrac{3}{4} \end{cases}$$

反应函数如图 8.3 所示。

两反应函数有三个交点 $(0,0)$，$(3/4, 1/4)$，$(1,1)$，这三个交点均为纳什均衡，其中 $(0,0)$，$(1,1)$ 为纯策略下的纳什均衡，对应的策略组合分别为（法语，法语），（德语，德语）；$(3/4, 1/4)$ 是通过反应函数求出的混合策略下的纳什均衡，其含义是陈明以 3/4 的概率选德语，钟信却以 1/4 的概率选德语。我们比较一下纯策略与混合策略下的得益：

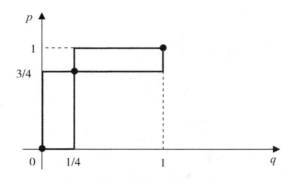

图8.3　陈明和钟信的反应函数

混合策略时：

$$u_1(\sigma_1^*,\sigma_2^*)=p^*(4q^*-1)-2(q^*-1)=0-2\times\left(-\frac{3}{4}\right)=\frac{3}{2}$$

$$u_2(\sigma_1^*,\sigma_2^*)=q^*(4p^*-3)+(3-2p^*)=0+2-\frac{3}{2}=\frac{3}{2}$$

纯策略时：

(0,0)对应策略组合(法语，法语)

$u_1=2,u_2=3$

(1,1)对应策略组合(德语，德语)

$u_1=3,\ u_2=2$

由于纯策略也可以理解为混合策略，因此实际上反应函数的概念可以在混合策略概率分布之间反应的意义上统一起来。

(2)设有博弈 G 如图所示：

博弈方Ⅱ

		C	D
		C	D
博弈方Ⅰ	A	2,3	5,2
	B	3,1	1,5

设$(r,1-r)$是博弈方Ⅰ随机选择策略 A 和 B 的混合策略的概率分布，$(q,1-q)$是博弈方Ⅱ随机选择策略 C 和 D 的混合策略的概率分布。则两博弈方的反应函数就是 r 和 q 之间的相互决定关系。根据以前的讨论我们知道，本博弈中当博弈方Ⅰ选择策略 A 的概率 $r<0.8$ 时，博弈方Ⅱ应选择策略 D，相当于在混合策略$(q,1-q)$中令 $q=0$，因为这样博弈方Ⅱ将赢多输少。相反，如果博弈方Ⅰ选择策略 A 的概率 $r>0.8$ 时，则博弈方Ⅱ应选择策略 C；而当 $r=0.8$ 时，则对博弈方Ⅱ来说，q 取任何值都一样，即不管采用纯策略或混合策略，所得到

的期望得益都完全一样。将以上 q 随 r 的变化用函数关系表达为：

$$q = R_2(r) = \begin{cases} 0, & r < 0.8 \\ 任意, & r = 0.8 \\ 1, & r > 0.8 \end{cases}$$

同理，可得博弈方 I 反应函数如下：

$$r = R_1(q) = \begin{cases} 0, & q < 0.8 \\ 任意, & q = 0.8 \\ 1, & q > 0.8 \end{cases}$$

将两条反应函数合并在一张图上，就得到图 8.4。

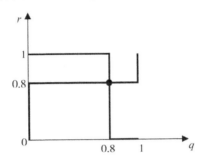

图 8.4　混合策略纳什均衡

从图中我们看到，两博弈方的反应函数相交于 $(0.8, 0.8)$，即 $r = 0.8$ 和 $q = 0.8$，而且这是唯一的交点。

这就是说，在这个博弈中，只有 $r = 0.8$ 和 $q = 0.8$ 才是相互对对方最佳反应的混合策略概率分布，这正是本博弈唯一的混合策略纳什均衡。这与我们前面得到的结论是完全一致的。

一个博弈方使用混合策略的好处是给对方造成不确定性，浑水摸鱼，如税收检查，检查则不偷税，不检查则偷税。但税务局检查有成本，企业在知道税务局可能检查的情况下，偷税有风险。此时，可以根据某些参数寻找一个混合策略的纳什均衡。

四、应用案例

案例 1. 纳税检查博弈

在纳税检查的博弈中，假设 A 为应纳税款，C 为检查成本，F 是偷税罚款，且 $C < A + F$；S 为税务机关检查的概率，E 为纳税人逃税的概率。得益矩阵如下：

纳税人

		逃税	不逃税
税务机关	检查	$A-C+F,\ -A-F$	$A-C,\ -A$
	不检查	$0,\ 0$	$A,\ -A$

分析过程:先分析税收机关检查决策:给定 E,税收机关选择检查与否的期望得益为:

$$K(1,E)=(A-C+F)E+(A-C)(1-E)=EF+A-C$$
$$K(0,E)=0\times E+A(1-E)=A(1-E)$$

解 $K(1,E)=K(0,E)$,得:$E=C/(A+F)$。

即如果纳税人逃税概率小于 E,税收机关的最优决策是不检查,否则是检查。

再分析纳税人逃税决策:给定 S,纳税人选择逃税与否的期望得益是:

$$K(S,1)=(-A-F)S+0\times(1-S)=-(A+F)S$$
$$K(S,0)=-AS+(-A)(1-S)=-A$$

解 $K(S,1)=K(S,0)$,得:$S=A/(A+F)$。

即如果税收机关检查的概率小于 S,纳税人的最优选择是逃税,否则是交税。

因此,混合策略纳什均衡是 (S,E),即税收机关以 $S=(A/A+F)$ 的概率检查,而纳税人以 $E=(C/A+F)$ 的概率逃税。A 和 F 越大,纳税人逃税的概率越小;检查成本 C 越高,纳税人逃税的概率就越大。

为什么应纳税款越多,纳税人逃税的概率反而越小呢?这是因为,应纳税款越多,税收机关检查的概率越高,逃税被抓住的可能性越大,因而纳税人反而不敢逃税了。这一点或许可以解释为什么逃税现象在中小企业比在大企业中更普遍,在低收入阶层比在高收入阶层更普遍。

案例 2. 硬币正反博弈

假如你正在图书馆自习,一个同学走过来,邀请你一起玩个数学游戏。同学提议:让我们各自亮出硬币的一面,如果我们都是正面,那么我给你 3 元;如果我们都是反面,我给你 1 元;剩下的情况你给我 2 元。那么你该不该和同学玩这个游戏呢?

该游戏的得益矩阵如下:

同学

		正面	反面
你	正面	3, −3	−2, 2
	反面	−2, 2	1, −1

在这个游戏中,没有纯策略纳什均衡,应该采用混合策略纳什均衡。假设你出正面的概率是 x,出反面的概率是 $1-x$,同学出正面的概率是 y,出反面的概率是 $1-y$。

为了使利益最大化,应该在对手出正面或反面的时候我们的得益都相等,即

$3y + (-2)(1-y) = (-2) \times y + 1 \times (1-y)$,解方程得:$y = 3/8$。

同样,同学的收益:

$-3x + 2(1-x) = 2x + (-1) \times (1-x)$,解方程同样得:$x = 3/8$。

于是,我们就可以算出同学每次的期望得益是:$y[-3x + 2(1-x)] + (1-y) \times [2x - (1-x)] = 1/8$。

即双方都采取最优策略的情况下,同学平均每次赢 $1/8$ 元。所以当然不能和她玩这个游戏。其实只要同学采取了 $(3/8, 5/8)$ 这个方案,不论你采用什么方案,都是不能改变局面的。但是当你也采用最佳策略时,至少可以保证自己输得最少。否则,你会赔掉更多。

案例 3. 麦琪的礼物博弈

麦琪的礼物博弈改编自欧·亨利的同名小说。德拉与吉姆是一对类似《麦琪的礼物》里的夫妻,谁也不会"计算"他们彼此的爱情。他们彼此都愿意——甚至迫切希望——为对方作出任何牺牲,换取一件真正配得起对方的圣诞礼物。德拉愿意卖掉自己的头发,给吉姆买一条表链,配他继承下来的怀表;而吉姆则愿意卖掉这块怀表,买一把梳子,配德拉的漂亮长发。

假如他们真的非常了解对方,他们就该意识到,为了给对方买一份礼物,两人都有可能卖掉他或者她的心爱之物,结果将是一个悲剧性的错误。德拉应该三思而行,好好想想留下自己的长发等待吉姆的礼物会不会更好。同样,吉姆也不要考虑卖掉自己的怀表。当然,假如他们两人都能克制自己,谁也不送礼物,又会变成另外一种错误。尽管这对夫妻的利益在很大程度上是一致的,但他们的策略还是会相互影响。对于任何一方,两种错误都会得到坏的结果。为了具体说明这一点,我们给这个坏结果打 0。而在一个送礼物而另一个收礼物的两种结果中,假设各方均认为献出(2)胜过接受(1)。得益矩阵如下:

德拉

		卖发	不卖
吉姆	卖表	0,0	<u>2</u>, <u>1</u>
	不卖	<u>1</u>, <u>2</u>	0, 0

通过划线法可知,该博弈有两个纳什均衡,即(吉姆卖表,德拉不卖发)和(吉姆不卖表,德拉卖发),他们两个都没有策略。由于"出人意料"是送礼物的一个重要特点,因此他们不会提前商量以达成共识。这是一个混合策略。

各参与人在各策略下的预期得益为:

①吉姆。卖表的预期得益:$0 \times q + 2 \times (1 - q) = 2 - 2q$

不卖的预期得益:$1 \times q + 0 \times (1 - q) = q$

②德拉。卖发的预期得益:$0 \times p + 2 \times (1 - p) = 2 - 2p$

不卖的预期得益:$1 \times p + 0 \times (1 - p) = p$

纳什均衡应满足:

①妻子选择 p 使丈夫在各策略之间的预期得益没有差异,即使 $2 - 2q = q$,可解出 $q^* = 2/3$;

②丈夫选择 q 使妻子在各策略之间的预期得益没有差异,即使 $2 - 2p = p$,可解出 $p^* = 2/3$。

由此,纳什均衡状态下丈夫的混合策略是(2/3,1/3),妻子的混合策略也是(2/3,1/3)。混合纳什均衡为{(2/3,1/3),(2/3,1/3)}。

假设德拉选择了这么一个混合策略。如果吉姆卖掉了他的怀表,德拉有1/3的机会保住自己的头发(2),2/3 的机会卖掉自己的头发(0),平均结果为2/3。同样,如果吉姆没有卖掉自己的怀表,平均结果也是2/3。此时他们获得的总效用是 2/3 + 2/3 = 4/3。而若是纳什均衡(吉姆卖表,德拉不卖发)和(吉姆不卖表,德拉卖发)其中一个,他们获得的总效用是 1 + 2 = 3。3 > 4/3,所以混合策略的结果比不上纳什均衡的结果。

在混合策略中,他们有 5/9 的概率可能什么都得不到,即效用为 0。即(卖发,卖表)和(不卖发,不卖表)。此时 2/3 × 2/3 + 1/3 × 1/3 = 5/9。这对夫妻会发现对方卖掉了自己买礼物回来相配的心爱之物,有 1 次大家都得不到礼物。由于存在这些错误,平均得分(两人各得 2/3)还比不上原来两种均衡得到的结果,在这两种均衡当中,各有一方送礼物而另一方收礼物(施者得2,受者得1),平均得分是 1.5,优于混合策略。

在这个故事里,两夫妻的利益在很大程度上是结合在一起的。因此,他们必须协调他们混合策略的比例。可以通过抛硬币的方式来解决。投掷一枚硬币，按照硬币翻出的结果决定谁该送礼物，谁该收礼物。经过协调的混合策略可以使他们达成一个妥协，化解这个矛盾，最终获得了纳什均衡。一枚硬币决定谁送礼物而谁收礼物，那么各人的平均结果就都会变成 1.5。当然，此时，夫妻之间送礼物的惊喜也就不存在了，即"出人意料"这一元素也就不存在了。

第九讲　纳什均衡的存在性和多重性

一、纳什均衡的存在性

纳什均衡存在性定理表示:每一个有限博弈至少存在一个纳什均衡(纯策略的或混合策略的)。

纳什在他 1950 年的经典论文中,首先提出了他自己称为"均衡点"(equilibrium point)的纳什均衡概念,并且同时证明了在相当广泛的博弈类型中,混合策略意义上的纳什均衡是普遍存在的。

(一)纳什均衡存在性定理一

设有 n 个博弈方的博弈 $G = \{s_1, \cdots, s_n; u_1, \cdots, u_n\}$ 中 n 是有限的,且 s_i 均为有限集,则该博弈至少存在一个纳什均衡,但可能包含混合策略(Nash,1950)。

注意:$\sum_i$ 表示局中人 i 的混合策略集;$\sum = n \times \sum_i$ 表示有 n 个博弈方的混合策略;空间 $\sum_i$ 相乘得到的 n 维向量空间,且 $\sum = n \times \sum_i$ 是一个有限 n 维向量空间上的非空的、有界的、闭的凸集。

之后学者们将纳什均衡的存在性定理扩展得到:

(二)纳什均衡存在性定理二

设有 n 个博弈方的博弈 $G = \{s_1, \cdots, s_n; u_1, \cdots, u_n\}$ 中 s_i 为欧氏空间上的一个非空的、有界的、闭的凸集,得益函数 $u_i(s)$ 是连续的且对 s_i 是拟凹的,那么一定存在一个纯策略的纳什均衡(Debreu,1952;Glicksberg,1952;Fan,1952)。

(三)纳什均衡存在性定理三

设有 n 个博弈方的博弈 $G = \{s_1, \cdots, s_n; u_1, \cdots, u_n\}$,如果每个局中人 i 的纯策略集 s_i 是欧氏空间上的一个非空的、有界的、闭的凸集,得益函数 $u_i(s)$ 是连续的,那么,一定存在一个混合策略的纳什均衡(Glicksberg,1952)。

如果对每个这种策略组合,都可以找出由 n 个博弈方对它的最佳反应策略构成的一个或多个策略组合,这就形成了一个从上述乘积空间到它自身的一对多(one-to-many)的映射(mapping)。由于在引进混合策略以后,在期望得益的意义上得益函数都是连续函数,因此映射的图形是封闭的(闭集),且每个点在映射下的影像都是凸集;根据布鲁威尔(Brouwer)不动点定理或角谷(Kakutani)不动点定理可知,该映射至少有一个不动点,这个不动点就是一个纳什均衡策略组合。

二、纳什均衡的多重性及其选择

纳什均衡在相当广泛的博弈类型中普遍存在,保证了这个均衡概念在博弈分析中的作用和地位。纳什均衡也是分析其他类型博弈的核心均衡概念,如子博弈完美纳什均衡、完美贝叶斯均衡和贝叶斯纳什均衡等。这些均衡实际上都是纳什均衡的某种精炼。

纳什均衡分析并不一定能彻底解决一个博弈问题。因为纳什均衡的存在性不等于唯一性,在许多博弈中纳什均衡是不唯一的,而且不同的纳什均衡相互之间也没有明显的优劣关系,从而使博弈方在作策略选择时会遇到困难。

对于博弈论专家而言,最为棘手的不是一个博弈是否存在均衡,而是一个博弈可能有多个均衡,这被称为纳什均衡的多重性。我们已经看到,约会博弈有三个纳什均衡,事实上,许多博弈都存在多个纳什均衡,有些博弈甚至有无穷多个纳什均衡。

对于一个博弈可能有多个均衡,即纳什均衡的多重性问题,博弈论并没有一个一般的理论证明某一个纳什均衡结果一定能出现,但也还是可以根据不同的理念找出一定的选择标准。

(一)帕累托上策均衡

帕累托效率准则是:经济的效率体现于配置社会资源以改善人们的境况。主要看资源是否已经被充分利用,如果资源已经被充分利用,要想改善任何人的境况都必须损害别人的利益,那么这个经济已经实现了帕累托效率;相反,如果还可以在不损害别人的情况下改善一些人的境况,就说明经济资源尚未被充分利用,就不能说这个经济已达到帕累托效率。

帕累托改进是调整既定的资源配置状态使得至少有一个人的状况变好,而没有使任何人的状况变坏。虽然有些博弈中存在多个纳什均衡,但很可能这些纳什均衡有明显的优劣差异,所有博弈方都偏好其中同一个纳什均衡,则该纳什均衡称为"帕累托上策均衡"。

(1)鹰鸽博弈

假设有国家 1 和国家 2,在发生冲突时可以采取鹰策略,即发动战争;也可以采取鸽策略,即和平协商解决。得益矩阵如下:

		国家 2	
		鹰(战争)	鸽(和平)
国家 1	鹰(战争)	$-5, -5$	$8, -10$
	鸽(和平)	$-8, 10$	$10, 10$

容易看出,这个博弈中有两个纯策略纳什均衡,分别为(战争,战争)和(和平,和平),但其中(和平,和平)是帕累托上策均衡。

(2)猎人博弈

假设有猎人甲和猎人乙,他们有两个策略选择:即共同去打鹿和各自去打兔,由于鹿的体量较大,需要两人协作才能捕获,而兔子体量较小,只需要一个人努力就可以打到。得益矩阵如下所示:

		猎人乙	
		鹿	兔
猎人甲	鹿	10,10	0,4
	兔	4,0	4,4

分析过程:此博弈存在两个纳什均衡:一起打鹿得(10,10)和各自去打兔得(4,4)。比较(10,10)与(4,4),很明显,两人一起去猎鹿的得益比各自去打兔的得益要大得多。甲、乙两人一起猎鹿得(10,10),比两人各自去打兔得(4,4)的纳什均衡具有帕累托优势。因此,猎人博弈的结局,最大可能是具有帕累托优势的那个纳什均衡,甲、乙一起猎鹿得(10,10)。

注意:具有帕累托优势的纳什均衡是各博弈方都得到改善的策略组合;在博弈之前博弈方预先交流会增加帕累托最优均衡的可能性;此时风险优势处于从属地位。

(3)行贿博弈

下面为高薪格局下行贿博弈和底薪格局下行贿博弈的得益矩阵,请分析这两种情况下博弈方甲和博弈方乙分别会作出什么选择?两种情况下最可能出现的纳什均衡是什么?

		乙	
		受贿	不受贿
甲	受贿	9,9	0,8
	不受贿	8,0	7,7

高薪格局下的行贿博弈

		乙	
		受贿	不受贿
甲	受贿	9,9	0,3
	不受贿	3,0	2,2

低薪格局下的行贿博弈

(二)聚点均衡

其实多重纳什均衡的困难,主要还在于不存在帕累托上策均衡。如约会博弈的三个纳什均衡中,除了混合策略纳什均衡明显较差以外,两个纯策略纳什均衡之间不存在帕累托效率意义上的优劣关系,一个对大海有利,另一个则对小丽有利,因此两个博弈方究竟会怎么选择很难进行判断。此类博弈问题其实是很多的,凡是涉及利益分配、合作条件等的博弈问题,都可能属于这种情况。聚点均衡确实反映了人们在多重纳什均衡选择中的某些规律性。

再看下例:在以下的选择中,如果你的选择与其他博弈方的选择一致的次数越多,你就赢得越多,那么,请问你在博弈中将采取什么策略?

①选择下述一个数并画圈:7,100,13,261,99,666。

②你要在中南财大与一个没有来过中南财大的高中同学会面,应在什么公共地点碰头?

③选择下述一个数并画圈:14,15,16,17,18,100。

④你与他人一起分蛋糕,你们各自报出期望分到的比例,但如果你们报的比例之和超过100%,大家都将一无所获。

如上述几个例子所示,在一些博弈中,博弈参与人的行动需要协调一致才能使每个人的收益最大。按照谢林的观点,协调博弈的解是一个聚点均衡。如果参与人协调成功,那么参与人的收益应该在最多数人所选择的那个均衡点上实现,这个均衡点被称为聚点均衡(focal point),又称为谢林点(Schelling point)。这一概念最早由诺贝尔奖获得者谢林1960年在《冲突的战略》中提出:"人们得知别人也试图做出和自己同样的行为时,常常能使他们的意图或期望达成一致。大多数情况——或许每一种情况都能为此种博弈参与人的合作提供一些线索,为每个人的期望提供'聚点',其中每个人的期望是别人期望他期望被期望去做的事。"也就是说,聚点是在协调博弈中博弈参与人通过相互期望所作出的共同选择的那个均衡点,它显示出博弈中人们在没有沟通情况下的共同选择倾向。

那么,哪些因素会影响聚点的形成呢?以下从几个方面进行介绍:

1. 法律和社会规范协调预期

法律和社会规范就是一种协调预期的规则,帮助人们在多个纳什均衡中筛选一个特定的纳什均衡。法律是立法机关制定的行为规则,社会规范是通过长期的交互博弈产生的习惯或行为规则,但不论是法律还是社会规范,它们的功能都是协调预期。

2. 文化的冲突与协调

文化冲突,无论是组织和组织之间的,还是国家和国家之间的,大部分不过是游戏规则——法律和社会规范的冲突。用博弈论的话来说,是一个均衡的选择问题;全球化意味着游戏规则的重新博弈。

3. 解决规则冲突的三个方式

①一个规则取代其他的规则,让一部分人改变行为规范适应另一部分人,也就是所谓的"接轨",如欧洲大陆交通规则的演变。

②建立全新的规则,如中国人和德国人在一起交流时都用英语,而不是中文,也不是德语;

③建立协调规则的规则,如"入乡随俗""客随主便"。

究竟选择哪一种方式,与规则要解决的问题有关,也与其他因素有关。

分析下例:进门博弈

		乙	
		先进	后进
甲	先进	−1, −1	<u>2</u>, <u>1</u>
	后进	<u>1</u>,<u>2</u>	−1, −1

分析过程。在进门博弈中,有两个聚点均衡:分别为(先进,后进)和(后进,先进)。在该博弈中,文化既解决冲突又协调预期,如尊老爱幼、女性优先、尊师重教、先来后到、公平观念、社会分层和非对称权力等,来协调谁先走谁后走的问题。

(三)风险上策均衡

再看下例:串谋博弈

		乙	
		作弊	不作弊
甲	作弊	<u>9</u>,<u>9</u>	0,8
	不作弊	8,0	<u>7</u>,<u>7</u>

用划线法可求得这个博弈存在两个纳什均衡:(作弊,作弊)、(不作弊,不作弊),那么,哪一个发生的可能性较大呢?

分析过程。先考虑甲方:

甲作弊时,甲赢得9和0的机会为一半对一半,甲的期望得益为:

$$u_1(s_1, \sigma_2) = 9 \times \frac{1}{2} + 0 \times \frac{1}{2} = 4.5$$

甲不作弊时,甲赢得8和7的机会为一半对一半,甲的期望得益为:

$$u_1(s_2, \sigma_2) = 8 \times \frac{1}{2} + 7 \times \frac{1}{2} = 7.5$$

结论。由于 $u_1(s_1, \sigma_2) < u_2(s_2, \sigma_2)$,从期望得益看,甲采取不作弊的策略较稳妥。由于这个博弈是对称的,对乙的分析同理。那么博弈的实际结局极有

可能为(不作弊,不作弊),即(7,7)为具有风险优势的纳什均衡,风险优势指风险较小,该纳什均衡为"风险上策均衡"。

一般采用风险占优法(期望得益比较法)是指通过比较期望得益的大小,选择纳什均衡中具有风险优势(风险较小)的策略。

(四)相关均衡

对于博弈中多重纳什均衡选择的难题,我们也应该考虑博弈方主动寻求方法,设计某种形式的均衡选择机制,以解决多重纳什均衡选择的情况。"相关均衡"就是构建这样一种均衡选择机制,其基本思想可以通过下面的博弈模型来说明。

		博弈方 II	
		L	R
博弈方 I	U	5,1	0,0
	D	4,4	1,5

本博弈有(U,L)和(D,R)两个纯策略纳什均衡,另外有一个混合策略纳什均衡[(1/2,1/2),(1/2,1/2)],即两博弈方都以1/2的概率在自己的两个纯策略中随机选择。虽然该博弈的两个纯策略纳什均衡都能使两博弈方得到6单位得益总和,但在这两个策略纳什均衡下,双方的利益相差很大,因此很难在两博弈方之间形成自然的妥协,聚点均衡的概念是不适用的。如果采用混合策略纳什均衡,因为有1/4的可能性遇到最不理想的(U,R),因此双方的期望得益都只有2.5单位,显然也不理想。

由于避免出现(U,R)结果符合双方的利益,因此双方有可能通过协商约定采用如"抛一硬币,出现正面就选择纳什均衡(U,L),出现反面就选择纳什均衡(D,R)"这样的选择规则。按照这样的规则选择,那么两个纯策略纳什均衡(U,L)和(D,R)各有1/2出现的可能,且可以保证排除采用最不理想的策略(U,R),双方的期望得益都是3,明显好于双方各自采用混合策略的期望得益,也解决了双方在两个纯策略纳什均衡选择方面的僵局。同样的思路用到约会博弈上,就是双方可能形成这样的约定:"如果天气好一起去看足球赛,天气不好则一起去看时装表演。"

另一种方法是设计能发出"相关信号"的"相关装置":

①该装置以相同的可能性(1/3)发出 A、B、C 三种信号;

②博弈方 I 只能看到该信号是否为 A,博弈方 II 只能看到该信号是否为 C;

③博弈方 I 看到 A 采用 U,否则采用 D,博弈方 II 看到 C 采用 R,否则采用 L。

因此该装置的信号有三种可能性:$(A,\bar{C})$,$(\bar{A},C)$,$(\bar{A},\bar{C})$;

对应的策略:$(U,L),(D,R),(D,L)$。

该策略机制有下列重要性质:①保证 U 和 R 不会同时出现,即排除了 (U,R);②(D,R)、(D,L) 各以 $1/3$ 的概率出现,从而使两博弈方的期望得益达到 $3+1/3$,优于 $u_1=3,u_2=3$;③上述策略组合是一个纳什均衡;④上述相关装置并不影响双方在各种策略组合下的得益,因此并不影响原来的均衡。即如果一个博弈方忽视信号,另一个博弈方也可以忽视信号,并不影响各博弈方原来可能实现的利益。我们称博弈方根据相关装置选择策略构成的纳什均衡为"相关均衡"。

(五)共谋和防共谋均衡

多人博弈中可能存在共谋问题。

例如,这是一个三人博弈的例子,假设有这样的赋值:

乙

		L	R
甲	U	0,0,10	-5,-5,0
	D	-5,-5,0	1,1,-5

A

乙

		L	R
甲	U	-2,-2,0	-5,-5,0
	D	-5,-5,0	-1,-1,5

B

丙

由划线法可知,该博弈的纯策略纳什均衡为:(U,L,A)、(D,R,B),前者帕累托优于后者,而且在风险上策的意义上前者也优于后者。那么博弈的结果会是什么呢?

如果博弈方各自独立决策和采取行动,不考虑部分博弈方存在串通一致行动的可能性,那么该博弈的结果应该是 (U,L,A)。

但是,如果我们考虑到博弈方之间存在串通或共谋的可能性,那么 (U,L,A) 却并不一定是博弈的最终结果。因为如果博弈方Ⅲ选择 A,则只要博弈方 Ⅰ 和博弈方 Ⅱ 达成一致行动的默契,分别采用 D 和 R,他们就都可以获得 1 单位得益,大于 (U,L,A) 时得到的零得益。

也就是说,(U,L,A) 有共谋 (coalition) 问题:博弈方 Ⅰ 和 Ⅱ 同时可能偏离。进一步考虑静态博弈中纳什均衡分析的有效性问题时,很容易发现在多人博弈中,有可能存在部分博弈方之间联合追求小团体利益的行为,也可能会导致纳什均衡的不稳定性。对这种可能性的考虑,导出了"防共谋均衡"的概念。

上述共谋问题引出了"防共谋均衡"的思想。如果一个博弈的某个策略组合满足下列要求:没有任何单个博弈方的"串通"会改变博弈的结果;给定偏离的博弈方有再次偏离的自由,没有任何两个博弈方的"串通"会改变博弈的结果;以此类推,直到所有博弈方都参加"串通"也不会改变博弈的结果,则称这样的均衡策略组合为"防共谋均衡"。因而上例中(D,R,B)是防共谋均衡,(U,L,A)不是防共谋均衡。

三、应用案例

案例 1. 帕累托上策均衡和风险上策均衡

以三国演义中的吴蜀联盟博弈为例:若吴国和蜀国两方联合进攻魏国,获胜则可瓜分魏国的国土;一方背叛则另一方有亡国的危险;若两家都选择防守,则可形成三国鼎立的局势。得益矩阵如下:

		吴国	
		联进	联防
蜀国	联进	9,9	0,8
	联防	8,0	7,7

这个博弈有两个纯纳什均衡(联进,联进)和(联防,联防),并且(联进,联进)的得益大于(联防,联防)的博弈,显然此时的(联进,联进)是帕累托上策均衡。那么这一博弈结果是否是双方选择(联进,联进)的帕累托上策均衡呢? 事实并非那么简单。

因为,虽然(联进,联进)为上策均衡,但是,如果博弈的某一方背叛盟约,则另一方的损失会非常大,面临亡国的风险。因此,帕累托上策均衡存在较大风险,而(联防,联防)是风险上策均衡。

事实上,在赤壁之战后,也就是三国前期,吴蜀就是采取这样的一种策略的。吴国派周瑜进攻魏国,得到了荆州(后来被借走了);刘备进攻魏国,得到了南方四郡。但我们必须承认,在吴蜀联合的前期,由于双方彼此相互需要,因此合作意愿很强,使得他们破坏盟约的风险很小。如果把这个风险量化,那么在这个阶段,一方预估另外一方毁约(防守)的可能性比较低,因此帕累托均衡得以实现。

但随着刘备夺取了益州和汉中,势力达到了顶峰,吴国对蜀国的猜忌也越来越深,再加上蜀国拒绝归还荆州,这使得吴国撕毁对蜀盟约,偷袭荆州。在刘备死后,吴蜀两国的关系依然没有完全恢复,即使表面上同意继续结盟伐魏,但实际上已经变成一个口号了。在这个阶段,一方预估另一方毁约(防守)的可能性较大,对吴蜀两国而言,防守策略的收益更大。因此,在这时候,风险上策均衡占上风。

而到了后期,由于诸葛亮跟吴国大臣诸葛瑾是亲兄弟关系,诸葛亮对吴国主动示好,双方关系有所好转,于是又有了吴国屡次响应诸葛亮北伐的号召,出现帕累托上限均衡。而诸葛亮病逝五丈原后,吴主孙权年老糊涂,政治腐败,内斗严重,吴蜀双方又失去了相互信任,这时候博弈的结果又是风险上策均衡。因此我们可以看出,帕累托上策均衡和风险上策均衡并不是绝对的,在判断两种均衡适用时有必要引用一个风险指标,即对方采用每种策略的概率。

案例 2. 共谋和防共谋均衡

以保险公司、保险代理公司和投保人的三方博弈为例:在其三方博弈中,投保人只能从保险代理公司购买保险公司的保险产品;保险中介业务完全由保险代理公司经营,从中获取佣金;保险公司自身不从事保险代理业务,只对投保人承担保险责任。并且投保人、保险代理公司和保险公司都是完全理性的,以实现自身利益最大化为目标。

投保人在投保时有两种策略:隐瞒(自己本是高风险的却故意隐瞒,降低自己的风险类别)和不隐瞒。保险代理公司有两种策略:隐瞒(为了让投保人签单,获得更多的代理佣金,代理人向保险人隐瞒投保人的真实风险类别)和不隐瞒。保险公司也有两种策略:核查(调查投保人和保险代理公司有无欺瞒现象)和不核查。投保人不隐瞒自己的风险信息时的预期收益为 U,若隐瞒,则预期收益增加 e;保险代理公司不向保险公司隐瞒投保人的风险信息时的预期收益为 W,若隐瞒,则预期收益增加 d;保险公司不核查时预期收益为 F,如核查,则核查成本为 c,且核查是完全的(即只要存在欺瞒现象就会被查出),若发现投保人、保险代理公司隐瞒,则分别对他们采取 k、f 的罚款。

当保险公司对欺瞒行为不采取惩罚或惩罚力度不够时($k < e, f < d$),市场将出现投保人和保险代理人的共谋欺瞒现象,且此现象无法通过提高保费消除。具体来说,若保险公司采取提高保费的策略以期改善此前的不利局面,那么,由于保险市场上的信息不对称,将不能够区分保单的优劣,因此,低风险率的投保人将会由于保费太高而减少甚至取消自己的投保数量,面临高风险的投保人则依然购买足额保险,从而导致"劣质客户驱逐优良客户"现象的发生,即由信息不对称引发逆向选择问题的出现。这不仅增加了保险公司的经营风险,而且扭曲了保险市场的最优均衡局面,妨碍了保险市场的健康发展。

有鉴于此,保险公司需要积极寻求有效策略以减少乃至消除投保人和保险代理人共谋欺瞒现象的发生。当发现投保人、保险代理公司有隐瞒时,保险公司对其进行加重处罚,能否有效地减少投保人和保险代理人之间的共谋呢?

如果保险公司加重对投保人和保险代理人共谋欺瞒行为的惩罚,当保险公司选择不核查策略:此时博弈中有两个纳什均衡,即投保人、保险代理人、保险公司分别选择(隐瞒,隐瞒,不核查)的策略或(不隐瞒,不隐瞒,不核查)的策略;其中第一个策略组合为共谋均衡,而第二个策略组合为防共谋均衡。当保险公司采取核查策略:容易得出,此时只有一个纳什均衡即投保人、保险代理人、保险公司分别采取策略(不隐瞒,不隐瞒,核查),且此纳什均衡是一个防共谋均衡。

　　由以上分析容易得出:通过加重对共谋欺诈行为的处罚,保险公司能够有效减少投保人与保险代理人共谋行为的发生,尤其是当惩罚力度加大至 $k < e$、$f > d$ 时,保险公司通过选择核查策略,可以消除共谋欺瞒行为的发生。

第十讲　完全且完美信息动态博弈

本讲讨论动态博弈,尤其是所有博弈方都对博弈过程和得益完全了解的完全且完美信息动态博弈,这种博弈也是现实中常见的基本博弈类型。

由于动态博弈中博弈方的选择、行动有先后次序,因此在表示方法、得益关系、分析方法和均衡概念等方面,都与静态博弈有很大区别。下面将对动态博弈分析的扩展式和策略式表述进行介绍。

一、动态博弈的扩展式表述

以房地产开发博弈为例:假设有 A、B 两家开发商。市场需求可能大,也可能小。两家开发商修建 1 栋楼都需要投入 1 亿元。假定市场上有两栋楼出售:需求大时,每栋售价 1.4 亿,需求小时,售价 7000 万;如果市场上只有一栋楼出售:需求大时,可卖 1.8 亿,需求小时,可卖 1.1 亿。

分析可知,需求大时的得益矩阵(其中用 4000 表示 4000 万,以此类推):

开发商 B

		开发	不开发
开发商 A	开发	4000,4000	8000,0
	不开发	0,8000	0,0

需求小时的得益矩阵:

开发商 B

		开发	不开发
开发商 A	开发	−3000,−3000	1000,0
	不开发	0,1000	0,0

问题在于:①A、B 两家开发商对市场需求根本不了解;②两家开发商可能并不同时行动,且各自行动时并不清楚对方采取何种行动,策略式表述无法分析两博弈方对策。

如果博弈方在进行行动选择时有先后顺序之分,这种博弈就被称为"动态博弈"。动态博弈的表述方式是动态扩展式。后面以房地产开发博弈为例分析动态博弈的特征及表述。

（一）动态博弈的基本特点

在动态博弈中至少有三个基本特点：

①各个博弈方的选择和行动有先后之分；

②一个博弈方的选择很可能不是只有一次，而是可能有多次；

③在不同阶段的多次行动之间有内在联系，是不能分割的整体。

因此在动态博弈中，研究某个博弈方某个阶段的行为，或者将各个阶段的行动割裂开来研究意义是不大的。

动态博弈中博弈方决策的内容，也是决定博弈结果的关键，这里博弈方决策的内容不再是博弈方在单个阶段的行动，而是各博弈方在整个博弈中轮到自己选择的每个阶段，针对前面阶段的各种情况作相应选择和行动的完整计划，以及由不同博弈方的这种计划构成的组合。这种计划就是动态博弈中博弈方的"策略"。动态博弈中各博弈方的策略组合形成一条条连接各个阶段的"路径"。博弈的结果包括双方（或多方）采用的策略组合、实现的博弈路径和各博弈方的得益。

因为动态博弈中各个博弈方的选择行动有先后次序，且后行为者能观察到此前博弈方的选择行动，因此动态博弈中各博弈方的地位是不对称的，这一点与所有博弈方一次性同时选择的静态博弈也明显不同。一般来说，由于后行为的博弈方有更多的信息帮助自己选择行动，可减少他们决策的盲目性，因此处于较有利的地位。但这个结论并不总是成立的。

（二）动态博弈的扩展式描述

动态博弈的扩展式描述应该清晰地表明博弈方采取行动的次序，以及各博弈方作出每一行动的决定时所知道的信息，那么在这些要求下，博弈策略所对应的是相机行动，即在什么情况下应选择什么行动，而不是简单的、与环境无关的行动选择。

1. 动态博弈的扩展式描述应包括的信息要素

① 博弈方集合：$i = 1, 2, \cdots, n$；特别用 N 表示虚拟博弈方"自然"；

② 博弈方的行动次序和行动时间：准备在什么时候行动；

③ 博弈方的信息集：每次行动时博弈方知道些什么；

④ 博弈方的策略集：在每次行动时，博弈方有些什么策略可选择；

⑤ 博弈方的得益：当博弈方采取某个行动后，每个博弈方得到些什么；

⑥ 每个外生事件的概率分布。

对完全信息动态博弈中各博弈方一步又一步行动按先后次序展开的方式，称为"扩展式"，也称为"博弈树"。

2. 应用举例

（1）约会博弈

策略式的表现形式为：

		小莉	
		足球	芭蕾
大海	足球	2,1	0,0
	芭蕾	-1,-1	1,2

扩展式的表现形式为：

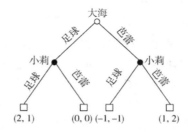

（2）仿冒与反仿冒博弈

下面博弈树中得益数组的第一个数字是仿冒企业 A 的得益,第二个数字为被仿冒企业 B 的得益。如果 A 选择不仿冒,则 A 的得益为 0,B 的得益为 10;如果 A 选择仿冒,且企业 B 选择制止,则 A 的得益为 -2,B 的得益为 5;而在企业 B 选择不制止的情况下,A 选择不仿冒,A 的得益为 5,B 的得益为 5;如果 A 选择继续仿冒,B 选择制止,A 的得益为 2,B 的得益为 2;B 选择不制止,则 A 的得益为 10,B 的得益为 4。

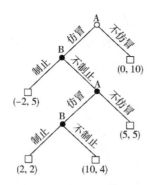

（三）有限博弈的博弈树的构造

1. 结

结的表示：X 表示结的集合,$x \in X$ 表示 x 是某个特定的结。

结的顺序：用 > 表示定义在 X 上结的顺序关系,如 $x_1 > x_2$,表示 x_1 在 x_2 之前。

顺序的性质：

①若 $x_1 > x_2, x_2 > x_3$，则 $x_1 > x_3$；

②若 $x_1 > x_2$，那么 $x_2 > x_1$ 一定不成立。

注意：X 中的决策结并不都是可以比较顺序的。

结 x 的前列集——结 x 之前的所有结的集合，记为 $P(x)$。

结 x 的后续集——结 x 之后的所有结的集合，记为 $T(x)$。

初始结——若 $P(x) = \phi$，则 x 为初始结，记为○，用空心圆表示。

终点结——若 $T(x) = \phi$，则 x 为终点结，记为□，用空心矩表示。

决策结——终点结以外的所有结都是决策结，其中非初始结用实心圆表示，记为●。

2. 枝

博弈树的结与枝应满足：在博弈树上，枝是从一个决策结到它的下一个决策结的连线，每一个枝代表局中人的一个行动选择。

①规则一。每一个结至多有一个其他结直接位于它的前面，如下图中左侧的情况是可行的，而右侧的情况是不可接受的；

②规则二。没有一条路径可以使决策结与自身连接，即不能出现循环；

③规则三。博弈树必有初始结且只有一个初始结。

3. 信息集

H 表示信息集的集合，若 $h \in H$，h 表示一特定的信息集，$h(x)$ 表示包含决策结 x 的信息集，每个信息集是决策结集合的一个子集。

信息集满足：①每个决策结都包含同一博弈方的决策集；②该博弈方知道博弈进入该集合的某个决策结，但不一定知道自己究竟处于哪一个决策结。③单结信息集：若一个信息集 $h(x)$ 中只包含一个决策结，则称其为单结信息集。

仍以房地产开发博弈为例：假设有房地产开发商 A、B，并有博弈的行动次序为：A 先行动；A 行动后自然选择；B 在观测到 A 的行动和市场需求后再行动。博弈树上 7 个决策结分割成 7 个信息集。

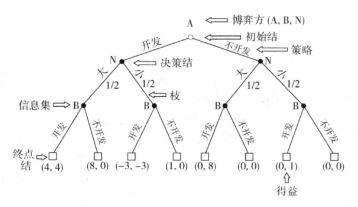

有下述几种情形：

①若行动顺序不变，但 B 在决策时，并不确切地知道自然的选择。B 的信息集变成了两个，每个信息集包含两个决策结，通常用虚线将属于同一信息集的两个决策结连接起来。

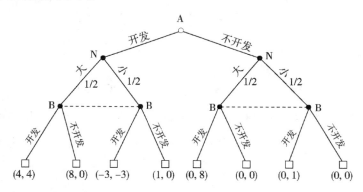

②若行动顺序不变，但 B 只知道自然的选择，而不知道 A 的选择（A、B 同时决策）。此时，B 也有两个信息集，每个信息集包含两个决策结。

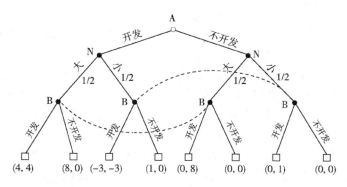

(四)完美信息博弈

若博弈树的所有信息集都是单结的,则称其为完美信息博弈。其特点是:

① 博弈中没有两个博弈方同时行动;

② 所有后行动者能确切知道前行动者选择了什么行动;

③ 没有任何两个决策是用虚线连起来的。

注意:博弈树上是否出现连接不同决策结的虚线还取决于画决策结的顺序。例如,将前例中自然的决策结作为初始结,A 不知道自然的选择,即博弈为:

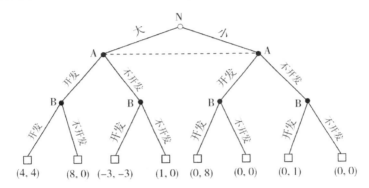

上图中 A 的信息集包含两个决策结,此博弈为不完美信息博弈。

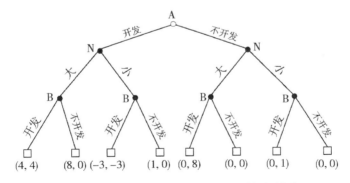

上图中 A、B 的信息集包含一个决策结,为完美信息博弈。

根据上述介绍的信息集的概念,以及基于信息集定义的完美信息博弈和不完美信息博弈的概念,总结构造博弈树的规则:

① 一个博弈方在决策前知道的事情必须出现在该博弈方的决策结前。

② 信息集必须准确表达出来。

总之,要注意:只包含一个决策结的信息集称为单结信息集,如果博弈树的所有信息都是单结的,该博弈称为完美信息博弈。总是假定自然是单结的,因为自然在博弈方决策之后行动等价于自然在博弈方之前行动但博弈方不能观测到自然的行动。

二、动态博弈的策略式表述

（一）策略

策略是指博弈方在给定信息集的情况下选择行动的规则,它规定博弈方在什么情况下选择什么行动,是博弈方的"相机行动方案"。

s_i 表示第 i 个博弈方的特定策略,$S_i = \{s_1, s_2, \cdots, s_i, \cdots, s_n\}$ 代表第 i 个博弈方所有可选择策略的集合。如果 n 个博弈方每人选择一个策略,n 维向量 $S = (s_1, s_2, \cdots, s_i, \cdots, s_n)$ 称为一个策略组合,s_i 表示第 i 个人选择的策略。

在静态博弈中,策略和行动是相同的,而在动态博弈中,策略与行动不等同。无论是静态博弈还是动态博弈,作为一种行动规则,策略必须是完备的。

例如:约会博弈中大海和小莉的策略分析如下:

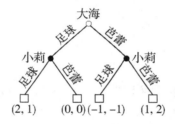

大海的策略仍然是两个:足球、芭蕾。

小莉的策略却有四个:

①追随策略:他选什么,我就选择什么;

②对抗策略:他选什么,我偏不选什么;

③芭蕾策略:无论他选什么,我都选芭蕾;

④足球策略:无论他选什么,我都选择足球。

注意:得益的顺序与博弈树上的行动顺序是对应的。

策略即如果他选择什么,我就怎样行动的相机行动方案。在扩展式博弈里,博弈方是相机行事,即"等待"博弈到达一个自己的信息集(包含一个或多个决策结)后,再采取行动方案。

（二）扩展式博弈的策略式表述的构造

以房地产开发博弈为例:其顺序为

① 在 A、B 选择以前,自然已选择"需求小";

② A 选择(开发或不开发);

③ B 观测到 A 的决策后再选择。

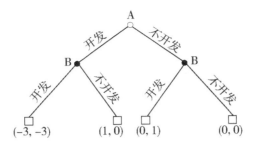

这是一个完美信息博弈,如何将这个扩展式转化为策略式呢?什么是博弈方的策略?

若 A 先行动,B 在知道 A 的行动后行动,则 A 有一个信息集,两个可选择的行动,策略集为(开发,不开发)。

B 有两个信息集,四个纯策略:

①开发策略:不论 A 开发不开发,我开发;

②追随策略:A 开发我开发,A 不开发我不开发;

③对抗策略:A 开发我不开发,A 不开发我开发;

④不开发策略:不论 A 开发不开发,我不开发。

简写为:(开发,开发),(开发,不开发),(不开发,开发),(不开发,不开发)。

将这种博弈转化为策略式:

开发商 B 开发商 A	开发,开发	开发,不开发	不开发,开发	不开发,不开发
开发	−3, −3	−3, −3	1,0	1,0
不开发	0,1	0,0	0,1	0,0

有三个纯策略的纳什均衡,分别为{开发,(不开发,开发)},{开发,(不开发,不开发)},{不开发,(开发,开发)}。两个均衡结果:(开发,不开发),(不开发,开发)。注意均衡不同于均衡结果。

(三)纯策略组合与博弈树上的路径

记 $S = (s_1, \cdots, s_n)$ 表示 n 个博弈方的纯策略组合。一个组合决定了博弈树上的一条从初始结开始沿着某条路径达到 S 相应的终结点。

例如:

①{开发,(不开发,开发)}决定了博弈的路径为:A→开发→B→不开发→(1,0);

② {不开发,(开发,开发)}决定了博弈的路径为:A→不开发→B→开发→(0,1)。

(四)扩展式博弈的策略

设 H_i 为第 i 个博弈方的信息集 h_i 的集合;$A(h_i)$ 为第 i 个博弈方基于信息

集 h_i 的行动全体；S_i 是第 i 个博弈方的纯策略集。博弈方 I 的一个纯策略是从信息集 H_i 到行动集 A_i 的映射，记为 $S_i:H_i{\rightarrow}A_i$。

S_i 中纯策略个数记为 $\#S_i$，$\#S_i = \prod\limits_{h_i \in H_i}\#A(h_i)$。

A 只有一个信息集和两个可选行动，所以 A 有两个纯策略；

B 有两个信息集 h_2^1，h_2^2（每个信息集的决策结上有两个行动可选），所以对于 B，$\#S_i = \prod\limits_{h_i \in H_i}\#A(h_i) = 2 \times 2 = 4$。

注意：在动态博弈中，策略与行动不等同。

例如，有一博弈为：

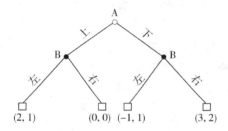

博弈方 A 有一个信息集，对应两个可选行动，所以 $\#S_A = 2$，$S_A = \{上，下\}$；

博弈方 B 有两个信息集，每个信息集对应两个可选行动所以 $\#S_B = 2 \times 2 = 4$，$S_B = \{(左，左)，(左，右)，(右，左)，(右，右)\}$。

其策略式表述为：

A ＼ B	(左,左)	(左,右)	(右,左)	(右,右)
上	2,1	2,1	0,0	0,0
下	−1,1	3,2	−1,1	3,2

三、动态博弈中威胁和承诺的可信性

威胁是对不肯与你合作的对手进行惩罚的一种回应规则。承诺是对愿意与你合作的人提供回报的一种回应规则。可信性即动态博弈中，先行动的博弈方是否应该相信后行动博弈方会采取某种策略或行动。

（一）房地产开发博弈

有两个房地产开发商 A 和 B 分别决定在同一地段上开发一栋写字楼。由于市场需求有限，如果他们都开发，则在同一地段会有两栋写字楼，超过了市场对写字楼的需求，难以完全出售，空置房太多导致各自亏损 300 万元。当只有一家开发商在这个地段开发一栋写字楼时,它可以全部售出,赚得利润 100 万元。假定 A 先决策,B 在看见 A 的决策后再决定是否开发写字楼。在下图中,用博弈树表示博弈过程。

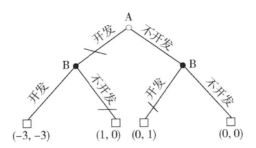

下面用后面要讲的"逆推归纳法"的思想求解这个博弈。

在 B 进行决策的 2 个"决策结"上,B 在左边的决策结上选择"不开发",而在右边的决策结上选择"开发"。即给定 A 开发,B 就不开发;给定 A 不开发,B 就开发。B 应避免同时与 A 都选择开发而蒙受损失。

在这种情况下,A 在自己的决策结上当然选择"开发",因为他预计当自己选择"开发"后,B 会选择"不开发",自己就净赚 100 万元。

可当 B 威胁 A 说:"不管你是否开发,我都会在这里开发写字楼。"

而 A 将 B 的话当了真,A 就不敢开发,让 B 单独开发写字楼占便宜。

但是,B 的威胁是"不可置信"的。

当 A 不理会 B 的威胁而果断地开发出一栋写字楼时,B 其实不会将事前的威胁付诸实施。因为"识时务者为俊杰",在 A 已开发的情况下,B 的最优决策是"不开发"而不是"开发"。

但是,如果 B 在向 A 发出威胁的同时又当着 A 的面与第三者 C 打赌一定要在该地段上开发出一栋写字楼,否则输给 C 400 万元,且 B 与 C 为此签订合同并加以公证有效。

这时,博弈变成下面的动态博弈:

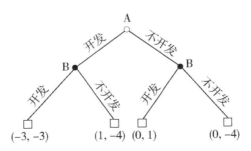

我们称 B 的这种行动为"承诺行动",它使原来不可置信的威胁变为可以置

信。这时,A 就不得不相信 B 一定要开发写字楼的威胁了,于是放弃开发写字楼的计划,让 B 如愿以偿单独开发写字楼。B 不仅未向 C 支付 400 万元,反而净赚 100 万元。

我们可以运用"承诺行动"的原理来分析许多生活、经济及军事现象。

(二)私奔博弈

以司马相如和卓文君的故事为例:在我国汉代,有个青年作家叫司马相如,有个年轻的寡妇叫卓文君。卓文君的父亲喜欢附庸风雅,经常请一些所谓的才子到家里吟诗作赋,其中就包括司马相如。司马相如与文君日久生情,并打算结婚。但是,这门亲事遭到文君父亲的反对。父亲对文君说,你若跟司马相如结婚,那么我们就将脱离父女关系。现在,卓文君应该怎样选择?是屈从父亲,还是跟心上人结婚?

我们可用如下一个博弈来表示卓文君与她父亲的博弈。①从文君的角度考虑:断绝与司马相如往来为 -1;私奔的话,若父亲断绝关系为 0,若父亲默认为 2,此时文君的最优策略是结婚。②从父亲的角度考虑:文君私奔,若断绝关系为 -2,承认婚事为 -1,此时,父亲的最好选择是默认。

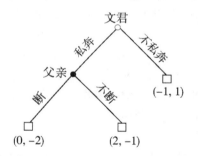

历史上的故事正是如此:卓文君不顾父亲的反对和司马相如私奔,两个人在成都靠开酒馆为生。文君的父亲不忍女儿受苦,最后还是接纳了他们的婚姻。

私奔博弈说明有些时候威胁并不可怕,因为那些威胁仅仅是威胁而已。就像父母亲反对儿女婚姻时常常摆出一副要断绝父子(女)关系的样子,但一旦木已成舟,他们也只好默认,并不会真得跟儿女断绝关系。学习了博弈论的人,更容易看出这些威胁是不可置信的。

(三)为什么大人物、大公司要聘请常年律师?

大人物、大公司对声誉十分看重,因而有一些不良人物或公司通过诽谤大人物、大公司企图迫使大人物、大公司花钱"私了"而获利。尽管对于一些无端的指控,大人物、大公司可望通过法律手段而了结,但打官司请律师会增加他们额外的成本。如果能少花一些钱"私了",则可以使自己清白又省钱,但同时诽谤者也获得收入。

大人物、大公司为了避免这种无端的损失,干脆花钱请常年律师,律师费用已经一次性支付,打官司不会带来额外的花费。这是一个承诺行动,它告诉潜在的诽谤者,大人物、大公司一旦受到无端诽谤必定会让他们吃官司。这样,大人物、大公司因此承诺行动而使自己得到保护,避免了许多无端指控的发生。

(四)破釜沉舟、占岛断桥、微软 **Windows** 2000 开发

(1)项羽的"破釜沉舟"

项羽率领大军渡河,然后"破釜沉舟",命令士兵只携带三日粮,以此表示有进无退,于是历史上著名的巨鹿之战上演了。当时,诸侯军救巨鹿的十多支队伍,却没有人敢向攻向围城的秦军挑战。而只有项羽的军队勇猛威武,视死如归,以一当十,这一战不但打垮了秦军主力,也将秦军不可战胜的神话彻底击破,更一举奠定了"楚兵冠诸侯"的英明。

(2)"占岛断桥"博弈

两国之间有一个无人的小岛,有桥梁分别通向两个国家。两国都想把小岛占为己有,但都不敢轻举妄动。一天,A 国发现 B 国的士兵已经驻扎在岛上,并且把通向自己方面的桥梁拆掉。A 国明白,小岛已经是别人的了,因为对方已经发出不会退却的信号。

(3)微软 Windows 2000 开发

微软曾经在开发 Windows 2000 时也采取了类似的承诺行动,抢在其他公司之前投入大量费用雇用科学家并加以宣传,甚至签订产品订单(违约是要付出代价的),表明微软一定要开发这款产品,迫使其他公司退出竞争。

这些都是通过减少自己的选择以威慑对方的例子。

第十一讲　子博弈完美纳什均衡

美国普林斯顿大学古尔教授在 1997 年的 *Journal of Economic Perspectives* 里发表文章,提出一个例子说明威胁的可信性问题。

两兄弟老是为玩具吵架,哥哥老是要抢弟弟的玩具,不耐烦的父亲宣布政策:好好去玩,不要吵我,不管你们谁向我告状,我都把你们两个关起来。关起来比没有玩具更可怕。现在,哥哥又把弟弟的玩具抢去玩了,弟弟没有办法,只好说:快把玩具还我,不然我就要去告诉爸爸。哥哥想,你真要告诉爸爸,我是要倒霉的,可是你不告状不过没有玩具玩,而告了状却要被关禁闭,告状会使你的境遇变得更坏,所以你不会告状,因此哥哥对弟弟的警告置之不理。如果弟弟是充分了解自己结果的理性人,在这样的环境下,还是不告状的好。也就是说,如果弟弟是理性人,他的告状威胁是不可置信的。

一、相机选择和策略中的可信性问题

动态博弈中博弈方的策略是他们自己预先设定的,是在各个博弈阶段针对各种情况的相应的可选择行动计划,这些策略实际上并没有强制力,而且实施起来有一个过程,因此只要符合博弈方自己的利益,他们完全可以在博弈中改变计划。我们称这种现象为动态博弈中的"相机选择"问题。

以开金矿博弈为例:设有甲乙两人,甲想开金矿,但是没有本钱,需要向乙借 1 万元,并承诺开金矿盈利 4 万元后两人平分,乙可以选择借或是不借,甲开金矿盈利后可以选择分或是不分。假设有以下三种情形:

情形一:在如下所示的博弈树中,"乙借甲分"是"不可信的承诺",因此使得甲、乙的合作最终成为不可能,这当然不是开金矿这个问题的最佳结局。

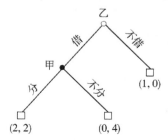

这个博弈用得益矩阵表示为下图,其纳什均衡为(不借,不分)。

	甲	
	分	不分
不借	1,<u>0</u>	1,<u>0</u>
借	<u>2</u>,<u>2</u>	0,<u>4</u>

（左侧标注：乙）

情形二:如果我们让乙在甲违约时可以用法律武器,即"打官司"保护自己的利益,则情况就会有所不同。因为正义在乙这边,而法律是支持正义的,因此乙与甲打官司应该能够获胜。假设博弈如下图所示。

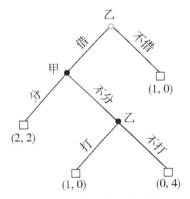

有法律保障的开金矿博弈

该博弈的结果是:"乙借,甲分;若甲不分,则乙打官司"。

这个博弈用得益矩阵表示如下,其纳什均衡为(不借,不分)和(打,分)。

	甲	
	分	不分
不借	1,<u>0</u>	1,<u>0</u>
借	<u>2</u>,<u>2</u>	0,<u>4</u>
打	<u>2</u>,<u>2</u>	1,<u>0</u>

（左侧标注：乙）

情形三:若法律保障不足,打官司不仅不能帮乙挽回损失,反而需要一定费用,这时候策略组合"乙借,甲分;若甲不分,则乙打官司"虽然还是纳什均衡,但乙在第三个阶段选择"打"官司的威胁就不再是可信的了,而是一种"不可信的"的"空头威胁"。

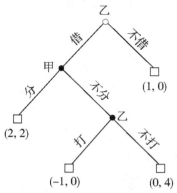

法律保障不足的开金矿博弈

用得益矩阵表示如下,其纳什均衡也是(不借,不分)和(打,分)。

		甲	
		分	不分
乙	不借	1,0	1,0
	借	2,2	0,4
	打	2,2	−1,0

二、纳什均衡的稳定性问题

　　由前面开金矿博弈分析可知,静态博弈的纳什均衡在动态博弈中不再适用。纳什均衡在动态博弈中可能缺乏稳定性的根源,正是在于它不能排除博弈方策略中所包含的不可信的行为设定,不能解决动态博弈的相机选择引起的可信性问题。纳什均衡概念的这种缺陷,使得它在分析动态博弈时往往不能作出可靠的判断和预测,其作用和价值受到很大限制,也使得我们必须考虑引进更有效的分析动态博弈的概念和方法。为了有效分析动态博弈,除了要符合纳什均衡的基本要求以外,还必须满足另一个关键的要求,那就是它必须能够排除博弈方策略中的各种不可信的威胁和承诺。

　　例如,房地产开发博弈中存在多个纳什均衡,并不唯一,包括{不开发,(开发,开发)},{开发,(不开发,不开发)},{开发,(不开发,开发)}。

　　B 威胁 A 自己将采用强硬策略,不管 A 是否开发,B 一定会开发。这个威胁是不可置信的,A 凭什么要相信 B 一定会开发呢?而{开发,(不开发,开发)}是一个合理的均衡,为什么?

第三种开金矿博弈中,(不借－不打,不分)和(借－打,分)都是纳什均衡。但后者不可信,因为其不可能实现或保持稳定。

结论:纳什均衡在动态博弈可能缺乏稳定性,也就是说,在完全信息静态博弈中稳定的纳什均衡,在动态博弈中可能是不稳定的,不能作为预测的基础。

动态博弈需要考虑下列问题:

①一个博弈可能有多个(甚至无穷多个)纳什均衡,究竟哪个更合理?

②纳什均衡假定每一个博弈方在选择自己的最优策略时假定所有其他博弈方的策略是给定的,如果博弈方的行动有先有后,后行动者的选择空间依赖于前行动者的选择,前行动者在选择时不可能不考虑自己的行动对后行动者的影响。

③子博弈完美纳什均衡对纳什均衡的一个重要改进是将"合理纳什均衡"与"不合理纳什均衡"区分开。

三、子博弈和子博弈完美纳什均衡

由于在动态博弈中纳什均衡不能排除不可信的行动选择,不是真正具有稳定性的均衡概念,因此需要发展能排除不可信行动选择的新的有稳定性的均衡概念,以满足动态博弈分析的需要。泽尔腾(1965)提出的"子博弈完美纳什均衡"正是满足上述需要的博弈均衡概念。泽尔腾引入子博弈完美纳什均衡概念的目的是将那些不可置信威胁策略的纳什均衡从均衡中剔除,从而给出动态博弈的一个合理的预测结果。简单说,子博弈完美纳什均衡要求均衡策略的行动规则在每一个信息集上都是最优的。本节的主要任务就是介绍这个均衡概念以及以这个均衡概念为核心的动态博弈分析。

(一)子博弈

子博弈定义:一个扩展式博弈的子博弈 G 由一个决策结 x 和所有该决策结的后续结 $T(x)$(包括终点结)组成,满足如下条件:

①x 是一个单结信息的元素,即 $h(x) = \{x\}$;

②对于所有的 $x' \in T(x)$,如果 $x' \in h(x')$,则 $x'' \in T(x')$。

这里要注意:

①要求一个子博弈必须从一个单结信息集开始,即当且仅当决策者确切地知道博弈进入一个特定的决策结时,该决策结才能作为一个子博弈的初始结;如果一个信息集包括两个及以上的决策结,则没有一个决策结可以作为子博弈的初始结。

②要求子博弈的信息集和得益都直接对应原博弈,即当且仅当 x' 和 x'' 在原博弈中属于同一信息集时,他们在子博弈中才属于同一信息集;子博弈的得益

函数只是原博弈留存在子博弈上的部分。

③两个条件意味着子博弈不能切割原博弈的信息集。

例如,房地产开发博弈的原博弈和子博弈如下图所示。

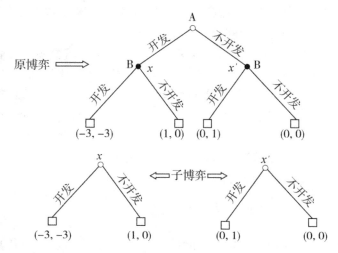

囚徒困境中 x 与 x' 都不能作为子博弈的初始结。

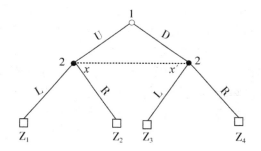

开金矿博弈中,如下图所示,内、外两层虚线框分别表示的是两个子博弈。

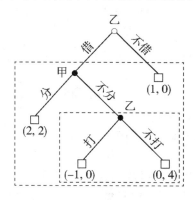

以如下图所示的扩展式博弈为例进行分析：

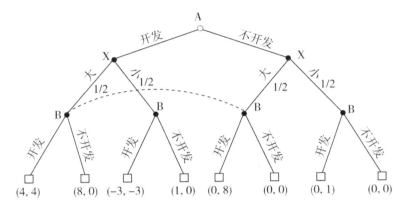

博弈方 X 的信息集不能开始一个子博弈，否则的话，博弈方 B 的信息将被切割。

总之，子博弈即动态博弈中满足一定要求的局部所构成的次级博弈，是由一个动态博弈第一阶段以外的某阶段开始的后续博弈阶段构成的，有初始信息集和进行博弈所需要的全部信息，能够自成一个博弈的原博弈的一部分。

（二）子博弈完美纳什均衡

子博弈完美纳什均衡的定义是如果在一个完美信息博弈的动态博弈中，各博弈方对策略构成的策略组合 $s^* = (s_1^*, s_2^*, \cdots, s_i^*, \cdots, s_n^*)$ 是一个子博弈完美纳什均衡，必须满足两个条件：①它是原博弈的纳什均衡；②它在每一个子博弈上构成纳什均衡。

例如，在房地产开发博弈中，如下图所示，有两个子博弈（b）和（c），三个纯策略纳什均衡：｛不开发，（开发，开发）｝，｛开发，（不开发，开发）｝，｛开发，（不开发，不开发）｝。

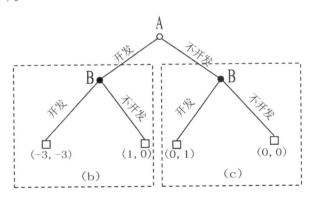

对于{不开发,(开发,开发)},这个组合之所以构成纳什均衡,是因为 B 威胁不论 A 开发还是不开发,他都将选择开发,A 相信了 B 的威胁,不开发是最优选择,但是 A 为什么要相信 B 的威胁呢? 毕竟,如果 A 真开发,B 选择开发得 -3,不开发得 0,所以 B 的最优选择是不开发。如果 A 知道 B 是理性的,A 将选择开发,逼迫 B 选择不开发,自己得 1,B 得 0,即纳什均衡{不开发,(开发,开发)}是不可置信的,因为它依赖于 B 的一个不可置信的威胁。

同样(不开发,不开发)也是一个不可置信威胁,纳什均衡{开发,(不开发,不开发)}是不合理的。如果 A 选择开发,B 的最优选择是不开发,如果 A 选择不开发,B 的最优选择是开发,A 预测到自己的选择对 B 的影响,因此开发是 A 的最优选择。子博弈完美纳什均衡结果是:A 选择开发,B 选择不开发。

具体分析和结论如下:

对于纳什均衡{不开发,(开发,开发)},在子博弈(b)中,B 的最优选择是不开发;在子博弈(c)中,B 的最优选择是开发,因此纳什均衡{不开发,(开发,开发)}不是一个子博弈完美纳什均衡。

对于纳什均衡{开发,(不开发,不开发)},在子博弈(b)中,B 的最优选择是不开发;在子博弈(c)中,B 的最优选择是开发,因此纳什均衡{开发,(不开发,不开发)}不是一个子博弈完美纳什均衡。

对于纳什均衡{开发,(不开发,开发)},在子博弈(b)和(c)上均构成纳什均衡,而且是整个博弈的纳什均衡,故{开发,(不开发,开发)}是房地产开发博弈唯一的子博弈完美纳什均衡。

如果一个博弈有几个子博弈,一个特定的纳什均衡决定了原博弈树上唯一的一条路径,这条路径称为"均衡路径",博弈树上的其他路径称为"非均衡路径"。纳什均衡只要求均衡策略在均衡路径的决策结上是最优的;子博弈完美纳什均衡不仅要求在均衡路径上策略是最优的,而且在非均衡路径上的决策结上也是最优的。这是纳什均衡与子博弈完美纳什均衡的实质区别。

值得注意的是子博弈完美纳什均衡的作用:子博弈完美纳什均衡与纳什均衡的根本不同之处,就在于子博弈完美纳什均衡能够排除均衡策略中不可信的威胁或承诺,因此是真正稳定的,而非子博弈完美纳什均衡则不能做到这一点。

四、逆推归纳法

逆推归纳法的逻辑基础是,动态博弈中先行动的理性博弈方,在前面阶段选择行动时必然会考虑后行动博弈方在后面阶段中将会怎样选择行动,只有在博弈最后一个阶段选择的博弈方,不再有后续阶段的牵制,才能直接作出明确选择。而当后面阶段博弈方的选择确定以后,前一阶段博弈方的行动也就容易确定了。

1. 逆推归纳法的一般方法

逆推归纳法的一般方法是:从动态博弈的最后一个阶段开始分析,每一次确定出所分析阶段博弈方的选择和路径,然后再确定前一个阶段博弈方的选择和路径。逆推归纳到某个阶段,如果这个阶段及以后的博弈结果都可以确定下来,该阶段的选择结点等于一个结束终端。

扩展式博弈纳什均衡的存在性定理(Zermelo;Kuhn):一个有限完美信息博弈有一个纯策略的纳什均衡。

有限博弈具有终点结集,如果一个扩展式博弈有有限个信息集,每个信息集上博弈方有有限个行动选择,那么称这个博弈为有限博弈。

2. 逆推归纳法步骤

①选定在次终点结上行动的博弈方一定会选择能给他的后续终点结上带来最大得益的策略;

②选定在倒数第三个结点(直接的后续结是次终点结的结点)上行动的博弈方也一定会选择在其后续结点上能最大得益的行动,以此类推,直到初始结。

③当上述倒推过程完成时,就得到一条路径,该路径给每个博弈方一个特定的策略 s_i^*,所有这些策略 $s^* = (s_1^*, \cdots, s_2^*)$ 就构成一个纯策略的纳什均衡。

对于有限完美信息博弈,逆推归纳法是求解子博弈完美纳什均衡的一个最简便的方法。

我们用逆推归纳法分析房地产开发的例子。

分析过程。从博弈方 B 开始,

A 选择开发时,B 的最优选择是不开发,因为 $0 > -3$;

A 选择不开发时,B 的最优选择是开发,因为 $1 > 0$;

则 B 的反应函数为

$$R_B(a) = \begin{cases} 开发,如果 A = 不开发 \\ 不开发,如果 A = 开发 \end{cases}$$

返回到博弈方 A,A 预测到 B 的反应函数,因此 A 将选择开发,因为 $1 > 0$。

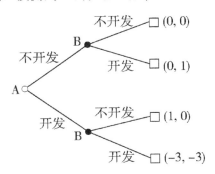

　　例如,以开金矿博弈中法律保障不足时为例用逆推归纳法来讨论。

　　在最后一个阶段,乙选择不打(因为 0 > −1),因而在上一个阶段甲选择不分(因为 4 > 2),倒推到第一个阶段乙选择不借(因为 1 > 0)。

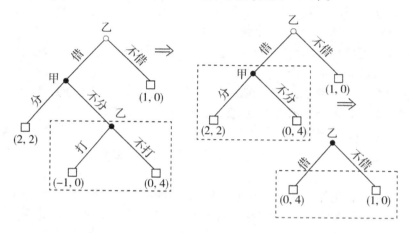

五、应用案例

案例 1. 海盗分金

　　据统计,在美国,在 20 分钟内能回答出这道题的人,平均年薪在 8 万美金以上。5 个海盗抢到了 100 颗宝石,每一颗都有一样的大小并且价值连城。他们决定这么分:

　　①抽签决定自己的号码(1,2,3,4,5)。

　　②首先,由 1 号提出分配方案,然后大家 5 人进行表决,当且仅当超过半数的人同意时,按照他的提案进行分配,否则 1 号将被扔入大海喂鲨鱼。

　　③1 号死后,再由 2 号提出分配方案,然后大家 4 人进行表决,当且仅当超过半数的人同意时,按照他的提案进行分配,否则 2 号将被扔入大海喂鲨鱼。

　　④以此类推。

　　条件:每个海盗都是很聪明的人,都能很理智地判断得失,从而作出选择。

　　问题:海盗们应提出怎样的分配方案才能够使自己的收益最大化?

　　分析过程:首先,请大家注意题目说的是当且仅当超过半数的人同意时,才会按照他的提案进行分配,否则将被扔入大海喂鲨鱼,而不是超过半数的人反对。如只剩 4,5 时,5 号不同意就意味着没有超过半数的人同意。

　　其次,这是一个完全信息的动态博弈,且本题暗含的条件是各人之间不能协商达成一种具有约束力的协议,这是一个非合作博弈,结盟当然是排除在考虑之外的。这是一个完全信息的动态博弈。根据逆向归纳法,假设最后只有 4

号和 5 号两个人时,4 号的分配方案是给 5 号 100 颗,给自己 0 颗,即便如此,5 号也不会同意 4 号的分配方案。因此,4 号为了活命,不论 3 号提出什么分配方案都会选择同意,故 3 号的分配方案是给自己 100 颗,给 4 号和 5 号各 0 颗。2 号清楚 3 号的分配方案,为了自己的分配方案通过,则会提出给 4 号和 5 号各 1 颗,给 3 号 0 颗,给自己 98 颗。而 1 号清楚 2 号的分配方案,除自己的 1 票之外为了顺利拉到两票,提出给 3 号 1 颗,给 4 号或者 5 号两颗。即五个海盗的分配方案如下表所示:

海　　盗	1 号	2 号	3 号	4 号	5 号
				0	100
			100	0	0
		98	0	1	1
	97	0	1	2	0
	97	0	1	0	2

案例 2. 中美博弈

在新中国成立初期,美国一直试图对我国实施政治军事打击。此时,我国必须对美国采取应对之策。就我国对美国可以采取的行动而言,无非是回击或不回击。用毛泽东的话来说,美国可以"犯我"或"不犯我",而我们可以"犯人"或"不犯人"。

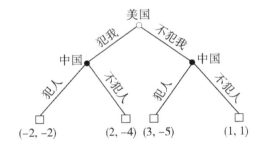

首先,从最后阶段行动的参与人中国决策开始考虑。如果美国选择了"犯我",中国选择"犯人"会得到 −2,选择"不犯人"会得到 −4;因此中国必然选择"犯人"。如果美国选择了"不犯我",中国选择"犯人"会得到 −5,选择"不犯人"会得到 1,因此中国必然选择"不犯人"。

然后,考虑次后阶段行动的美国。美国决策时会考虑中国的反应,它很容易推出自己面临的情况是:若选择"犯我",则必然导致中国"犯人",则美国得到 −2;若选择"不犯我",则中国必选择"不犯人",则美国得到 1;结果美国宁愿选择"不犯我"。美中博弈的子博弈完美纳什均衡是:美国不侵犯中国,而中国也不回击美国。

第十二讲　逆推归纳法存在的问题

一、逆推归纳法的问题

首先,逆推归纳法只能分析明确设定的博弈问题,要求博弈的结构,包括次序、规则和得益情况等都非常清楚,并且各个博弈方了解博弈结构,同时相互知道对方了解博弈结构。

其次,逆推归纳法不能分析比较复杂的动态博弈。因为逆推归纳法的推理方法是从动态博弈的最后阶段开始对每种可能路径进行比较,因此适用范围是人们有能力比较判断的选择路径数量,包括数量不很大的离散策略,或者有连续得益函数的连续分布策略,其他更复杂的动态博弈则较难分析。

此外,在遇到两条路径得益相同的情况时逆推归纳法也会发生选择困难。因为逆推归纳法是通过逐个阶段的唯一最优选择寻找均衡路径的方法,如果某个博弈方在某个阶段遇到两种无差异的行为,就无法确定唯一的最优路径,逆推归纳法程序会在这里中断。

其实,逆推归纳法更大的问题是对博弈方的理性要求太高,不仅要求所有博弈方都有高度的理性,不允许博弈方犯任何错误,而且要求所有博弈方相互了解并信任对方的理性,对理性(个体理性、集体理性、风险偏好等)有相同的理解,或进一步要求"所有博弈方是理性的"是所有博弈方的共同知识。因此,在有多个博弈方或每个博弈方有多次行动机会的情况下,逆推归纳法的结果可能并非如此。例如下图所示博弈,n 个博弈方有多次行动机会的情况下,如果 n 很小,逆向归纳法的结果可能是 $(2,\cdots,2)$。

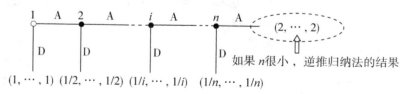

如果 n 很大,结果又如何呢?

如上图所示,对于博弈方 1,获得 2 单位得益的前提是所有 $n-1$ 个博弈方

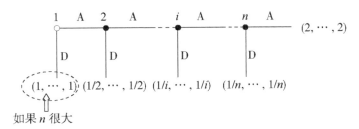

都选 A, 否则就要考虑是否应该选择 D 以保证 1 的得益。如果给定一个博弈方选择 A 的概率是 $p < 1$, 所有 $n-1$ 个博弈方都选择 A 的概率是 p^{n-1}, 如果 n 很大, 这个值就很小; 另外, 即使博弈方 1 确信所有 $n-1$ 个博弈方都选 A, 他也可能怀疑是否第 2 个博弈方相信所有 $n-2$ 个博弈方都选 A。这个链越长, 共同知识的要求就越难满足。

　　下图是一个并不复杂的多阶段动态博弈。

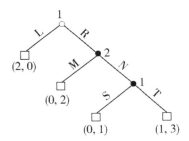

　　用逆推归纳法很容易找出这个博弈的子博弈完美纳什均衡策略组合和相应的博弈路径, 子博弈完美纳什均衡是"博弈方 1 在第一阶段选择 L, 第三阶段选择 T; 博弈方 2 在第二阶段选择 N", 相应博弈路经是博弈方 1 第一阶段选择 L, 博弈结束。

　　若考虑到博弈方理性的有限性, 就不能完全排除博弈方 1 有在第一阶段的行动选择(也可理解成行动实施)中犯错误, 采用 R 而不是 L 的可能性。这时候如果博弈方 2 是理性的, 他应该怎样进行选择呢?

　　如果按照上述子博弈完美纳什均衡的策略, 博弈方 2 应该选择 N, 从而把进一步选择的权利交给博弈方 1, 因为理性的博弈方 1 在第三阶段会选择 T, 这样博弈方 2 可以得到 3 单位得益, 比第二阶段自己直接选择 M 得到 2 单位得益更多。但一个明显的问题是, 博弈方 1 在第一阶段选择 R 而不是 L 以后, 博弈方 2 还能相信博弈方 1 的理性吗?

　　很显然, 对于"犯错误"行动的判断不同, 有效的对策就不同, 对犯错误的性质的判断, 正是解决犯错误引出问题的根本基础。

二、颤抖手均衡和顺推归纳法

(一)颤抖手均衡

下图是一个静态博弈：

博弈方2

		L	R
博弈方1	U	10,0	6,2
	D	10,1	2,0

在这个博弈中（D,L)和(U,R)都是纳什均衡。

如果考虑到博弈方的选择和行动可能出现偏差,情况就会发生一定的变化。如果博弈方2有可能采用R,不管这种可能性多么小,博弈方1的最佳选择就是U而不是D。而博弈方2考虑到博弈方1的这种思路,就会选择R而不是L,因此(D,L)不再是一个具有稳定性的均衡。反过来 (U,R)的情况就不同。因为从这个策略组合出发,不管博弈方2是否有偏离R的可能,博弈方1都没有必要偏离U。

对博弈方2来说,虽然博弈方1从U偏离到D对他的利益有不利影响,但只要博弈方1偏离的可能性不超过2/3,那么自己改变策略并不合理,因此(U,R)对于概率较小的偶然偏差来说具有稳定性,我们称具有这种性质的策略组合为"颤抖手均衡",很显然,(D,L)就不是一个颤抖手均衡。

注意：对纳什均衡(U,R)来说,设博弈方1偏离U的概率为p（即选D的概率为p,选U的概率为$1-p$),只有当$0 \times (1-p) + 1 \times p > 2 \times (1-p) + 0 \times p$,即$p > 2/3$时,博弈方2才有必要改变策略选L。

若把上面这个博弈中博弈方1的得益情况改为下图,则颤抖手均衡的情况就会发生变化。

博弈方2

		L	R
博弈方1	U	9,0	6,2
	D	10,1	2,0

因为现在即使博弈方1仍然会考虑博弈方2偏离L错误选择R的可能性,但只要这种可能性确实很小（如不超过20%）,那么博弈方1坚持选择D,而不是转向U,是最佳策略。因此在后一个博弈中,(D,L)也是一个颤抖手均衡,该

博弈有两个颤抖手均衡。

　　注意：对纳什均衡（D，L）来说，设博弈方 2 偏离 L 的概率为 p（即选 R 的概率为 p，选 L 的概率为 $1-p$），只有当 $9\times(1-p)+6\times p>10\times(1-p)+2\times p$，即 $p>0.2$ 时，博弈方 1 才有必要改变策略选 U。

　　通过这两个例子的对比实际上我们不难看出，一个策略组合要是颤抖手均衡，首先必须是一个纳什均衡，其次是不能包含任何"弱劣策略"，也就是偏离对偏离者没有损失的策略。包含弱劣策略的纳什均衡不可能是颤抖手均衡，因为它们经不起任何非完全理性的"扰动"，缺乏在有限理性条件下的稳定性。

　　现在我们回到扩展式表示的动态博弈情况，首先看下图的一个博弈：

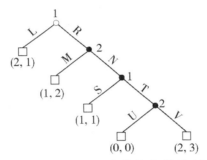

　　在这个博弈中，有两条子博弈完美纳什均衡的路径，一条是博弈方 1 在第一阶段选择 L 结束博弈，另一条是 R—N—T—V。

　　但第二条不是颤抖手均衡路径，因为只要博弈方 1 考虑到博弈方 2 在第二阶段任何一点偏离 N 的可能性，第一阶段就不可能坚持 R 策略，因此后一条路径对应的子博弈完美纳什均衡是不稳定的。

　　如果把这个博弈改变成下图的情况，情况也会发生变化。

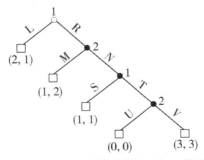

　　这时该博弈中的 R—N—T—V 既是该博弈唯一的子博弈完美纳什均衡路径，同时也是颤抖手均衡。因为即使每个博弈方犯错误，偏离该路径的概率也比较小，那么博弈方主观上都有坚持它的愿望。

　　通过上述分析可以看出，颤抖手均衡就是一种子博弈完美纳什均衡的概念。能够通过颤抖手均衡检验的子博弈纳什均衡,在动态博弈中的稳定性更强,预测也更加可靠一些。

最后,我们回到前面的一个动态博弈问题,如下图所示。根据上述颤抖手均衡的思想,不难发现这个博弈中博弈方1在第一阶段选择L结束博弈,是该博弈唯一的子博弈完美纳什均衡路径,也是该博弈唯一的颤抖手均衡。

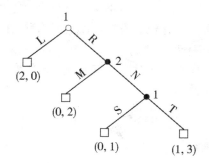

但如果在实际进行这个博弈时,博弈方1在第一阶段选择了R而不是L,那么这时候博弈方2如果根据颤抖手均衡的思想来考虑,在第二阶段就还是会选择N而不是M,因为在从第二阶段博弈方的选择开始的子博弈中,N—T既是子博弈完美纳什均衡路径,也是颤抖手均衡路径,由于颤抖手均衡的思想把博弈方在各个阶段的错误看作是互不相关的小概率事件,因此博弈方1在第一阶段的错误不会使博弈方2不敢选择N。

(二)顺推归纳法

颤抖手均衡只是理解博弈方错误和完美均衡的思想方法和概念之一,我们其实并不能保证它一定与现实中博弈方的思想方法一致,现实中的博弈方对相关问题很可能有其他的理解和处理方法,"顺推归纳法"就是其中最重要的一种。

下图是一个博弈例子,可以说明顺推归纳法的思想。这个博弈第一阶段是博弈方1首先必须在U和R之间选择,如果他选择U,那么结束博弈;如果他选择R,则双方进行第二阶段的静态博弈。

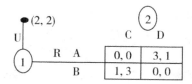

这个静态博弈有三个纳什均衡,即纯策略纳什均衡(A,D)和(B,C),以及双方都以3/4和1/4的概率分布随机选择A、D和B、C的混合策略纳什均衡,注意如果进行第二阶段的静态博弈,那么上述三个纳什均衡给双方的平均得益明显小于2。

　　这个博弈的纳什均衡路径之一,是博弈方1在第一阶段就选择U,而如果达到第二阶段的静态博弈(博弈方1自己在第一阶段实际选择了R),双方再采用第二阶段静态博弈的纳什均衡(B,C)。

　　其实按照上述策略,第二阶段的子博弈并不在均衡路径上,到达这个子博弈只能被认为是博弈方1在选择时出现了某种差错。容易验证,(RB,C)和(RA,D)都是该博弈的子博弈完美纳什均衡,并且也都是颤抖手均衡。

　　对于(RB,C)是颤抖手均衡可以这样理解:即使博弈方1第一阶段"误采用"了R,按照颤抖手均衡的思想是不会影响两博弈方在第二阶段采用纳什均衡(B,C)的。

　　但对于(RB,C)是否确实是这个博弈的具有稳定性的均衡是有疑问的。因为如果在这个博弈中博弈方1在第一阶段确实选择了R,那么显然有比博弈方1的选择是出了差错更有说服力的解释,那就是博弈方1是有意识这么选择的。

　　如果把这个博弈表示成下图中的得益矩阵形式就很容易理解这一点。

博弈方2

		C	D
	U	2,2	2,2
博弈方1	RA	0,0	3,1
	RB	1,3	0,0

　　根据该策略形不难明白一个理性的博弈方本身就是不会在第一阶段选择U的,因为它是严格下策,它在第一阶段选择R而不选择U就是准备在第二阶段选择A。

　　在这样的判断下,博弈方2在第二阶段的最佳选择就只有D。如果博弈方1相信博弈方2有分析能力,就可以预计到博弈方2的推理,知道自己第一阶段选择R,有把握在第二阶段实现对自己比较有利的均衡(A,D),这当然比第一阶段直接选择U更有利。

　　因此既是子博弈完美纳什均衡又是颤抖手均衡的(RB,C),实际上是不大可能出现的。在这个博弈中真正具有稳定性,比较可能出现的均衡是另一个子博弈完美纳什均衡和颤抖手均衡(RA,D)。

　　上述分析说明了颤抖手均衡的思想方法确实并不能完全解决动态博弈中均衡的完美问题,上述根据博弈方前面阶段的行动,包括偏离特定均衡路径的行动,推断他们的思路并为后面阶段博弈提供依据的分析方法,就是"顺推归纳法"。

三、蜈蚣博弈

1. 何为蜈蚣博弈

前面讨论的主要问题是现实中决策者理性的局限对逆推归纳法和子博弈完美纳什均衡分析预测能力的影响,这似乎隐含了如果决策者满足完全理性假设,那么博弈的结果就一定可以通过逆推归纳法和子博弈完美纳什均衡分析预测,如果进一步运用颤抖手均衡和顺推归纳法等思想,就可以得出更精确的预测。但这并不完全是事实,因为在动态博弈分析中还有其他意想不到的困难。对此我们可以通过"蜈蚣博弈"加以说明。

"蜈蚣博弈"是 Rosenthal(1981)提出的一个动态博弈问题。之所以称为"蜈蚣博弈",是因为它的扩展式很像一条蜈蚣。蜈蚣博弈有不同的版本,下图中给出的是比较常见的一种。有两个博弈方 1、2,若第一次 1 决策结束,1、2 都得 n,若 2 决策结束,1 得 $n-1$,2 得 $n+2$,下一轮从 1、2 都是 $n+1$ 开始,共 100 次,每个博弈方都有 100 个决策结。所有得益数组中第一个数字是博弈方 1 的得益,第二个数字是博弈方 2 的得益。

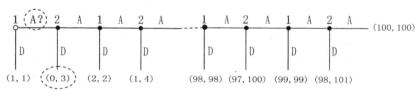

一种蜈蚣博弈

上述博弈是两博弈方之间的完全且完美信息动态博弈,适合用逆推归纳法进行分析。首先看最后一个阶段博弈方 2 的选择,因为 $101>100$,所以他会选择 D;再逆推到倒数第二个阶段看博弈方 1 的选择,因为 $99>98$,所以他会选择 D;再逆推到倒数第三个阶段看博弈方 2 的选择,因为 $100>99$,所以他会选择 D。以此类推,到第一个阶段博弈方 1 会选择 D 博弈就结束,双方的得益都是 1。这是逆推归纳法找出的该博弈唯一的子博弈完美纳什均衡。

但是,当你没有预料的事情发生时,比如博弈方选择了 A,你该如何选择?你的选择应该依赖于你的博弈方未来的行动。特别是,你如何修正你对博弈方理性程度的评价。我们可以发现,当博弈方 1 在博弈开始的时候就选择 A 时,按照理性人的假设,则意味着博弈方 1 是非理性的。

很显然,这取决于博弈方 2 对博弈方 1 的预期,如果博弈方 2 认为博弈方 1 选 A 是无意犯的一个错误,本意是选择 D,但是由于手的颤抖而选择了 A,基于这种思想博弈方 2 将会选择 D;反之,如果博弈方 2 认为博弈方 1 选 A 是为了向自己发送这样的信号,当再次轮到博弈方 1 时他仍然选择 A,一开始博弈方 1 就故意犯错,这时博弈方2似乎也应该选择A,然后再看这个博弈能走多远。

2. 应用举例

（1）大智若愚中的智慧

美国19世纪有一个颇有成就的政治家,其幼年时是流浪街头的孤儿,经常在大街上向行人讨钱,但当有人让他在一块钱和两块钱之间选择时,他选择了一块钱。于是,许多人都为了亲眼验证关于他的"犯傻"行为的传闻,专门来找他并让他在一块钱和两块钱之间选择。他依然故我地只选择一块钱,于是来找他的人愈来愈多。

终于有一天,有一位女士问他:难道你不知道两块钱比一块钱更多一些钱吗?他如此回答道:"如果我有一次选择了两块钱,就不会有人来找我让我在一块钱与两块钱之间选择了,我也讨不到钱了。"

（2）旅行者的困境

哈佛大学巴罗教授讲过这样一个故事:两个旅行者从一个以生产细瓷花瓶闻名的地方旅行回来,在提取行李的时候,发现花瓶被摔坏了,就向航空公司索赔。航空公司知道花瓶的价格在80元到90元之间,但不知道他们购买的确切价格。因此航空公司请两位旅客在100元以内写出花瓶的价格,如果两个人写得一样,就按照写的数额赔偿;如果不一样,原则上按照低的价格赔偿,并认为该旅客讲了真话,奖励2元,而讲假话的罚款2元。试分析这个博弈的最终结果将是什么。

试分析这个博弈的结果将是什么?

为了获取最大赔偿,本来甲乙双方最好的策略,就是都写100元,这样两人都能够获赔100元。可是不,甲很聪明,他想:如果我少写1元变成99元,而乙写100元,这样我将得到101元。何乐而不为?所以他准备写99元。可是乙更加聪明,他计算到甲要算计他写99元,"人不犯我,我不犯人,人若犯我,我必犯人",他准备写98元。想不到甲还要更聪明一个层次,预测到乙要这样写98来坑他,"来而不往非礼也",他准备写97元。大家知道,下象棋的时候,不是说要多"看"几步吗,"看"得越远,胜面越大。你多看两步,我比你更强多看三步,你多看四步,我比你更老谋深算多看五步。在花瓶索赔的例子中,如果两个人都完全理性,都能看透十几步甚至几十步上百步,那么上面那样精明比赛的结果,最后落到每个人都只写0元的田地。事实上,在完全理性的假设之下,这个博弈唯一的纳什均衡,是两人都写0!

这就是印度德里经济学院考希克·巴苏教授(Kaushik Basu)在1994年美国经济学会年会上提交的论文中提出的著名"旅行者困境"问题,后来论文发表在1994年5月的《美国经济评论》上。它启示人们在为自己考虑的时候不要太精明,告诫人们精明不等于高明,太精明往往会坏事。

（3）做人不要太精明

一位富翁的狗在散步时跑丢了，于是他急匆匆到电视台发了一则启示：有狗丢失，归还者得酬金1万元，并附有狗的彩照。一个乞丐看到广告后，第二天一大早就抱着狗准备去领酬金，当他经过一家大商店的墙体屏幕时，发现酬金涨到了3万元，乞丐又折回住处，把狗重新拴在那里；在接下来的几天里，乞丐从来没有离开过这只大屏幕，当酬金涨到使全市居民感到惊讶时，乞丐返回他的住处，可是那只狗已经死了——在这个世界上，金钱一旦被作为筹码，就不会再买到任何东西。

（4）孙刘联盟

公元208年，孙权和刘备联盟对抗曹操。联盟维持时间越长，对孙刘两家越有利。但是孙刘联盟必不能长久，其中有个争议问题，就是荆州。

孙权和刘备都可以选择直接撕破脸皮强占荆州，这样会让联盟立刻破裂；他们也可以选择搁置争议，让联盟维持下去。但是如果刘备在荆州经营越久，孙权就越没机会要回荆州。孙刘联盟要解除曹操的威胁，需要最少维持11年。所以我们假设从联盟后的第11年开始思考孙权要不要翻脸，如下图所示，图中A为孙权，B为刘备。

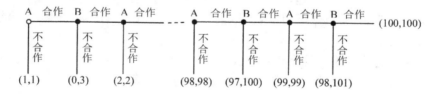

由于孙权比较激进，所以最终先下手为强，在公元219年直取荆州。孙刘联盟破裂，两败俱伤，让还未大损元气的魏国捡了便宜。

实际上孙刘联盟的最优决策是：双方一起先消灭实力最强的魏国，再一决雌雄。但是孙权不能接受这个安排，因为等灭掉魏国，荆州肯定拿不回来了，这样和刘备争霸的胜算就很小了。于是就导致了蜈蚣博弈的出现，最后孙权只能冒险在时机尚未成熟的时候破坏了孙刘联盟，抢了荆州。

（5）创业者和投资者的博弈

创业者老王决定用互联网卖煎饼果子，因为他卖的煎饼既有味道又可以送外卖，生意火爆，在中关村开了8家分店，垄断了当地年轻人的早餐、午餐、晚餐和夜宵。

某天，风投界鼎鼎有名的投资人老张发现了老王的煎饼果子店。吃到这么好吃的煎饼果子，老张不禁心想，这么好的煎饼果子店为何不推广到上海、广州甚至纽约的唐人街呢？因此老张决定找老王谈谈，他准备注资给老王拓展门店。

老张给老王开出的条件是：A 轮注资 500 万元，换煎饼果子公司 60% 的股份。让出 60% 的股份，让老王听着都心疼。现在让出了 60% 的股份，在以后飞黄腾达了岂不是值好几十亿？按他自己的规划，没有注资也可以慢慢发展壮大，虽然可能发展较慢，但从现在来看，如果不引资，自己能得到的收益反而更多。所以老王说：注资 500 万元，只能换 30% 的股份。老张知道，换 30% 的股份也不算太亏，但是能换 60% 当然是更好的呀！最后，双方达成协议：老张注资 500 万元，换 40% 的股份。

在第一次融资之后，老张的生意有了翻天覆地的变化。不久，他的煎饼果子店开满了北京、上海，连台北都进军了一家分店。然而，尽管收益颇佳，面临快速的扩张，资金短缺的问题变得日益严重。因此老张的煎饼果子公司必须要迎来第二次融资。

第二次融资，是老张的一个朋友老李牵头，老张跟投。B 轮融资 5000 万元，不过需要稀释掉 69% 的股份。这意味着老王在公司的股份只有不到 20%，甚至可能被重新洗牌踢出公司。但是有了这份融资，按目前发展的态势，老王的煎饼果子可以迅速火遍中国的大江南北，成为行业巨头指日可待。但因为有这份担心，老王毕竟不能轻易接受这颗糖衣炮弹。不过，老李、老张和老王签订了一份协议，避免老王的这份担心：

①老王的股份虽然只有 20%，但其中有 1% 的特别股权——在董事会中独占 51% 的话语权，因此只要这一份股权还在，老王就不会被踢出公司；但同时，如果作为初创人员的老王退出公司，股份不能带走。

②鉴于老王对自己的业务很有信心，如果老王能在两年后使公司总营业额达到 5 亿元，那么将会从老李、老张那里拿出 5% 的股份奖励老王；当然如果不能达到，老王需要拿出 5% 的股份给老张、老李。这个协议使得老王在下一期为投资人和自己都谋求了利益的情况下，可以获得一笔转移支付。（在行业内，这也被称为对赌协议。）

老王的煎饼果子公司蒸蒸日上，投资人和老王都获得了不菲的收益。当然，在这之后又有了 C 轮融资、D 轮融资……可以参见下图，其中 A 为创业者，B 为投资者。

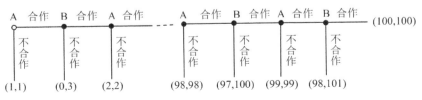

在这个例子中，每一次谈融资就是 A（创业者）与 B（投资者）的博弈，这个

博弈会随着每一次投资而在 A 和 B 收益的总量上增加($1+1<0+3<2+2<\cdots$ $<100+100$)。因此,从整体的趋势来讲,合作下去所有人的收益都是在增长的(企业得到更好发展),但从短期来看,是一人收益增加一人收益减少(创业者多数时候都不得不让出利益)。

　　如果创业者意识到下一期投资者很有可能将会背叛(例如将自己踢出公司),或者投资者意识到下一期创业者将会背叛(比如拿了钱却并不努力拓展业务),那么这个博弈就会在第一期终止。事实上,很多不太会谈的投资人以及比较死板的创业者,就会在合作初期十分在意股份的分配,最终不欢而散。

第十三讲　重复博弈

一、重复博弈概述

重复博弈是指基本博弈(静态博弈或动态博弈)的重复进行,或者是重复进行的过程。

(一)重复博弈分类

1. 有限次重复博弈

给定一个基本博弈 G(可以是静态博弈,也可以是动态博弈),重复进行 T 次 G,并且在每次重复 G 之前,各博弈方都能观察到以前博弈的结果,这样的博弈过程称为"G 的 T 次重复博弈",记为 $G(T)$,而 G 则称为 $G(T)$ 的"原博弈",$G(T)$ 中的每次重复称为 $G(T)$ 的一个"阶段"。

2. 无限次重复博弈

某个重复博弈没有可以预见的结束时间,并且各博弈方主观上认为博弈会不断进行下去,那么就可以看作是无限次重复博弈。

3. 随机结束重复博弈

重复博弈的次数虽然是有限的,但重复的次数或博弈结束的时间却是不确定的,这种重复博弈可以称为随机结束重复博弈。

(二)重复博弈的策略、子博弈和均衡路径

重复博弈中的策略就是在每个阶段(即每次重复),针对每种情况(以前阶段的结果)如何行动的计划。

重复博弈的子博弈就是从某个阶段(不包括第一阶段)开始,包括此后所有阶段的重复博弈部分。

重复博弈也是动态博弈,也有路径概念,但重复博弈的所有博弈方在每个阶段都必须行动,因此重复博弈的路径是由每个阶段博弈方的行动组合串联而成的。如果原博弈有 m 种策略组合,那么重复两次就有 m^2 条博弈路径,重复 T 次就有 m^T 条博弈路径;当 T 或 m 较大时,重复博弈的路径数是很大的。

重复博弈的几个特征:

①阶段博弈之间没有"物质上"的联系,即前一阶段的博弈不改变后一阶段的结构;

②所有博弈方都观测到博弈过去的历史；

③博弈方的总得益是所有阶段博弈得益的贴现值之和（加权平均值）。

注意：在每个阶段，博弈方可同时行动，也可不同时行动。

(三)重复博弈的得益

重复博弈的得益与一次性博弈有所不同，因为它们的每个阶段本身就是一个博弈，各个博弈方都有得益，而不是整个博弈结束后有一个总的得益，那么博弈方是根据哪个得益做出选择的呢？如果博弈方都是根据当前阶段得益选择，那么等于把重复博弈割裂成了一个个基本博弈，重复博弈就失去了意义。因此重复博弈中，博弈方的行动、策略选择不可能只考虑本阶段的得益，而必须兼顾其他阶段的得益，或者说要考虑整个重复博弈过程得益的总体情况。

重复博弈每个阶段的得益有时间上的先后之分。这在只有少数几次重复，而且每次重复间隔时间并不很长的情况下可能并不重要，但如果考虑的是重复次数很多，每次重复间隔时间又较长的有限次重复博弈，或者是无限次重复博弈，得益的时间先后就不能不考虑。由于心理作用和资金有时间价值的原因，不同时间获得的单位利益对人们的价值是有差别的，忽略这一点就不可能得出符合实际的分析结论。

解决这个问题的方法是引进将后一阶段得益折算成当前阶段得益（现值）的贴现系数 δ。有了贴现系数 δ，如果一个 T 次重复博弈的某博弈方某一均衡下各阶段得益分别为 $\pi_1, \pi_2, \cdots, \pi_T$，则考虑时间价值的重复博弈总得益的现值为：

$$\pi = \pi_1 + \delta\pi_2 + \delta^2\pi_3 + \cdots + \delta^{T-1}\pi_T = \sum_{t=1}^{T} \delta^{t-1}\pi_t$$

无限次重复博弈也写成 $G(\infty, \delta)$。在无限次重复博弈路径下，某博弈方各阶段得益为 $\pi_1, \pi_2, \cdots$ 则该博弈方总得益的现值就是：

$$\pi = \pi_1 + \delta\pi_2 + \delta^2\pi_3 + \cdots = \sum_{t=1}^{\infty} \delta^{t-1}\pi_t$$

随机结束重复博弈可理解为通过抽签来决定是否停止重复，设抽到停止的概率是 p，重复下去的概率为 $1-p$。设某博弈方的阶段得益为 π_1，利率为 γ，因为在第一次博弈以后能继续下一次重复的可能性是 $1-p$，第二阶段的期望得益为 $\dfrac{\pi_2(1-p)}{1+\gamma}$，进一步第三阶段的期望得益为 $\dfrac{\pi_3(1-p)^2}{(1+\gamma)^2}$……所以该博弈方在该重复博弈中期望得益的现值为：

$$\pi = \pi_1 + \frac{\pi_2(1-p)}{1+\gamma} + \frac{\pi_3(1-p)^2}{(1+\gamma)^2} + \cdots = \sum_{t=1}^{\infty} \pi_t \frac{(1-p)^{t-1}}{(1+\gamma)^{t-1}} = \sum_{t=1}^{\infty} \delta^{t-1}\pi_t$$

其中最后一个等式是通过令 $\dfrac{1-p}{1+\gamma} = \delta$ 得到的。由此就把已知概率的随机结束重复博弈与无限次重复博弈统一起来了。

对 δ 的解释可以是贴现率、博弈继续的概率，或者二者的结合。一般可理解为未来收益的重要程度。由于其他博弈方过去的历史总是可以观测到的，因此，一个博弈方可以使自己在某个阶段博弈的选择依赖于其他博弈方过去的行动历史，因此，博弈方在重复博弈中的策略集远远大于和复杂于每一阶段的策略集，这意味着，重复博弈可能带来一些"额外"的均衡结果。影响重复博弈均衡结果的主要因素是博弈重复的次数和信息的完备性。博弈重复的次数的重要性来源于博弈方在短期利益和长远利益之间的权衡。信息的完备性则是指当一个博弈方的得益函数不为其他博弈方知道时，该博弈方可能有积极性建立一个"好"的声誉以换取长远利益。

(四)重复博弈和信誉问题

如果博弈不是一次的，而是重复进行的，博弈方过去行动的历史是可以观察到的，博弈方就可以将自己的选择依赖于其他博弈方之前的行动，因而有了更多的策略可以选择，均衡结果可能与一次博弈大不相同。

重复博弈理论的最大贡献是对人们之间的合作行为提供了理性解释：在囚徒困境中，一次博弈的唯一均衡是不合作（即坦白），但如果博弈无限重复，合作就可能出现。

假定基本博弈重复多次或无限次，那么，每个博弈方有多个可以选择的策略，仅举几例：

①All-D：不论过去什么发生，总是选择不合作；

②All-C：不论过去什么发生，总是选择合作；

③合作 – 不合作交替进行；

④以牙还牙(tit-for-tat)：从合作开始，之后每次选择对方前一阶段的行动；

⑤触发策略(trigger strategies)：从合作开始，一直到有一方不合作，然后永远选择不合作。

二、有限次重复博弈

(一)两人零和博弈的有限次重复博弈

重复零和博弈不会创造出新的利益。如重复进行的猜硬币博弈，不管两个博弈方如何选择，每次重复的结果都是一方赢一方输，得益相加为 0。因此在零和博弈中，双方合作的可能性根本不存在。

(二)唯一纯策略纳什均衡博弈的有限次重复博弈

首先容易理解的是，如果原博弈的唯一的纯策略纳什均衡本身就是帕累托效率意义上的最优策略组合,那么因为符合所有博弈方的利益,因此有限次重复显然不会改变博弈方的行动方式。我们最关心的当然不是这种博弈,而是原博弈唯一的纳什均衡没有达到帕累托效率,因此存在通过合作进一步提高效率的潜在可能性的囚徒困境式博弈,在有限次重复博弈中能不能实现合作和提高效率的问题。

1. 有限次重复囚徒困境博弈

下图所示的是囚徒困境博弈,考虑两次重复该博弈。

		囚徒2	
		坦白	抵赖
囚徒1	坦白	-5, -5	0, -8
	抵赖	-8, 0	-1, -1

我们用逆推归纳法来分析该重复博弈,先分析第二阶段,也就是第一次重复时两博弈方的选择。这个第二阶段仍然是一个囚徒困境博弈,此时前一阶段的结果已是既成事实,此后又不再有任何的后续阶段,因此实现自身当前的最大利益是两博弈方在该阶段决策中的唯一原则。因此我们不难得出结论,不管前一次博弈的结果如何,第二阶段的唯一结果就是原博弈唯一的纳什均衡(坦白,坦白),双方得益(-5,-5)。

现在再回到第一阶段,即第一次博弈。理性的博弈方在第一阶段就对后一阶段的结局非常清楚,知道第二个阶段的结果必然是(坦白,坦白),双方得到(-5,-5)。因此不管第一阶段的博弈结果是什么,双方在整个重复博弈中的最终得益,都将是在第一阶段得益的基础上各加-5。因此从第一阶段的选择来看,这个重复博弈与下图中得益矩阵表示的一次性博弈实际上是完全等价的。该等价博弈仍然有唯一的纯策略纳什均衡(坦白,坦白),双方的得益则为(-10,-10)。这意味着两次重复的囚徒困境博弈的第一阶段结果与一次性博弈也一样,最终两次重复囚徒困境博弈仍然相当于一次性囚徒困境博弈的简单重复。根据上述分析方法,我们同样可以证明3次、4次,或者 n 次重复囚徒困境博弈的结果都是一样的,那就是每次重复都采用原博弈唯一的纯策略纳什均衡,这就是这种重复博弈唯一的子博弈完美纳什均衡路径。

		囚徒2	
		坦白	抵赖
囚徒1	坦白	-10, -10	-5, -13
	抵赖	-13, -5	-6, -6

2. 一般结论

事实上,上述结果是具有一般意义的。原博弈有唯一的纯策略纳什均衡,则有限次重复博弈的唯一均衡即各博弈方在每阶段(即每次重复)中都采用原博弈的纳什均衡策略。

定理:设原博弈 G 有唯一的纯策略纳什均衡,则对任意正整数 T,重复博弈 $G(T)$ 有唯一的子博弈完美纳什均衡,即各博弈方每个阶段都采用 G 的纳什均衡策略。各博弈方在 $G(T)$ 中的总得益为在 G 中得益的 T 倍,平均得益等于原博弈 G 中的得益。

3. 重复囚徒困境悖论和连锁店悖论

在重复的囚徒困境博弈的大量实验研究中,重复次数较大时的实验结果通常与上述理论结论不同,包含合作的情况非常普遍。其实,有限次重复的囚徒困境博弈的问题,与动态博弈中的蜈蚣博弈都是相似的,问题的症结都在于,在较多阶段的动态博弈中逆推归纳法的适用性受到了怀疑。

(三)多个纯策略纳什均衡的有限次重复博弈

1. 三价博弈的重复博弈

假设一市场有两个生产同质产品的厂商,他们对产品的定价同有高、中、低三种可能。设高价时市场总利润为 10 个单位,中价时市场总利润为 6 个单位,低价时市场总利润为 2 个单位。再假设两厂商同时决定价格,价格不等时价格低者独享利润,价格相等时双方平分利润。这时候两厂商对价格的选择就构成了一个静态博弈问题,我们称为"三价博弈",得益矩阵如下图所示:

厂商 2

		H	M	L
	H	5,5	0,6	0,2
厂商 1	M	6,0	3,3	0,2
	L	2,0	2,0	1,1

很容易看出,三价博弈有两个纯策略纳什均衡(M,M)和(L,L),对应的双方得益分别是(3,3)和(1,1)。但这个博弈中两博弈方的总利益最大,而且也符合他们个体利益(仅次于在对方高价自己中价时的 6 单位得益)的策略组合(H,H)并不是纳什均衡,因此一次性博弈的结果不可能是效率最高的。那么,两次重复这个博弈情况会如何呢?

首先,可以肯定的是:重复这个博弈使得博弈的可能结果出现了很多可能性,两次重复博弈的纯策略路径有 $9 \times 9 = 81$ 种之多,加上带混合策略的路径的可能结果的数量就更大。这些路径中的子博弈完美纳什均衡路径,有两阶段都采用原博弈同一个纯策略纳什均衡的,也有轮流采用不同纯策略纳什均衡的,也有两次都采用混合策略纳什均衡的,或者是混合策略均衡和纯策略均衡轮流采用。但最重要的是,在两次重复中确实存在第一阶段采用(H,H)的子博弈完美纳什均衡,其双方的策略是这样的:

博弈方1:第一次选H;如第一次结果为(H,H),则第二次选M,如第一次结果为任何其他策略组合,则第二次选L。

博弈方2:同博弈方1。

在上述双方策略组合下,两次重复博弈的路径一定为第一阶段(H,H),第二阶段(M,M),这是一个子博弈完美纳什均衡路径。这个结论很容易理解,首先,第二阶段是一个原博弈的纳什均衡,因此不可能有哪一方会愿意单独偏离;其次,第一阶段的(H,H)虽然不是原博弈的纳什均衡,一方单独偏离,采用M能增加1单位得益,但这样做的后果是第二阶段至少要损失2单位的得益,因为对方所采用的是有"报复机制"的策略,因此偏离(H,H)是得不偿失的,合理的选择是坚持H,这就证明了上述策略组合确实是这个两次重复博弈的子博弈完美纳什均衡。

上述重复博弈中两个博弈方所采用的,首先试探合作,一旦发觉对方不合作则也用不合作相报复的策略,被称为"触发策略"。触发策略是重复博弈中实现合作和提高均衡效率的关键机制,是重复博弈分析的重要"构件"之一。

实际上,在上述两次重复博弈中,当两博弈方都采用上述触发策略时,第二阶段都是一种条件选择,当第一阶段结果为(H,H)时,第二阶段必为(M,M),得益为(3,3);而当第一阶段结果为其他8种结果时,第二阶段必为(L,L),得益为(1,1)。如果我们把(3,3)加到第一阶段(H,H)的得益上,把(1,1)加到第一阶段其他策略组合的得益上,就把原两次重复博弈化成了一个等价的一次性博弈,并且得益矩阵如下图所示:

厂商2

		H	M	L
厂商1	H	8,8	1,7	1,3
	M	7,1	4,4	1,3
	L	3,1	3,1	2,2

这时候,我们当然很容易看出,(H,H)是一个纳什均衡,并且得益是两个博弈方的最佳得益,因此两博弈方必然会采用它。

2. 触发策略的进一步讨论

触发策略在理论上有很重要的意义,而且在现实问题中也不难找到这种策略的现实证据,因此它在重复博弈分析中有非常重要的作用。但如果仔细分析,不难发现上述触发策略中可能存在可信性问题。

在上述两次重复三价博弈中,如果第一阶段的结果确实是(H,H),也就是在子博弈完美纳什均衡路径上,第二阶段的(M,M)符合双方的利益,当然不会存在问题。但如果第一阶段有一方偏离了均衡路径就会产生疑问。因为根据上述子博弈完美纳什均衡的策略,另一方将在第二阶段采用报复性的 L 策略,这样偏离的一方也只能采用 L,双方都只能得到比较差的得益。问题的关键是:上述触发策略在报复偏离了均衡路径的博弈方的同时,报复者自己也会受到损失。如果不偏离的一方能够不计前嫌,还是与对方共同采用 M,对他自己也是有利的。因而这必然引起上述触发策略是否真正可信的问题。

如果认为触发策略不可信,当认为博弈方不可能真正采用触发策略时,就相当于不管第一阶段结果如何,第二阶段都是(M,M),双方得益(3,3)。我们可以在第一阶段的所有得益上加(3,3),就得到这种情况下的两次重复博弈的等价一次性博弈,如下图所示:

		厂商 2		
		H	M	L
厂商 1	H	8,8	3,9	3,5
	M	9,3	6,6	3,5
	L	5,3	5,3	4,4

从得益矩阵中不难发现,这时第一阶段的最佳选择不是(H,H),而是(M,M)。这意味着两次重复博弈的均衡路径是两次重复(M,M),即原博弈效率较高的一个纳什均衡。

并不是每个重复博弈的触发策略都有可信性问题。触发策略在不少情况下是非常可信的。我们来看下面得益矩阵表示的这个静态博弈的两次重复博弈:

		厂商 2				
		H	M	L	P	Q
厂商 1	H	5,5	0,6	0,2	0,0	0,0
	M	6,0	3,3	0,2	0,0	0,0
	L	2,0	2,0	1,1	0,0	0,0
	P	0,0	0,0	0,0	4,0.5	0,0
	Q	0,0	0,0	0,0	0,0	0.5,4

不难看出,这个博弈两博弈方都增加了两个可选策略,现在它有四个纯策略的纳什均衡(M,M)、(L,L)、(P,P)和(Q,Q),得益分别是(3.3)、(1,1)、(4,0.5)和(0.5,4),效率最高的(H,H)也不是纳什均衡,正是由于比前一个博弈多了两个纯策略纳什均衡,因此在重复博弈中采用触发策略的余地就增加了,更重要的是构成触发策略的报复机制更加可信。例如在两次重复中,两博弈方分别采用这样的触发策略:

博弈方1:在第一阶段采用H,如果第一阶段的结果是(H,H),那么第二阶段采用M,否则采用P。

博弈方2:在第一阶段采用H,如果第一阶段的结果是(H,H),那么第二阶段采用M,否则采用Q。

不难证明,双方的上述触发策略组合构成该重复博弈的一个子博弈完美纳什均衡,而且双方的触发策略中的报复都是可信的。因为双方触发策略中的报复机制不仅本身可以构成纳什均衡,而且对报复者自己也是有利的。

三、无限次重复博弈

(一)两人零和的无限次重复博弈

因为重复次数的无限增加也不能改变原博弈中博弈方之间在利益上的对立关系,也不会创造出潜在的合作利益,因此仍然是每次重复原博弈的混合策略纳什均衡。

(二)唯一纯策略纳什均衡博弈的无限次重复博弈

1. 无限次囚徒困境式重复博弈

我们来看两寡头价格竞争博弈的无限次重复模型,其中H和L分别表示高价(不削价)和低价(削价)策略。

		厂商2	
		H	L
厂商1	H	4,4	0,5
	L	5,0	1,1

该博弈的一次性博弈有唯一的纯策略纳什均衡(L,L),双方得益为1。这个纳什均衡并不是帕累托效率意义上的最优策略组合,因为策略组合(H,H)的得益(4,4)比(1,1)要高得多。但因为(H,H)并不是该博弈的纳什均衡,因此在一次性博弈中不会被采用,这是一个典型的囚徒困境类型的博弈。

根据上一节的分析,该博弈的有限次重复博弈并不能实现潜在的合作利益,两博弈方在每次重复中都不会采用效率较高的(H,H)。

在这个博弈的无限次重复博弈中,我们假设两博弈方都采用如下触发策略:第一阶段采用 H,在第 t 阶段,如果前 $t-1$ 阶段的结果都是(H,H),则继续采用 H,否则采用 L。

具体含义也就是,双方在无限次重复博弈中都是先试图合作,第一次无条件选 H,如果对方采取的也是合作态度,则坚持选 H,一旦发现对方不合作(选 L),则以后永远选 L 报复;我们不难证明,在不同时期得益的贴现值 δ 较大时,双方采用上述策略构成无限次重复博弈的一个子博弈完美纳什均衡。

先说明双方采用上述触发策略是一个纳什均衡。方法是先假设博弈方 1 已采用了这种策略,然后证明在 δ 达到一定水平时,采用同样的触发策略是博弈方 2 的最优反应策略。因为博弈方 1 与博弈方 2 是对称的,因此只要这个结论成立,就可以确定上述触发策略是两博弈方相互对对方策略的最优反应,因此构成纳什均衡。

由于在某个阶段出现与(H,H)不同的结果以后博弈方 1 将永远采用 L,此时博弈方 2 也只有一直选择 L。因此博弈方 2 对博弈方 1 触发策略的最佳反应策略的后半部分与触发策略的后半部分是一样的。

现在关键是要确定博弈方 2 在第一阶段的最优选择。

如果博弈方 2 采用 L,那么在第一阶段能得到 5,但以后引起博弈方 1 一直采用 L 进行报复,自己也只能一直采用 L,得益将永远为 1,则总得益现值为:

$$\pi = 5 + 1 \cdot \delta + 1 \cdot \delta^2 + \cdots = 5 + \frac{\delta}{1-\delta}$$

如果博弈方 2 在第一阶段采用 H,则他将得到 4,下一阶段又面临同样的选择。若记 V 为博弈方 2 在该重复博弈中每阶段都采用最优选择的总得益的贴现值,那么从第二阶段开始的无限次重复博弈因为与从第一阶段开始的只差一阶段,因而在无限次重复时可看作相同的,其总得益的贴现值折算成第一阶段的得益为 δV,因此,当博弈方 2 第一阶段的最优选择是 H 时,整个无限次重复博弈总得益的贴现值为:

$$V = 4 + \delta V \quad \text{或} \quad V = \frac{4}{1-\delta}$$

因此当 $V = \frac{4}{1-\delta} > 5 + \frac{\delta}{1-\delta}$,即当 $\delta > 1/4$ 时,博弈方 2 第一阶段会采用 H,否则会采用 L。即当 $\delta > 1/4$ 时,由于从第二阶段开始的无限次重复博弈,与从第一阶段开始的无限次重复博弈是完全相同的,因此博弈方第二阶段的选择必然也是 H,第三阶段也同样。

以此类推,只要博弈方 1 采用前述触发策略,则博弈方 2 的最优选择就始终是 H;如果博弈方 1 偏离 H,博弈方 2 也必须用 L 来报复。因此博弈方 2 对博弈方 1 触发策略的完整反应策略是同样的触发策略。这就证明了双方都采取上述触发策略是一个子博弈完美纳什均衡。

2. 无限次囚徒困境重复博弈

囚徒 B

		坦白	抵赖
囚徒 A	坦白	$-8, -8$	$0, -10$
	抵赖	$-10, 0$	$-1, -1$

囚徒困境重复无穷次,结果如何?证明得出,如果博弈方有足够的耐心,(抵赖,抵赖)是一个子博弈完美纳什均衡结果。

如果采用触发战略,即

①一开始选择抵赖;

②继续选择抵赖一直到有一方选择了坦白,然后永远选择坦白。

经过求解可知,当贴现因子 $\delta > 1/8$ 时,囚徒 A 和囚徒 B 都会选择抵赖,即走出囚徒困境。

问题在于:无限次重复博弈使其走出了囚徒困境,背后的原因是什么?

背后的原因是如果博弈重复无穷次而且每个人有足够的耐心,任何短期机会主义行为的所得都是微不足道的,博弈方都有积极性为自己建立一个乐于合作的声誉,同时也有积极性惩罚对方的机会主义行为。

3. 扩展讨论——参与人不固定时的重复博弈

以质量博弈为例:假定只有一个厂商提供产品,每个消费者只买一次,且每个阶段只有一个消费者。消费者和厂商之间博弈的得益矩阵如下表,请问为什么消费者偏好于购买大商店的产品而不相信走街串巷的小商贩?

厂商

		高质量	低质量
消费者	购买	1,1	$-1,2$
	不购买	0,0	0,0

假设厂商的贴现因子 $\delta > 1/2$,则无限次重复博弈的纳什均衡为:厂商从生产高质量的产品开始,继续生产高质量的产品,除非曾经生产过低质量产品,如果上一次生产了低质量的产品,之后永远生产低质量的产品。第一个消费者选择购买,只要厂商不曾生产过低质量的产品,随后消费者继续购买,如果厂商曾

经生产过低质量的产品,之后消费者不再购买。

对于厂商,如果生产低质量的产品,得到的短期利润是2,但之后每阶段利润为0,如果总是生产高质量的产品,每阶段得到1单位利润,贴现值为$1/(1-\delta)>2$,厂商将不会生产低质量产品,因为害怕失去消费者。

对于消费者,$\delta>1/2$,其只关心第一阶段的支付,只有当预期高质量时,才会购买。消费者预期不曾生产过低质量产品的厂商将继续生产高质量的产品,故选择购买,反之亦然。

这个例子可以解释为什么消费者偏好去大商店购买东西而不信赖走街串巷的小商贩。用类似博弈还可以解释雇佣关系,认为企业存在的原因之一是正式创造一个"长期的博弈方",这样一个博弈方由于对未来利益的考虑而更讲信用。

第十四讲　演化博弈

有一个卖帽子的人在一棵树下午睡,等他醒来后,发现一群猴子把他所有的帽子拿到了树梢上。盛怒之下,他取下自己的帽子然后狠狠地摔在地上。猴子们非常喜欢模仿,因此这些猴子们也纷纷把帽子掷到地下,这个卖帽子的人然后就迅速拾起了这些帽子。

过了 50 年,这个人的孙子也成为一个卖帽子的人,一天他把帽子放在那棵同样的大树下,然后打起盹儿来。等他醒来后,沮丧地发现猴子们把他所有的帽子都拿到了树梢。这时候,他想起了他祖父的故事,就把他自己的帽子掷到地上。但是,奇怪的是,没有一只猴子模仿他扔掉帽子,只有一只猴子从树上爬下来,它拾起地上的那只帽子,牢牢抓在手中,并走到这个卖帽者的面前说:"你以为只有你有爷爷么?"

一、演化博弈概述

演化博弈论是把博弈理论分析和动态演化过程分析结合起来的一种理论。在方法论上,它不同于博弈论将重点放在静态均衡和比较静态均衡上,强调的是一种动态的均衡。演化博弈理论源于生物演化论,它曾相当成功地解释了生物演化过程中的某些现象。如今,经济学家们运用演化博弈论分析社会习惯、规范、制度或体制形成的影响因素以及解释其形成过程,也取得了令人瞩目的成绩。演化博弈论目前成为演化经济学的一个重要分析手段,并逐渐发展成一个经济学的新领域。

作为一种数学分析方法,过去的经济分析和传统博弈对参与人的"理性"要求非常苛刻,博弈方是完全理性的,包括:目标理性(主观理性),参与人追求自身利益的最大化;过程理性(具有理性的能力),给定参与人对外部环境的信念后最大化自己的报酬,即"前后一致地"作出选择。

而有限理性博弈假设:博弈方一开始找不到最优策略,通过试错找到较好的策略;至少有部分博弈方不会采用完全理性博弈的均衡策略;均衡是不断调整和改进而不是一次选择的结果。因此博弈分析的核心,不是博弈方的最优策略选择,而是有限理性博弈方组成的群体成员的策略调整过程、趋势和稳定性。

由于有限理性博弈方有很多理性层次,学习和策略调整的方式和速度有很大不同,因此必须用不同的机制来模拟博弈方的策略调整过程。有限理性博弈有两种最基本的情况:一是有快速学习能力的小群体成员的反复博弈,相应的动态机制称为"最优反应动态"(best response dynamics);二是学习速度很慢的成员组成的大群体随机配对的反复博弈,策略调整用的是生物演化的"复制动态"(replicator dynamics),又叫模仿者动态。这两种情况很有代表性,尤其是后者,由于它对理性的要求不高,因此对这种情况的分析更能有效帮助我们理解演化博弈的意义。

演化博弈认为参与人的选择行为由前人的经验、学习与模仿他人行为、遗传因素等决定,因而演化博弈把具有主观选择行动的参与人扩展为包括动物、植物在内的有机体,动植物参与人的得益可被理解为某种适应程度。

把博弈论的分析与应用从研究人类的竞争行为扩展为研究有机体的策略互动关系的开创性工作是由英国生物学家约翰·梅纳德·史密斯和G. R. 普里斯(G. R. Price)从1973年开始的。约翰·梅纳德·史密斯是英国萨塞克斯大学生物学教授,演化生物学家。1982年与普里斯一起提出了"演化稳定策略"(ESS)均衡概念,成为演化博弈理论的一个基本概念。约翰·梅纳德·史密斯获得过许多奖项,其中包括1986年由英国皇家学会颁发的达尔文奖章(Darwin Medal)、1991年的巴尔赞奖(Balzan Prize)、1997年的皇家奖章(Royal Medal),以及1999年获得的科普利奖章(Copley Medal)和瑞典皇家学院(Royal Swedish Academy)颁发的克拉福德奖(Crafoord Prize)。欧洲演化生物学会(European Society for Evolutionary Biology)设立了约翰·梅纳德·史密斯奖,用以奖励演化生物学界杰出的年轻学者。

二、最优反应动态

假定博弈方具有相当快的学习能力,虽然在复杂局面下准确判断分析和运用预见性的能力稍差,但他们能对不同策略的结果作出比较正确的事后评估,并相应调整策略。因此给定前期的经验(博弈结果),各个博弈方在本期才能找到和采用针对前期其他博弈方策略的最优反应策略。最适合描述这种理性层次博弈方的策略调整的动态机制,就是所谓的"最优反应动态"。

请看下例:协调博弈

博弈方2

		A	B
	A	50,50	49,0
博弈方1	B	0,49	60,60

纯策略纳什均衡:(A,A)(B,B)

帕累托上策均衡:(B,B)

风险上策均衡:(A,A)

这个博弈本身就是一个有多重纳什均衡的博弈,因此在一次性博弈中,即使博弈方都是高度理性的,也很难作出完全保险的预测(这是人们在决策方面经常遇到的难题)。我们不妨干脆在有限理性的基础上分析这个问题。

假设1:

学习调整机制:博弈方虽然缺乏分析交互动态关系和预见的能力,但是能够马上对上一阶段的博弈结果进行总结,并立即作出相应的策略调整。但同时,由于每个人的策略都在变,所以对当前对手和策略的判断不一定正确,事实上这正是这些博弈方有限理性、缺乏预见能力的体现。这就是最优反应动态的学习调整机制。

假设2:

假设博弈方由两人增加至五人,这五个博弈方环山而居,分别处于圆周的

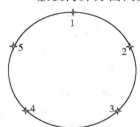

五个位置上,如左图所示,每户居民都与各自的左右邻居反复博弈。我们设五户居民为1、2、3、4、5,每个人都有两个邻居,那么1号的邻居是2号与5号,2号的邻居是1号与3号,3号的邻居是2号与4号,以此类推。他们将邻居的选择作为自己下一次选择的依据。

因为博弈方是有限理性的,所以初次博弈时每个位置的博弈方既可以选择A,也可以选择B,那么一共有 $2^5 = 32$ 种可能的情况。也就是说,第一次博弈有32种可能的情况。因为圆周可以转,所以共有无A、1A、有相邻2A、有不相邻2A、有3连A、有非3连A、4A、5A,这8种实质差异。

分析过程。$x_i(t)$ 表示在 t 时期,博弈方 I 的邻居中采用A策略的邻居的数量。$x_i(t) = 0,1,2$,则 $2 - x_i(t)$ 是博弈方 I 的邻居中采用B策略的邻居的数量,也有0,1,2三种可能。

t 期:

博弈方 I 采用A的得益为:$x_i(t) \times 50 + [2 - x_i(t)] \times 49$

博弈方 I 采用B的得益为:$x_i(t) \times 0 + [2 - x_i(t)] \times 60$

如果 t 期A的得益 > B的得益,即 $x_i(t) > 22/61$,也就是 $x_i(t) = 1$ 或2,则在 $t + 1$ 期,博弈方 I 会选择A。

如果 t 期A的得益 < B的得益,即 $x_i(t) = 0$,则在 $t + 1$ 期,博弈方 I 会选择B。

接下来做一个现场博弈。

规则:

①每个人每次有两种选择:选 A 或选 B;

②每个人只根据自己的邻居的情况,作出下一次选择;

③只要自己的邻居中有一个选择了 A,他下一次就会选择 A;只有当自己的邻居都选 B 的时候,他下次才会选 B。

初始状态:

起初一个博弈方选 A:

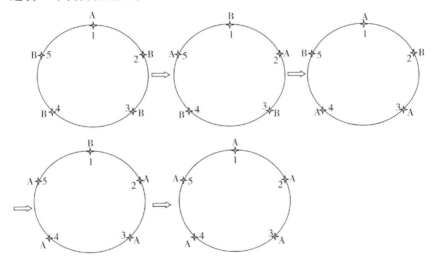

起初两个相邻博弈方选 A:

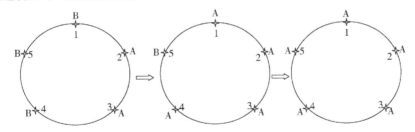

起初三个相邻博弈方选 A:

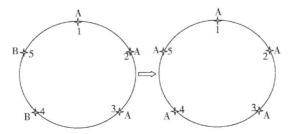

　　因此在所有 8 种有本质区别的初始状态中,已经证明有 7 种最终的均衡状态都是 5 个人全部选 A。也就是说,在 5 个人可能采取的 32 种可能的初次博弈中,有 31 种都会达到收敛于 5 个 A 的情形。只有 5 个人都选 B 的时候,最终的均衡状态才是大家都选 B。

　　如果你旁边有一个人选 A,你下一次就得选 A,就算有少数人选了 B,也会被拉回到选 A 的状态,也就是说,博弈方都选 A 是具有稳健性的。用专业术语表达:这种能在博弈方的动态策略中达到,又对少量偏离的扰动有稳健作用的状态,在演化博弈论中被称为"演化稳定策略"。

三、复制动态与演化稳定性——两人对称博弈

　　假设博弈方的学习速度很慢,理性层次较低,而且成员数目众多,博弈是动态的、多次的。博弈方策略类型比例动态变化是演化博弈分析的核心,其关键是动态变化的速度(方向可以用速度的正负号来反映)。动态变化的速度取决于博弈方学习模仿的速度。一般情况下,学习速度取决于两个因素:一是模仿对象的数量大小(可以用相应类型博弈方的比例表示),这关系到观察和模仿的难易程度;二是模仿对象的程度(可以用模仿对象策略得益超过平均得益的大小来表示),这关系到判断差异难易程度和对模仿激励的大小。

　　(一)签协议博弈

　　假设博弈方 1 和博弈方 2 双方签协议的得益矩阵如下,只有双方都同意才能签订协议,各自得到 1 的得益,只要有一方不同意则协议无法达成,各自得到 0 的得益。

博弈方 2

		同意	不同意
博弈方 1	同意	<u>1</u>,<u>1</u>	0,0
	不同意	0,0	<u>0</u>,<u>0</u>

　　纯策略纳什均衡:(同意,同意),(不同意,不同意)

　　帕累托上策均衡:(同意,同意)

　　同样在有限理性的基础上分析这个问题。因为博弈方是有限理性的,那么也不会是所有博弈方在一开始就找到最优策略,而是有一部分人选同意,有一部分人选不同意。

假设整个群体中选同意的人占总体的 x，那么选择不同意的就占 $1-x$。随机配对时，每个博弈方都可能遇到选同意的对手，概率是 x，也可能遇到选不同意的对手，概率是 $1-x$。那么令选同意的博弈方的期望收益为 u_y，选不同意的博弈方期望收益是 u_n，则

$$u_y = x \times 1 + (1-x) \times 0 = x$$
$$u_n = x \times 0 + (1-x) \times 0 = 0$$

也就是说，选同意的收益会大于选不同意的收益。

只要博弈方有基本的判断能力，他就会发现这个差异，选不同意的人也会模仿其他人，迟早改变自己的策略，以获得更多的收益。博弈方的策略类型是动态变化的，其实这就是有限理性分析的核心。而这个动态变化的速度，很容易理解，它既取决于观察也取决于模仿的难易程度、成功概率等。

x 是在随时间变化的，设它为时间的函数 x_t，选不同意的人的比例就是 $1-x_t$，以选同意的博弈方的比例为例，它动态变化的速度就是其关于时间 t 的导数

$$\frac{\mathrm{d}y}{\mathrm{d}t} = x(u_y - \bar{u})$$

x 是选同意的博弈方的比例，$u_y - \bar{u}$ 是选同意的超过平均利益的收益。

这个动态方程的含义是：选同意的博弈方的变化率与原来选同意的博弈方的比例成正比，与博弈方超过平均利益的幅度成正比，若

$$u_y = x \qquad \bar{u} = x^2$$

代到上面的方程里，$\mathrm{d}y/\mathrm{d}t = x(u_y - \bar{u}) = x(x - x^2) = x^2 - x^3$。

很显然，当 $x=0$ 时，根本没有选同意的人，也就没有模仿的对象，所以这个模仿的速率是 0；当 $x>0$ 时，也就是最开始有占总体 x 的人选择同意的博弈方时，因为 $0<x<1$，所以 $x^2 > x^3$，相位图如下：

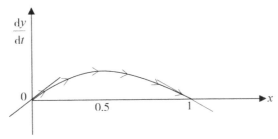

除了一开始所有博弈方都采用不同意的策略外，也即除 $x=0$ 外，该博弈其他的初始状态出发的复制动态过程，最终都会趋于所有的博弈方都选择 1。所以，$x^* = 0$ 和 $x^* = 1$ 是该博弈的两个稳定状态。

(二)一般的两人博弈

假设签协议博弈一般的两人博弈得益矩阵如下,其中 $a > c$, $d > b$,

博弈方 2

		策略 1	策略 2
博弈方 1	策略 1	$\underline{a},\underline{a}$	b,c
	策略 2	c,b	$\underline{d},\underline{d}$

$$u_1 = x \times a + (1 - x) \times b$$
$$u_2 = x \times c + (1 - x) \times d$$
$$\bar{u} = x \times u_1 + (1 - x) \times u_2$$

那么就可以得到一个一般的复制动态方程:

$$\mathrm{d}y/\mathrm{d}t = F(x) = x(1 - x)[x(a - c) + (1 - x)(b - d)]$$

如果 $a = 1, b = c = d = 0$,那么,$F(x) = x(1 - x)x = 0$,得到 $x^* = 0$ 与 $x^* = 1$ 两个均衡解。

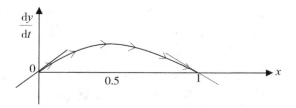

(三)应用——鹰鸽博弈

假设鹰鸽博弈的得益矩阵如下表所示,鹰策略即采取攻击型策略,鸽策略即采取和平型策略,其中 $v > 0, c > 0$。

博弈方 2

		鹰	鸽
博弈方 1	鹰	$\dfrac{v - c}{2}, \dfrac{v - c}{2}$	$v, 0$
	鸽	$0, v$	$\dfrac{v}{2}, \dfrac{v}{2}$

分析过程:复制动态方程如下:

$$\mathrm{d}y/\mathrm{d}t = F(x) = x(1 - x)[x(a - c) + (1 - x)(b - d)]$$

假设具体数值为 $v = 2, c = 12$,我们可以得到 $x^* = 0$、$x^* = 1/6$ 及 $x^* = 1$ 三个点:

可以看到：$0 < x < 1/6$ 时，博弈方会向右趋于 $1/6$；$1/6 < x < 1$ 时，博弈方会向左趋于 $1/6$。

也就是说，最终大多数博弈方会以 $1/6$ 的概率选择鹰策略，以 $5/6$ 的概率选择鸽策略。即有 $1/6 \times 1/6 = 1/36$ 的结果是双方都选择鹰策略；有 $5/6 \times 5/6 = 25/36$ 的结果是双方都选择鸽策略；而有 $2 \times 5/6 \times 1/6 = 12/36$ 的概率是一方选择鹰策略，一方选择鸽策略。也就是说，单个国家，选择打仗的概率是 $1/6$，而选择和平的概率是 $5/6$，现实中只有 $1/36$ 的概率，双方都选择战争，造成真正的冲突。现实中，鹰鸽博弈可以提示人类社会或动物世界中发生战争或激烈冲突的可能性及其频率。例如抗美援朝战争——鹰开始建立威信（开始尝到甜头），抗美援越战争——鹰的威信得以保障（获得更大收益）。

四、复制动态和演化稳定性——两人非对称博弈

（一）市场阻入博弈的复制动态和演化稳定策略

如果一个群体中成员之间的地位不一样，那么博弈方之间进行的就是非对称博弈。非对称博弈是由两个（或多个）有差别的有限理性博弈方群体的成员，相互之间随机配对组成的博弈。以市场阻入博弈为例，新进入者博弈方 1 可以选择进入或是不进入一个市场，在博弈方 1 选择进入的情况下，在位者博弈方 2 可以选择打击或是容忍博弈方 1 的进入。

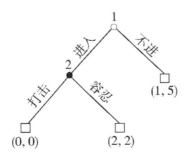

		博弈方 2	
		打击	容忍
博弈方 1	进入	0,0	2,2
	不进	1,5	1,5

由于是非对称博弈,问题中实际上有两个不同的博弈方,博弈方 1 是潜在的进入者,博弈方 2 是阻入者,每次博弈实际上都是前一群体的一个成员与后一群体的一个成员进行的。

分析过程。反复在两个群体中各随机抽取一个成员配对进行。博弈方的学习和策略模仿局限在他们所在群体内部,策略调整的机制仍然是与对称博弈中相似的复制动态。分别对两个群体成员进行复制动态和演化稳定策略分析。

假设博弈方 1 中采用"进入"策略的所占比例为 x;在博弈方 2 中,采用"打击"策略的所占比例为 y。

①博弈方 1 的收益为

$$u_{1e} = y \times 0 + (1-y) \times 2 = 2(1-y)$$
$$u_{1n} = y \times 1 + (1-y) \times 1 = 1$$
$$\bar{u}_1 = x \times u_{1e} + (1-x) u_{1n} = 2x(1-y) + (1-x)$$

②博弈方 2 的收益为

$$u_{2s} = x \times 0 + (1-x) \times 5 = 5 - 5x$$
$$u_{2n} = x \times 2 + (1-x) \times 5 = 5 - 3x$$
$$\bar{u}_2 = y \times u_{2s} + (1-y) u_{2n} = 5 - 2xy - 3x$$

博弈方 1 位置博弈群体复制动态相位图:

$$\frac{dx}{dt} = x[u_{1e} - \bar{u}_1] = x(1-x)(1-2y)$$

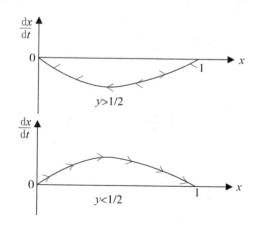

博弈方 2 位置博弈群体复制动态相位图：

$$\frac{\mathrm{d}y}{\mathrm{d}t} = y[u_{2s} - \bar{u}_2] = y(1 - y)(-2x)$$

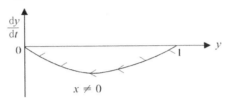

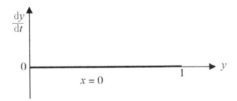

两群体复制动态关系和稳定性如下：

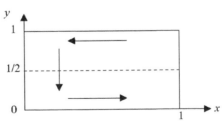

（二）非对称鹰鸽博弈的演化分析

假设非对称的两个鹰鸽博弈得益矩阵如下：

		博弈方 2	
		鹰	鸽
博弈方 1	鹰	$\frac{v_1 - c}{2}, \frac{v_2 - c}{2}$	$v_1, 0$
	鸽	$0, v_2$	$\frac{v_1}{2}, \frac{v_2}{2}$

为了简单起见,假设上述博弈中 $v_1 = 10, v_2 = 2, c = 12$,分析如下:

$$u_{1e} = y \times (-1) + (1-y) \times 10 = 10 - 11y$$

$$u_{1d} = y \times 0 + (1-y) \times 5 = 5 - 5y$$

$$\bar{u}_1 = x \times u_{1e} + (1-x)u_{1d} = 5 + 5x - 5y - 6xy$$

$$u_{2e} = x \times (-5) + (1-x) \times 2 = 2 - 7x$$

$$u_{2d} = x \times 0 + (1-x) \times 5 = 1 - x$$

$$\bar{u}_2 = y \times u_{2e} + (1-y)u_{2d} = 1 - x + y - 6xy$$

非对称鹰鸽博弈博弈方 1 群体复制动态相位图:

$$\frac{\mathrm{d}x}{\mathrm{d}t} = x[u_{1e} - \bar{u}_1] = x(1-x)(5-6y)$$

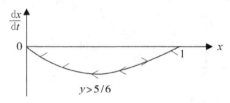

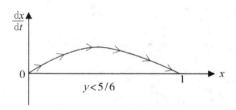

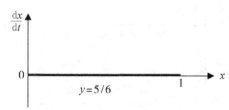

非对称鹰鸽博弈博弈方 2 群体复制动态相位图:

$$\frac{\mathrm{d}y}{\mathrm{d}t} = y[u_{2e} - \bar{u}_2] = y(1-y)(1-6x)$$

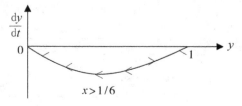

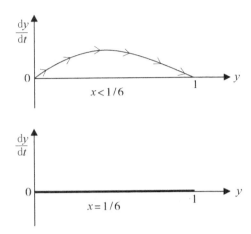

两群体复制动态关系和稳定性如下：

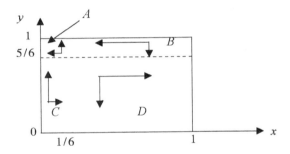

第十五讲　完全且不完美信息动态博弈

不完美信息动态博弈的基本特征是博弈方之间在信息方面存在不对称性。例如在二手车市场买卖中，要让买方决定是否买还必须有进一步的信息或判断（即卖方选卖的前提下车况好、差的概率）。要让卖方在车况差的情况下决定是否卖也必须有进一步的信息或判断（即买方会买下的概率究竟有多大）。

一、完美贝叶斯均衡

在完全且完美信息动态博弈中，我们是通过子博弈完美性来保证均衡策略中没有任何不可信的威胁或承诺的。但是，在完全且不完美信息动态博弈中，因为存在多结点信息集，包含这些多结点信息集的博弈阶段不构成子博弈，因此子博弈完美性要求无法满足，也就无法完全排除不可信的威胁或承诺，无法保证均衡策略中所有选择的可信性，子博弈完美纳什均衡的概念失去了意义，因此必须发展新的均衡概念。

(一)完美贝叶斯均衡的定义

一个策略组合及相应的判断满足如下四个要求时，称为一个"完美贝叶斯均衡"。

要求1：在各个信息集，轮到选择的博弈方必须具有关于博弈达到该信息集中每个结点可能性的"判断"。对非单结点信息集，"判断"就是博弈达到该信息集中各个结点可能性的概率分布，对单结点信息集，可理解为"判断达到该结点的概率为1"。

要求2：给定各博弈方的"判断"，他们的策略必须是"序列理性"的。即在各个信息集，给定轮到选择博弈方的判断和其他博弈方的后续策略，该博弈方的行动及以后阶段的后续策略，必须使自己的得益或期望得益最大。

要求3：在均衡路径上的信息集处，"判断"要符合贝叶斯法则和各博弈方的均衡策略。

要求4：在非均衡路径上的信息集处，"判断"也要符合贝叶斯法则和各博弈方在此处可能有的均衡策略。

当一个策略组合及相应的判断满足这四个要求时，称为"完美贝叶斯均衡"。之所以称这种均衡为完美贝叶斯均衡，首先是因为它的第二个要求"序列理性"，与子博弈完美纳什均衡中的子博弈完美性要求相似；其次是因为要求3

和要求 4 中规定"判断"的形成必须符合贝叶斯法则。

根据上述定义不难看出,子博弈完美纳什均衡是完美贝叶斯均衡在完全且完美信息动态博弈中的特例,即在完全且完美信息博弈中,子博弈完美纳什均衡就是完美贝叶斯均衡。

实际上,序列理性用于完全且完美信息动态博弈中的子博弈就是指子博弈的完美性,因为在完全且完美信息动态博弈中,所有轮到选择博弈方的信息集都是单结点的,他们对博弈达到该结点的"判断"都是概率等于 1,这些判断当然都是满足贝叶斯法则和以其他博弈方的后续策略为基础的。更进一步,完美贝叶斯均衡在静态博弈中就是纳什均衡。

(二)完美贝叶斯均衡要求的初步解释

下面以下图中的完全且不完美信息动态博弈为例,进一步说明上述要求的重要性。

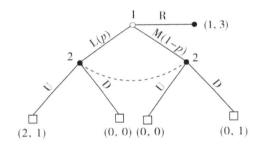

1. 要求 1 的必要性

上图中,当博弈方 1 第一阶段的选择不是 R 时,博弈方 2 无法看到博弈方 1 究竟选择的是 L 还是 M,当轮到博弈方 2 选择时(博弈方 1 第一阶段没选 R),若他不对博弈方 1 的选择给出判断的话,就不知选 U 和 D 中哪一个合理。因此,博弈方 2 在这两个结点信息集处须对博弈到达这两个结点的可能性进行判断,也就是对 L、M 两条路径的"判断"是决策的必要基础,从而也是均衡策略的基础。这就说明了要求 1 的必要性。

2. 要求 2 的必要性

根据上图不难给出该博弈的矩阵式表示:

博弈方 2

		U	D
		U	D
博弈方 1	R	1,3	1,3
	L	2,1	0,0
	M	0,0	0,1

该博弈有两个纯策略纳什均衡(L,U)与(R,D)。

除了原博弈之外,该博弈不存在任何其他真子博弈(子博弈完美性要求自然满足),子博弈完美纳什均衡定义实际上就是纳什均衡。然而(R,D)显然依赖于一个不可信威胁:那就是博弈方2威胁在轮到自己选择时(博弈方1没有选R)将唯一地只选D,但是博弈方1选L的概率很大时(根据是博弈方1只有选L才可能获取自己的最大利益),博弈方2选D明显是一个不可置信的威胁,因为这时博弈方2选D的期望得益比选U的期望得益小得多,选择D不符合自己的最大利益原则。

如果博弈方2采取这个策略,博弈方1的最优对策就是第一阶段直接选择R,双方得益是(1,3)。博弈方1清楚,理性的博弈方2在什么情况下都不会采用D策略,因此,博弈方1决不会(只要他是理性的)因为博弈方2威胁采用D而被迫采取策略R,为了最大化自己的得益,博弈方1一定会采取L策略,迫使博弈方2只得采取U策略。

因此,要求2对于保证不完美信息动态博弈的均衡策略中没有不可信的威胁或承诺具有关键作用。要求2保证各个博弈方在单结点信息集和多结点信息集处都会采用最大利益原则作出选择。因此当博弈方2在博弈方1第一阶段没有选择R的情况下,"判断"博弈方1选L的概率p大于选M的概率为$1-p$时,博弈方2必须选择U而非D。

上述分析表明,在完全且不完美信息动态博弈中,尽管(R,D)是一个纳什均衡,可是它依赖于一个不可信的威胁,理应从合理的预测中剔除掉。因此,要求2对于保证不完美信息动态博弈的均衡策略中没有不可信的威胁或承诺具有关键作用。

为了进一步说明要求1和要求2的必要性,假定当博弈方2在博弈方1第一阶段没有选R的情况下,"判断"博弈方1选L的概率为p,选M的概率$1-p$,在给定这样的判断的前提下,博弈方2选择U的期望得益为:$1 \cdot p + 0 \cdot (1-p) = p$,而选D的期望得益为:$0 \cdot p + 1 \cdot (1-p) = 1-p$,当$p > 1-p$时,即$p > 1/2$时,博弈方2选U的得益总大于选D的得益,根据要求2,博弈方2不会选D,只会选U。这时,博弈方1在第一阶段的选择就应该是L,而非M,也非R。

因此,博弈方1第一阶段选L,博弈方2在博弈方1第一阶段没有选R的情况下选择U,加上博弈方2对博弈方1选L、M的概率判断p和$1-p(p>1-p)$,构成一个满足序列理性要求的策略组合(注意这里还没有称为完美贝叶斯均衡),满足了要求1和要求2事实上已经排除了前面提及的那个依赖于不可置信威胁从而不合理的纳什均衡策略(R,D)。

3. 要求3和要求4的必要性

对于要求3和要求4中的"均衡路径上"和"非均衡路径上"一对概念,首先要弄清什么是均衡路径。在不完美信息博弈中,由于至少对于博弈方的一个阶段来说,博弈实际达到何处是无法看到的。因此,在这种博弈中所谓"在均衡路径上"的信息集意味着如果博弈按照均衡策略进行,则该信息集会以正的概率达到,而"不在均衡路径上"的信息集就意味着博弈按均衡策略进行时绝对不可能达到,或者达到的概率为0。

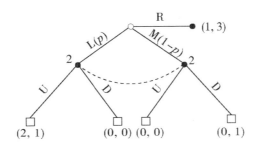

例如上图中对于博弈方2的信息集,当博弈方1第一阶段的均衡策略选择是R时不在均衡路径上,而当不是R时就在均衡路径上。

(1)对于要求3。假设均衡策略组合就是上面提到的"博弈方1在第一阶段选择L,博弈方2在第二阶段选择U"。先讨论要求3中的贝叶斯条件。本博弈中两博弈方的选择都是针对获取最大得益的主动选择,没有外生不确定性,因此不需要额外信息帮助"判断"。即对博弈方2来说,"判断"是直接针对博弈方1的上期选择的,因此不存在条件概率问题,贝叶斯法则自动满足。再看判断是否符合各方的均衡策略。这里就是要求博弈方2对博弈方1上期选择的"判断"符合博弈方1第一阶段的选择和博弈方2自己本阶段的选择。由于博弈方1的均衡策略在第一阶段选择的是L,因此只有博弈方2的"判断"是"博弈方1选择L的概率$p=1$"才与博弈方1的策略相符合,而且这种判断也与博弈方2自己在本阶段的选择U相符合,因此该"判断"正是博弈方2决策和双方策略均衡的稳定基础。如果博弈方2"判断"$p=0.75$,则首先与博弈方1的选择不完全符合,而且这种判断对博弈方2选U的信心有不良影响,从而均衡就有不稳定性。如果博弈方2"判断"$p=0.25$,则与所设均衡组合"博弈方1选L,博弈方2选U"是完全矛盾的。

上述分析充分说明了在不完美信息博弈中,"判断"和均衡策略之间的相互依存关系,只有两者是一致、协调的,才可能是真正的均衡。这正是要求3的真实含义。

(2)再看要求4的必要性。对于均衡策略组合"博弈方1在第一阶段选择L,博弈方2在第二阶段选择U"来说,因为博弈方2的多结点信息集在均衡路径上,不存在不在均衡路径上需"判断"的信息集,因此要求4自动满足,不用再作讨论。为此,针对另一个纳什均衡策略组合(R,D),即"博弈方1第一阶段选择 R,博弈方 2 第二阶段选择 D"来讨论。在该均衡策略组合下,博弈方 2 的两结点信息集是不在均衡路径上的信息集。要求 4 要求博弈方 2 此时在这个信息集的"判断"也要满足贝叶斯法则和双方的均衡策略。同要求 3,贝叶斯法则仍然自动满足,因此我们只需要讨论博弈方 2 的"判断"与双方在此处可能有的均衡策略的一致性。

从得益分布情况可知,很显然,如果万一博弈方 1 在第一阶段偏离了上述均衡策略 R,按照前面的分析,博弈方 2 一定会"判断"博弈方 1 必然选择 L 策略。而这一判断是不符合要求 4 的,因为这与博弈方 2 自己的均衡策略 D 不符合。因此博弈方 2 此时的"判断"只能是博弈方 1 选 M 的概率 $1-p=1$,这样博弈方 2 的"判断"就与自己的策略相一致了。但是,博弈方 2"判断"$1-p=1$,意味着博弈方 1 肯定选择了 M。这显然是有问题的,因为对于博弈方 1 来说,M 既是相对于 R 的下策,也是相对于 L 的下策,即使他不愿选 R,也只会选 L 而不会选 M。因此,博弈方 2 的"判断"$1-p=1$ 虽然可以与自己的策略 D 相符合,但却无法与博弈方 1 在此处可能有的均衡策略相符合,这意味着该"判断"不满足要求 4。这实际上就意味着(R,D)策略组合不可能是该博弈具有真正稳定性的完美贝叶斯均衡。

(三)关于判断形成的进一步解释

为了进一步理解完美贝叶斯均衡及其 4 个要求,特别是关于判断的要求 3 和要求 4,再讨论两个例子。

(1)二手车交易

买方在卖方决定卖的情况下,要对车况是好还是差的概率做出判断,可以用两个条件概率 $p(g|s)$ 和 $p(b|s)$ 来表示。

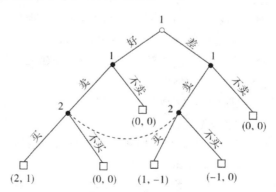

为此,买方首先需要知道卖方第一阶段对车子的使用情况,即车况是好的概率 $p(g)$ 和差的概率 $p(b)$。这两个概率一般是通过经验性的知识和数据,或平均情况得到。

只有 $p(g)$ 和 $p(b)$ 这两个概率还不能对 $p(g|s)$ 和 $p(b|s)$ 作出判断,因为卖方在车况好、差两种情况下对卖和不卖的选择往往是不同的,因此上述车况好、差的概率不一定等于所卖车子好、差的概率。不过,只要知道卖方在好、差两种情况下选择卖的概率 $p(s|g)$ 和 $p(s|b)$ 分别是多大,就可以根据贝叶斯法则计算出买方需要的判断:

$$p(g|s) = \frac{p(g) \cdot p(s|g)}{p(s)}$$
$$= \frac{p(g) \cdot p(s|g)}{p(g) \cdot p(s|g) + p(b) \cdot p(s|b)}$$

从上式可以看出,现在关键任务是确定卖方在车况好、差两种情况下,分别选择卖和不卖的概率分布 $p(s|g)$ 和 $p(s|b)$。

由于卖方是主动选择和理性行动的,因此上述概率分布取决于卖方的均衡策略。

根据图中的得益情况,首先可以肯定当车况好时卖方肯定会选择卖,因为卖掉有正的得益,卖不掉跟不卖没任何区别,因此 $p(s|g) = 1$ 肯定成立。相反,在车况差时选择卖而卖不出去就有损失,因此如何选择就需要更多的斟酌。卖方究竟是应该选择卖还是不卖,或者选择混合策略,需要考虑卖出去的机会,即买方选择买的概率的大小。

假设买方选择买的概率是 0.5,卖方在车况差的时选择卖的期望得益为 $0.5 \times 1 + 0.5 \times (-1) = 0$,与不卖的得益相等,作为一个风险中性的博弈方,卖方可采用 (0.5, 0.5) 的概率分布选择卖或不卖的混合策略。

这时,买方"判断" $p(s|b) = 0.5$ 就是符合卖方均衡策略的,并且也符合自己的均衡策略。有了 $p(s|g) = 1$ 和 $p(s|b) = 0.5$ 这两个概率判断,再假设已知总体车况好、差的概率 $p(g) = p(b) = 0.5$,则根据贝叶斯法则不难算出:

$$p(g|s) = \frac{p(g) \cdot p(s|g)}{p(g) \cdot p(s|g) + p(b) \cdot p(s|b)}$$
$$= \frac{0.5 \times 1}{0.5 \times 1 + 0.5 \times 0.5} = \frac{0.5}{0.75} = \frac{2}{3}$$

这就是买方在自己选择的两结点信息集处对卖方所卖车中好车所占比例的"判断"。

对差车所占比例的"判断"就是: $p(s|b) = 1 - p(g|s) = 1 - 2/3 = 1/3$。由于在卖方的上述策略下,买方选择的信息集至少有相当大的概率会达到,因此该信息集是在均衡路径上的信息集。上述"判断"是满足要求 3 的判断。

为了进一步理解这 4 个要求的意义,我们再分析一个简单的例子。

(2) 三个博弈方的三阶段不完美信息动态博弈

在该博弈中,博弈方 3 的信息集是一个两结点信息集,即信息是不完美的。

　　一般地我们假设他"判断"博弈方2选L和R的概率分别是p和$1-p$。如果博弈方1在第一阶段选F,则博弈继续下去,共有四种可能的结果,各方得益分别为相应得益数组中同次序数值。

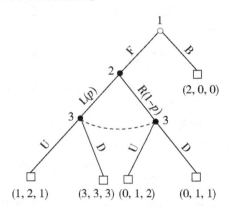

　　用逆推归纳法先考察博弈方3的选择,他选U的期望得益为$p \times 1 + (1-p) \times 2 = 2-p$,选D的期望得益为$p \times 3 + (1-p) \times 1 = 1+2p$,因此当$2-p > 1+2p$,即$p < 1/3$时他该选U,当$p > 1/3$时他该选D,$p = 1/3$时选U、D或者混合策略都可以。

　　先假设博弈方3"判断"$p > 1/3$,那么合理选择是D。再来看博弈方2的选择,实际上博弈方2的选择必然只有L一种,因为L是他相对于R的严格上策,因此他无需考虑博弈方3在第三阶段究竟会如何选择。

　　现在再看博弈方3的"判断",当然$p > 1/3$是符合博弈方2的策略的,但更准确地讲,完全符合博弈方2均衡策略的博弈方3的"判断"是$p = 1$。

　　最后再看博弈方1的选择。他知道从博弈方2的选择开始的子博弈的均衡必然为(L,D),意味着自己选择F可以获得3单位得益,比选B得益2要好,因此F是他的均衡策略。这样我们找到了一个均衡策略组合(F,L,D),以及与之相应的博弈方3的"判断"$p = 1$。

　　为了说明要求4的必要性,我们可考察一下策略组合(B,L,U)及相关的博弈方3"判断"$p = 0$。

　　首先,该策略组合是一个纳什均衡,没有哪个博弈方可以通过单独改变自己的策略改善得益。

　　其次,在博弈方3对博弈方2选择的"判断"$p = 0$时,(B,L,U)是序列理性的,并且因为在均衡路径上没有需要判断的信息集,因此要求3自动满足。也就是说,策略组合(B,L,U)和博弈方3的"判断"$p = 0$是满足完美贝叶斯均衡的要求1—3的。

　　如果没有要求4,我们根据上述策略组合和"判断"满足前三个要求就会判定它构成一个完美贝叶斯均衡。但这时各方得益为(2,0,0),显然是极不理想的。导致这一结果的原因在于只有前三个要求的完美贝叶斯均衡不能排除这种不理想的结果。

在这个问题上,要求4就可以起作用了。在上述均衡策略组合下博弈方3的信息集正是不在均衡路径上的信息集,但博弈方3在此处的"判断"$p=0$,显然与博弈方2的策略 L 不相符合。因此上述策略组合和"判断"不能构成完美贝叶斯均衡,这就把(B,L,U)排除出了完美贝叶斯均衡的范畴,从而使得完美贝叶斯均衡是更加可靠、稳定和合理的均衡概念。

通过上述分析可知,完美贝叶斯均衡定义中的4个要求确实是判断(检验)完全且不完美信息动态博弈中各博弈方的策略组合和相应"判断"是否具有真正稳定性的关键标准。其中要求1-3体现了完美贝叶斯均衡的本质内容,要求3和要求4特别体现了在这种均衡概念中"判断"的重要性,"判断"与策略具有同等地位。

二、单一价格二手车交易博弈模型

(一)单一价格二手车交易博弈模型

假设二手车有好、差两种情况,对买方来讲价值分别为 V 和 $W(V>W)$;买方想买的就是好车,并不想买便宜货。因此卖方要想卖出车子,不管车况好坏,只有都当作好车卖,所以只有一种价格 P。这也意味着车况差时卖方必须花一定的费用进行伪装才有希望骗过买方,伪装的费用为 C。这样二手车交易可用下图中的扩展式表示:

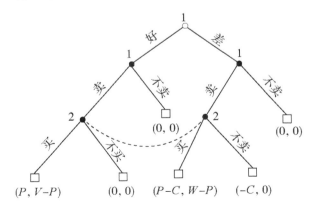

改变 V、W、P 和 C 的具体数值,该模型即可代表多种具体博弈。如果 $P>C,V>P>W$,即车价大于伪装费用,对买方来说车况好时价值大于价格,而车况差时价值小于价格。车况好时成交对双方都有利,若未成交双方虽没损失,但也丧失了得益的机会;车况差时成交则卖方得利买方损失,若卖不出去,卖方会损失一笔伪装费用,而买方却不会有什么损失。在满足上述关于价值、价格和费用的条件时,买卖双方积极的选择(一方卖一方买)对自己都有一定的风险性,保守的选择则可能丧失获得潜在交易利益的机会。因此,当买方无法确定车况的情况下,买方的任一选择都不可能是绝对的上策,而且卖方也因为花钱伪装(在车况差时)仍卖不出去而有受损的危险,两种选择也没有绝对的优劣,双方的决策和博弈结果有多种可能性。

(二)均衡的类型

既然二手车交易有多种不同的均衡结果,那么就需要一些判断标准,帮助我们分析具体的二手车交易的结果和效率(也是其他市场交易问题),判断哪些结果是比较理想的,哪些是比较差和不满意的。

1. 市场类型

根据效率差异将市场均衡分为下面四种不同的类型:

(1)市场完全失败:如果市场上所有卖方,甚至商品质量"好"的卖方,都因为担心卖不出去而不敢将商品投放市场,当然市场就完全不能运作,如果此时潜在的贸易利益确实是存在的,则称这种情形为"市场完全失败"。

(2)市场完全成功:如果只有商品质量好的卖方将商品投放到市场,而商品质量差的卖方则不敢将商品投放市场。因为此时市场上的商品都是好的,因此买方会买下市场上的所有商品,实现最大的贸易利益,我们称这种情况为"市场完全成功"。

(3)市场部分成功:如果所有卖方,包括有好商品的和有差商品的卖方,都将商品投放到市场,而买方不管商品好坏都买进。在这种情况下能够进行交易,潜在的贸易利益也能够实现,但同时也会存在部分"不良交易",即买方买进差商品时蒙受的损失。

(4)市场接近失败:如果所有好商品的卖方都将商品投放市场,而只有部分差商品的卖方将商品投放市场,同时买方不是买下市场上的全部商品,而是以一定的概率随机决定是否买进,即双方都采用混合策略,我们认为这种情况介于"市场部分成功"和"市场完全失败"之间,可以认为"市场接近失败"。

在具体的市场交易问题中出现上述哪一种情况,主要取决于模型中买卖双方利益与风险的对比。改变 V、W、P 和 C,则可能使市场从一种类型的均衡转变为另一种类型的均衡。

2. 合并均衡和分开均衡

在有些均衡中,所有的卖方(也就是具有完美信息的博弈方)都采用同样的策略,而不管他们的商品是好还是差,如市场完全失败中所有卖方都选择不卖以及市场部分成功中所有卖方都选择卖,这种拥有不同品质商品的卖方(完美信息博弈方)采取相同行动的市场均衡,称为"合并均衡"。合并均衡中有完美信息博弈方的情况不同,但他们的行动选择却是相同的,因此他们的行动不会给不完美信息的博弈方(买方)传递有用的信息。这种市场均衡中,不完美信息博弈方形成"判断"时,可以忽略完美信息博弈方的行为,直接从市场的基本情况中寻找决策依据。

在另一些市场均衡中,拥有商品质量不同的卖方会采取完全不同的策略。如在市场完全成功类型的均衡中,商品质量好的卖方将商品投放市场,而商品质量差的卖方则不敢将商品投入市场。这时卖方的行动完全反映他销售商品的质量,这种均衡能把不同类型的卖方完全区分开来。这种不同情况的完美信息博弈方采取完全不同行动的市场均衡,称为"分开均衡"。由于分开均衡中完美信息博弈方的行动完全反映他的情况,因此能给不完美信息博弈方的"判断"提供充分的信息和依据。

接近失败均衡既不属于合并均衡,也不属于分开均衡。因为不同情况卖方的行动既不全部相同,也不全部不同,因此与分开均衡和合并均衡的定义都不符合。在这种均衡中,卖方的行动会给买方提供一定的信息,但这些信息又不足以让买方对卖方的情况得出肯定的"判断",只能得到一个概率分布的"判断"。

引进四种市场类型和合并均衡、分开均衡两个概念的目的,是使分析完全且不完美信息动态博弈时的思路和表述更为清晰和方便,因为我们可以按照不同的市场类型和均衡类型分别进行讨论。在分析一个不完美信息的市场交易博弈时,如果能先判断出市场和均衡的类型,具体的分析就会比较容易。

三、双价二手车交易博弈模型

单一价格二手车交易博弈模型的特征是价格固定,因此买方无法从商品的价格方面得到任何信息。现实中卖方常常根据商品的质量和市场情况等确定或改变价格。因此商品价格的不同和变化,往往也能透露一些商品质量方面的信息,买方可以据此进行判断和决策。

(一)双价二手车交易博弈模型

仍然设车况有好、差两种情况,现在卖方的选择是卖高价还是卖低价。设卖方不仅在车况好时可选择卖高价或低价,在车况差时同样也可以选高、低两种价格。用 P_h 和 P_l 分别表示高价和低价。再假设只有车况差而卖方又想卖高价时才需要对车子进行伪装,从而有费用 C。其他方面与单一价格模型相同。

双价二手车交易模型可用下图表示。根据模型的基本意义,首先可以肯定

$V > W$ 和 $P_h > P_l$。为了简化分析，进一步假设下列不等式成立：$V - P_h > W - P_l$ $> 0 > W - P_h$，这意味着用高价买好车比用低价买差车要合算，而用低价买差车还不至于亏本，但如果用高价买到一辆差车则要吃亏。当然上述模型中对买方来说还有一种更理想的可能性，即用低价买到好车，这时他的得益比用高价买到好车还要大，$V - P_l > V - P_h$。

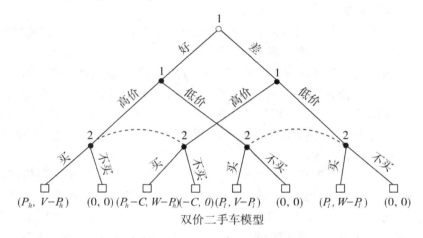

双价二手车模型

由于卖方在车况好、差两种情况下都有选高、低价的两种可能性，因此买方并不能简单地根据价格的高低判断车况。买方要作出"判断"必须根据对方策略（取决于得益和己方策略等）、经验（平均来说车况好、差的比例）及利用贝叶斯法则。值得注意的是，在该双价模型中，如果 C 接近于 0，即卖方在车况差时几乎不花多少代价就能冒充好车而不会被买方发现，则所有卖方都会要高价。

这与单一价格模型中 C 等于 0 时所有卖方都会选择卖是一样的道理。因此，如果想让价格透露车况方面的信息（至少部分透露），必须使 C 大于 0。这也意味着买方必须有一定的鉴别能力才不容易上当受骗。

（二）模型的均衡

首先证明当 $C > P_h$ 时，该博弈会实现最理想的市场完全成功的完美贝叶斯均衡。其中价格能完全反映车况的好差，好车的卖方会要高价，差车的卖方会自觉要低价，而买方则肯定买下卖方出售的车子。该完美贝叶斯均衡的双方策略组合和相应的判断如下：

①卖方在车况好时要高价，车况差时要低价；

②买方买下卖方出售的车子；

③买方的判断是 $p(g|h) = 1, p(b|h) = 0, p(g|l) = 0, p(b|l) = 1$。

同样用逆推归纳法来证明。

对买方来说，给定自己的上述判断，如果卖方要的是高价，则选买的期望得

益为 $p(g|h)(V-P_h)+p(b|h)(W-P_h)=V-P_h>0$,如果卖方要的是低价,则选买的期望得益为 $p(g|l)(V-P_l)+p(b|l)(W-P_l)=W-P_l>0$,两种情况下选不买的得益都是 0,因此对买方来说买是相对于不买的绝对上策。给定买方的上述判断和策略,当车况好时,因为 $P_h>P_l$,卖方当然要高价;当车况差时,由于 $P_l>0>P_h-C$,因此卖方要低价才是合理的。因此车况好时卖高价,车况差时卖低价确实是卖方唯一的符合序列理性的策略。再回头分析买方的判断。当卖方采取上述策略时,买方的判断显然是完全合理的。这样上述策略组合和判断就通过了完美贝叶斯均衡的各个要求的检验,因此根据市场和均衡类型的分类方法,这既是一个完美贝叶斯均衡又是一个市场完全成功类型的分开均衡,属于市场均衡中最有效率的一种。

　　然而,上述理想的市场均衡并不非常普遍,因为在其他情况下,特别是 C 的水平比较不利的情况下,常常会导致较差的市场均衡情况,包括市场完全失败的情况。一种极端的例子是 $C=0$,即以次充好完全不需要成本的情况。在这种情况下只有傻瓜才会卖低价,如果这时再满足 $p_g(V-P_h)+p_b(W-P_h)<0$,即买方选买的期望得益小于 0,则买方的必然选择是不买。这样的市场实际上就是完全瘫痪了,即使是质量好的商品,也不再有人敢买。上述这种在信息不完美的情况下,劣质品赶走优质品使市场瘫痪的机制,最先是由乔治·阿克洛夫在讨论二手车市场交易问题时提出的,并被称为"柠檬原理"。

　　值得注意的是,在价格可变的情况下,不完美信息对市场的破坏作用虽然本质上是一样的,但却有不同的表现形式。假设市场中既有优质品也有劣质品,例如优质品和劣质品各占一半,价格固定情况下消费者由于信息不完美从而无法识别具体产品的优劣。如果这时假设商品价格是可变的,消费者可以讨价还价而厂商为了出清商品会降价,那么理性的消费者愿意支付的最高价格必然不会高于所购买商品的"期望价值"。消费者的这种选择必然会使优质产品逐渐退出市场,因为此时市场价格低于优质品的价值,甚至可能低于其生产成本。优质产品逐渐退出市场使市场上优质产品的比例进一步下降,消费者购买该种商品的期望价值就会进一步降低,愿意付的价格也进一步降低。这种恶性循环机制作用的结果,一定是使得市场上最后只剩下价值和生产成本最低的劣质产品,而不会有任何优质产品。此时,除非消费者愿意消费低价劣质品,否则该市场将完全崩溃。这种由于消费者的信息不完美,不能识别商品质量,因而不愿付高价购买商品,最终引起优质品逐渐被劣质品赶出市场的过程,通常被称为"逆向选择"。

四、有退款保证的双价二手车交易

　　在信息不完美的市场中,买、卖双方利益和代价的不同情况会导致不同性质、不同效率的市场均衡,其中只有市场完全成功是理想和有效率的,其他几种均衡则都不理想。部分成功或接近失败的均衡意味着要么必然有部分"倒霉"的买方要受骗上当,要么还有部分优质商品销不出去,同时也意味着资源被用于搞假冒伪劣活动或防伪、打假、法律诉讼等,这些都不利于社会经济总体效率的提高和经济发展,即使部分人能够获得利益也是以其他人的损失为代价的,这不仅对社会总体福利没有贡献,而且还有社会道德方面的不良副作用。市场完全失败类型的均衡更是会使市场完全瘫痪,从而严重影响经济效率和经济发展。减少出现上述三种低效率均衡的机会,防止"柠檬原理"和"逆向选择"效应的产生,对进一步提高社会经济效率和社会福利,促进社会道德规范、社会风气的改善等都有重要的意义,符合包括消费者和诚实经营厂商在内的全社会的根本利益。

实现上述目标其实有很多方法。能够从根本上解决这个问题的有效方法是消除信息的不完美性。具体就是消费者要对想购买的商品作更多调查,了解其相关知识和生产过程,从而提高识别产品优劣真伪的能力。这也可以理解为提高假冒伪劣厂商伪装成本 C 的方法,因为当消费者的识别能力较高时,欺骗他们的难度就更大,想让消费者无法识别需要的伪装成本必然更高。但是搜集信息和识别商品的伪劣并不是一件容易的事,即使人们通过学习能做到这一点,也往往意味着必须花费大量时间、精力和金钱,这就是获得信息的成本,相对于交易商品的价值来说这种成本常常是非常高的。因此,即使上述消除信息不完美性的方法确实能从根本上解决问题,也并不一定有实用性,当然实用的方法还是有的。从前面两种二手车交易博弈模型中我们看到,实现较理想的市场均衡有两个关键性的条件:

第一个条件是拥有劣质商品的卖方,如二手车模型中车况差的卖方,将劣质商品伪装成优质商品的成本一定要存在而且要较高。如果该成本高出商品的价格(单一价格或优质品价值的高价),则劣质品卖方的欺骗行为将变得无利可图,从而会自动放弃以次充好的打算,将其劣质品撤出市场或老老实实地卖与商品价值相符的低价,市场自然会实现最理想的完全成功类型的均衡。

第二个条件,即买方买商品的消费者剩余平均来说大于上当受骗蒙受的损失。其实第二个条件与第一个条件是有密切关系的,因为当劣质品的伪装成本很低的时候,销售伪劣商品的卖方能获得比销售优质商品的卖方更多的利润,从而市场上优质商品的比例肯定较低,第二个条件就很难满足。因此,上述两个条件中的第一个条件,也就是劣质商品的伪装成本 C 与价格的相对大小是决定市场类型最关键的因素。如果我们假设优质品的价格不可能降低,那么提高 C 就是改善均衡类型的唯一手段。

如果只是将 C 理解为狭义的伪装成本,那么 C 的大小主要受客观因素影响,就很难利用它来影响市场均衡的类型和改善经济效率。如果我们把这个伪

装成本 C 理解为卖方的全部代价，既包括交易之前的清洁、整修等包装费用，也包括事后被追究责任或索赔等要付出的代价，就掌握了调控伪装成本 C 的更多有效手段。例如法律上可以加大对假冒伪劣行为的惩罚力度，从而提高 C 的水平；也可以通过诚实经营的厂商向消费者提供各种质量承诺，如实行包退、包换、包赔等制度实现同样的目的。

　　加大对假冒伪劣行为的惩罚力度，意味着搞假冒伪劣的厂商一旦被查获要付出更大的代价，C 的平均（期望）水平就会提高，从而改善市场均衡的类型和提高市场效率。因为改善市场秩序、提高经济效率和保护消费者利益既符合全社会的利益，也是政府的责任，因此政府应该有采取这方面措施的愿望和义务。加大对假冒伪劣行为惩罚力度起作用是有条件的，第八讲讨论过的小偷和守卫的博弈问题中提出的"激励的悖论"可以很好地说明这一点。

　　在守卫可以选择偷懒或者尽职的情况下，加大对小偷的惩罚力度对抑制偷窃只是在短期中有作用，长期中只是使守卫偷懒的机会增大而不会减少发生偷窃的概率，长期中真正能抑制偷窃的是加强对失职守卫的处罚而不是对小偷的处罚。如果把小偷和守卫博弈中的小偷理解成搞假冒伪劣的厂商，把守卫理解成对市场秩序负有管理职责的政府管理部门，那么上述"激励的悖论"的意义就是：如果政府管理部门有松懈失职的可能性，那么只是加大对搞假冒伪劣厂商的惩罚力度，在短期内能起到抑制假冒伪劣的作用，长期效果必须靠加强对相关管理部门的监督和对失职行为的查处来保证。这对我们制定相关政策应该说也有重要的启示。因为假冒伪劣行为可以把市场搞垮，造成的柠檬原理和逆向选择效应，常常会给诚实经营厂商带来很大的损害，因此诚实经营的厂商对于抑制假冒伪劣行为也有很迫切的愿望和很大的积极性。而诚实经营的厂商既没有查处欺诈者的权力，也没有处罚政府管理部门的权力，因此只能通过其他途径起作用，主要手段是对消费者提供各种形式的质量承诺，包括对自己销售的商品实行包退、包换、包赔制度，承诺双倍赔偿甚至"假一罚十"等，我们可称它们为"昂贵的承诺"。昂贵的承诺之所以能够起到抑制假冒伪劣的作用，原因在于它给造假者制造了一个两难困境：如果造假者不敢向消费者提供同样的质量承诺，就暴露了它们商品质量不高的本来面目，消费者信息不完美的困难就克服了；如果造假者提供同样的承诺，那么它们将面临更高的赔偿成本，造假总成本 C 就大大提高了。这两种情况当然都能抑制假冒伪劣的发生，从而改善市场均衡的类型和提高市场效率。

第十六讲　不完全信息静态博弈

一、不完全信息静态博弈概述

不完全信息的博弈问题,也称"贝叶斯博弈"。完全信息是指每一个博弈方对所有其他博弈方(对手)的特征、策略集及得益函数有准确的知识;所谓"不完全信息",是指在博弈中至少有一个博弈方对其他博弈方就该博弈局势有关的事前信息不完全清楚,而不是博弈进程中产生的与博弈方实际策略选择有关的信息。这种事前信息是指关于在博弈开始之前博弈方所处的地位或者状态的信息,这种地位与状态对博弈局势会产生影响。不完全信息并不是完全没有信息,不完全信息的博弈方至少需要有其他博弈方得益相关因素取值范围和分布概率的知识,而且这种知识是博弈方之间的共同知识。

现实博弈中的不完全信息有多种形式,如博弈方对其他博弈方所掌握的资源、所拥有的商业经验、决策能力以及偏好等不完全了解,对其他博弈方可用策略不完全了解,对处于一种博弈局势中的博弈方的人数不完全了解等。理论上讲,上述各类不完全信息情形在博弈分析中都可以转化为一种不完全信息情势,即博弈方对其他博弈方的得益或得益函数不完全了解。因此,博弈方需要对上述不完全信息作出主观判断,并在此基础上决定自己的行为。在信息不充分的情况下,博弈的参与人不再是使自己的得益或效用最大,而是要使自己的期望得益或效用最大。比如让你在 50% 的概率获得 100 元与 10% 的概率获得 200 元两者之间选择的话,你该如何选择? 你的答案是:前者的期望所得是 50元,后者是 20 元,故选前者。

博弈论作为经济学研究的有力工具,其重要发展之一是在 20 世纪 70 年代对不对称信息下经济行为分析的兴起。不对称信息指一些博弈方拥有别的博弈方不拥有的"私人信息",也就是说一些博弈方知道别的博弈方不知道的某些情况。不完全信息静态博弈问题在现实的市场竞争和交易中普遍存在。不完全信息静态博弈分析有重要的应用价值,也是现代信息经济学的主要基础理论之一。下面以"空城计"为例说明不完全信息博弈。

街亭失守,司马懿引大军蜂拥而来,当时孔明身边只有一班文官和 2500 名军士,其余一半军士已经运粮草去了。

众官听得这个消息,尽皆失色。孔明登城望之,果然尘土冲天,魏兵分两路杀来。孔明令众将旌旗尽皆藏匿,打开城门,每一门用20军士,扮作百姓,洒扫街道。而孔明羽扇纶巾,引二小童携琴一张,于城上敌楼前凭栏而望,焚香操琴。

司马懿自马上远远望之,见诸葛亮神态自若,顿时心生疑忌,犹豫再三,难下决断。又接到远山中可能有埋伏的情报,于是叫后军作前军,前军作后军,急速退去。司马懿之子司马昭问:"莫非诸葛亮无军,故做此态,父何故便退兵?"

司马懿说:"亮平生谨慎,不曾弄险,今大开城门,必有埋伏,我兵若进,必中计也。"

孔明见魏军退去,抚掌而笑,众官无不骇然。诸葛亮说,司马懿"料吾生平谨慎,必不弄险,疑有伏兵,所以退去。吾非行险,盖因不得已而用之,弃城而去,必为之所擒。"

问题:

①司马懿关于自己策略的得益信息是完全的吗?

②诸葛亮做法的作用是什么?

③司马懿认为不可以进攻的依据是什么?

④"空城计"的故事能否表示为博弈?如果可以,表示为什么类型的博弈?

⑤分析这个博弈,并给出这个博弈的策略式或扩展式表述。

分析过程:

		司马懿	
		进攻	撤退
诸葛亮	弃城	被擒,?	不被擒,?
	守城	被擒,?	不被擒,?

司马懿关于自己策略的得益信息是不完全的,虽然兵多将广,但不知道自己和对方在不同行动策略下的得益。诸葛亮虽然处于劣势,但知道博弈的结构,比对方掌握更多的信息。所以他的计策是使用各种手段迷惑司马懿,为的是不让对方知道其策略的结果,迫使其认为撤退比进攻好,降低其进攻的预期收益。如果用概率论的术语来说,诸葛亮的做法是加大司马懿对进攻失败的主观概率,使司马懿认为进攻的期望收益小于撤退的期望收益。

从空城计的历史故事中我们知道,我们不可能料事如神,也无法掌握所有变因,更无力预测未来,不确定性就像缴税一样不可避免。这一部分主要探讨如何在不确定性的情况下做出理性、一致的决策。换句话说,首先必须承认自己虽然没有办法做到无所不知,但也不至于一无所知,而应该或尽可能有效运用自己所知的一切为自己谋利。

在不完全信息博弈中,并非所有人均知道同样的信息,除了公共信息外,每个博弈方都有自己的私人信息,于是在进行策略选择时,博弈方需要猜测其他博弈方的私人信息,也同样需要猜测其他博弈方对自己私人信息的猜测,这种对猜测的猜测序列可以无限地继续下去。海萨尼将这种不完全信息引发的复杂判断问题称为"递阶期望"。为了解决这一问题,需要引入一种特定的分析机制,对不完全信息带来的博弈问题进行描述与处理,这就是海萨尼转换。

二、静态贝叶斯纳什均衡

(一)静态贝叶斯的例子——不完全信息的古诺模型

一个两厂商寡头市场,市场价格为 $P(Q) = a - Q$,其中 $Q = q_1 + q_2$ 为市场总产量。设两厂商都无固定成本,厂商 1 的边际成本函数为:$C_1 = C_1(q_1) = c_1 q_1$,这是两厂商都清楚的;厂商 2 的边际成本函数有两种可能的情况,一种是 $C_2 = C_2(q_2) = c_H q_2$,另一种是 $C_2 = C_2(q_2) = c_L q_2$,且 $c_H > c_L$,即边际成本有高低两种情况。厂商 2 完全清楚自己是哪一种;厂商 1 只知道前一种情况的概率为 θ,后一种情况的概率为 $1 - \theta$。

通常,厂商 2 在边际成本是较高的 c_H 时会选择较低的产量,而在边际成本为较低的 c_L 时会选择较高的产量。厂商 1 在作自己的产量决策时当然会考虑到厂商 2 的这种行为特点。设厂商 1 的最佳产量为 q_1^*;厂商 2 在边际成本为 c_H 时的最佳产量为 $q_2^*(c_H)$,边际成本为 c_L 时的最佳产量为 $q_2^*(c_L)$。根据上面的假设,$q_2^*(c_H)$ 应满足 $\max_{q_2}[(a - q_1^* - q_2) - c_H]q_2$,$q_2^*(c_L)$ 应满足 $\max_{q_2}[(a - q_1^* - q_2) - c_L]q_2$;$q_1^*$ 应满足 $\max_{q_1}\{\theta[a - q_1 - q_2^*(c_H) - c_1]q_1 + (1 - \theta)[a - q_1 - q_2^*(c_L) - c_1]q_1\}$。

即厂商 2 是在不同的边际成本下分别根据 q_1^* 求出使自己取得最大得益的产量,而厂商 1 则根据厂商 2 的 $q_2^*(c_H)$ 和 $q_2^*(c_L)$ 及它们出现的概率求出使自己获得最大期望得益的产量。

上述三个最大值问题的一阶条件为

$$q_2^*(c_H) = \frac{a - q_1^* - c_H}{2}, \quad q_2^*(c_L) = \frac{a - q_1^* - c_L}{2}$$

$$q_1^* = \frac{1}{2}\{\theta[a - q_2^*(c_H) - c_1] + (1 - \theta)[a - q_2^*(c_L) - c_1]\}$$

解由这三个方程构成的方程组,得:

$$q_2^*(c_H) = \frac{a - 2c_H + c_1}{3} + \frac{1 - \theta}{6}(c_H - c_L)$$

$$q_2^*(c_L) = \frac{a - 2c_L + c_1}{3} + \frac{\theta}{6}(c_H - c_L)$$

$$q_1^* = \frac{a - 2c_1 + \theta c_H + (1 - \theta)c_L}{3}$$

将 q_1^*、$q_2^*(c_H)$ 和 $q_2^*(c_L)$ 与完全信息古诺模型中的均衡产量 $q_1^* = (a - 2c_1 + c_2)/3$ 和 $q_2^* = (a - 2c_2 + c_1)/3$ 进行比较,当 $c_2 = c_H$ 时,$q_2^*(c_H) > q_2^*$;当 $c_2 = c_L$ 时,$q_2^*(c_L) < q_2^*$;而厂商 1 的 q_1^* 比完全信息时的均衡产量更大还是更小,则取决于厂商 2 期望成本的大小,也就是取决于厂商 2 高低两种成本的数值和各自出现的概率的大小,变化的方向现在尚不能肯定。

（二）静态贝叶斯均衡的一般表示

不完全信息博弈与不完美信息博弈是不同的博弈,用不同的表示和分析方法。但不完全信息与不完美信息也有很强的内在联系,并可以通过一定的方式统一起来。

要准确表示静态贝叶斯博弈,应在完全信息静态博弈表达式的基础上,揭示出静态贝叶斯博弈中各博弈方虽然完全清楚自己的得益函数,但却无法确定其他博弈方的得益函数的特征。

基本思想是,某些博弈方虽然不能确定其他博弈方在一定策略组合下的得益,但至少知道其他博弈方的得益有哪几种可能的结果,而哪种可能的结果会出现则取决于其他博弈方属于哪种"类型"。这里的"类型"是博弈方自己清楚而他人无法完全清楚的私人内部信息、有关情况或数据等。

用 t_i 表示博弈方 i 的类型,用 T_i 表示博弈方 i 的类型空间,$t_i \in T_i$,从而博弈方 i 在策略组合 $(a_1, \cdots, a_n)$ 下的得益为 $u_i = u_i(a_1, \cdots, a_n, t_i)$。这个得益函数中含有一个反映博弈方类型的变量 t_i,其取值是博弈方 i 自己知道而其他博弈方并不清楚的,这种得益函数的表述可以反映静态贝叶斯博弈中信息不完全的特征。因此,静态贝叶斯博弈的一般表达式为:

$$G = \{A_1, \cdots, A_n; T_1, \cdots, T_n; u_1, \cdots, u_n\}$$

表达式中 A_i 为博弈方 i 的行动空间（即策略集）,T_i 是博弈方 i 的类型空间,$u_i(a_1, \cdots, a_n, t_i)$ 是博弈方 i 的得益,它是策略组合 $(a_1, \cdots, a_n)$ 和类型 t_i 的函数。上述方法实际上是将博弈中某些博弈方对其他博弈方得益的不了解,转化成对这些博弈方"类型"的不了解,这样转化后,我们在分析博弈的时候,就必须注意各博弈方的策略组合以及各自的类型。我们可以再用前述不完全信息古诺模型为例,进一步解释上述思路。

在该静态贝叶斯博弈中,两厂商的行为即他们的产量决策分别为 q_1 和 q_2。q_1 的所有可能取值构成厂商 1 的行动空间 A_1,q_2 的所有可能取值构成了厂商 2

的行动空间 A_2。厂商 1 在一定策略组合下的得益,即利润 u_1 是双方产量 q_1 和 q_2 以及自己成本的函数。由于厂商 1 的边际成本是双方都清楚的确定值 c_1,因此他的得益实际上只是双方产量这两个变量的函数。厂商 2 的得益也取决于双方的产量和自己的成本,但是厂商 2 的边际成本有两种可能的情况,一是高成本 c_H,另一种是低成本 c_L。

究竟属于哪一种,厂商 2 自己知道,厂商 1 却不知道,因此厂商 1 不可能有关于厂商 2 的完全信息。为了表达这种信息不完全性,将它解释为厂商 1 不了解厂商 2 的"类型",而这个"类型"就是厂商 2 的边际成本。

如果用 t_2 表示厂商 2 的类型,则 t_2 有 c_H 和 c_L 两种可能性,如果用 T_2 表示他的类型空间,则 $T_2 = \{c_H, c_L\}$。当然,为了形式上对称起见,虽然厂商 1 只有一种成本 c_1,我们也可以将该成本看作他的类型 t_1,只是厂商 1 的类型空间 T_1 中只有一个元素 c_1。

在这样假设之后,我们就可以用下式表示这个不完全信息的古诺模型:
$$G = \{A_1, A_2; T_1, T_2; u_1, u_2\}。$$
其中 $A_1 = \{q_1\}$,$A_2 = \{q_2\}$,$T_1 = \{c_1\}$,$T_2 = \{c_H, c_L\}$,$u_1 = \pi_1\{q_1, q_2, t_1\}$,$u_2 = \pi_2\{q_1, q_2, t_2\}$。

虽然现在已经能用上述方法来表示静态贝叶斯博弈的信息不完全性,但仍然无法解决这些博弈问题。因为在不完全信息静态博弈中,如果某些博弈方对其他博弈方的"类型"一无所知,就会完全失去进行决策的依据。

一般来说,一个博弈方至少需要知道其他博弈方各种"类型"出现机会的相对大小,即对每种"类型"出现的概率分布有一个判断,才可能根据其他博弈方各种得益的可能性,推导出他们平均来讲会做的选择,从而对自己的每种选择的期望得益有所估计,进行决策选择。

如果用 $p_i = p_i\{t_{-i} | t_i\}$ 表示博弈方 i 在自己的实际类型为 t_i 的前提下对其他博弈方类型(在有多个其他博弈方时为类型组合)t_{-i} 的判断,即在自己的类型为 t_i 前提下,其他博弈方类型或类型组合 $t_{-i} = (t_1, \cdots, t_{i-1}, t_{i+1}, \cdots, t_n)$ 出现的条件概率,则我们可用 $G = \{A_1, \cdots, A_n; T_1, \cdots, T_n; p_1, \cdots, p_n; u_1, \cdots, u_n\}$ 表示静态贝叶斯博弈。虽然某些博弈方没有关于其他博弈方类型的完全信息,但至少有关于他们各种类型出现机会的概率分布知识。在平均意义或者说期望得益的意义上,这种博弈是有结果和可以分析的。

(三)海萨尼转换

①"自然"为每个博弈方随机选择他们的类型,这些类型构成了类型向量 $t = (t_1, \cdots, t_n)$,其中 $t_i \in T_i$;

②"自然"让每个博弈方知道自己的类型,但却不让(全部或部分)博弈方

知道其他博弈方的类型；

③除"自然"以外的所有博弈方同时从各自的行动空间中选择行动方案 $(a_1,\cdots,a_n)$；

④除"自然"博弈方以外，其余博弈方各自取得得益 $u_i = u_i(a_1,\cdots,a_n,t_i)$。

海萨尼在 1967 年提出的这种分析静态贝叶斯博弈的思路，即在把对得益的不了解转化为对类型的不了解的基础上将不完全信息静态博弈转化为完全且不完美信息动态博弈进行分析，以对博弈方类型的分析代替对博弈方确切行动的分析。这样，在不完全信息博弈中，就从各博弈方不了解其他博弈方的真实情况，变换到可以了解其他博弈方各种可能情况出现的概率是多少。

经过上述转换的博弈是一个完全且不完美信息的动态博弈，不过它是带有同时选择的，因此本质上与原来的静态贝叶斯博弈是相同的。

之所以说它是一个动态博弈，是因为这个博弈有两个阶段，第一阶段为"自然"的选择阶段，第二阶段是博弈方 $1,\cdots,n$ 的同时选择阶段。当然，因为至少部分博弈方对"自然"在第一阶段为其他博弈方选择的类型不完全清楚，因此这是一个不完美信息动态博弈。

但是，当利用"自然"的选择方向或路径来表示各博弈方的不同类型以后，则在"自然"的选择路径 $(a_1,\cdots,a_2,t_i)$ 的各博弈方的策略组合 $(t_1,\cdots,t_n)$ 之下，各实际博弈方的得益 $u_i = u_i(a_1,\cdots,a_n,t_i)$ 却是确定的和大家都知道的，因此这是一个完全信息的博弈。

通过海萨尼转换，我们确实把一个静态贝叶斯博弈转化成一个完全且不完美信息的动态博弈问题。在做了海萨尼转换之后，我们仍然有对"类型"的判断的问题，但这时对类型的判断在形式上就变成了对博弈进程，即"自然"的选择的判断，其概率分布仍然与类型的概率分布相同，即"自然"以一定的概率分布随机选择 $t_1,\cdots,t_n$。

(四)贝叶斯纳什均衡

虽然静态贝叶斯博弈都可以通过海萨尼转换转化为完全且不完美信息动态博弈，因此理论上静态贝叶斯博弈都可以先进行海萨尼转换，然后利用上一章介绍的完美贝叶斯均衡分析方法进行分析，但因为静态贝叶斯博弈转化成的都是两阶段有同时选择的、特殊类型的不完美信息动态博弈，因此这类博弈有专门的分析方法和均衡概念，用这些专门的分析工具进行分析更有效率。

1. 静态贝叶斯博弈的均衡概念

任何博弈分析的核心问题都是博弈方之间的策略均衡，这一点对于静态贝叶斯博弈当然也不例外。那么对于静态贝叶斯博弈怎样的均衡概念比较有效呢？要回答这个问题，首先必须注意静态贝叶斯博弈与完全信息博弈之间在策略和策略集方面的不同。静态贝叶斯博弈中实际博弈方的一个策略，就是他们针对自己各种可能的类型如何作相应选择的完整计划,可以用如下方式定义静态贝叶斯博弈中实际博弈方的一个策略:策略表示在静态贝叶斯博弈 $G = \{A_1, \cdots, A_n; T_1, \cdots, T_n; p_1, \cdots, p_n; u_1, \cdots, u_n\}$ 中,博弈方 i 的一个策略,就是自己各种可能类型 t_i $(t_i \in T_i)$ 的一个函数 $S_i(t_i)$。$S_i(t_i)$ 设定对于"自然"可能为博弈方 i 抽取的各种类型 t_i,博弈方 i 将从自己的行动空间 A_i 中相应选择行动 a_i。

因此,静态贝叶斯博弈中博弈方的策略就是类型空间到行动空间的函数,所有这种函数构成博弈方的策略集。例如,博弈方 i 的策略就是由从类型空间 T_i 中元素到行动空间 A_i 中元素的函数关系构成,策略集 S_i 则由所有这种可能的函数关系组成。

根据策略函数 $S_i(t_i)$ 的不同情况,它们为不同的类型所确定的行动既可以各不相同,也可能是相同的,这与我们前一章所讲的分开均衡和合并均衡概念具有相似性。

对于静态贝叶斯博弈策略的上述定义可能会有的疑问是:既然博弈方 i 对自己的实际类型 t_i 是完全清楚的,因此似乎博弈方 i 只要根据自己的实际类型选择行动即可,对每种可能的类型 $t_i \in T_i$ 都设定行动好像没有必要。

之所以每个博弈方都必须为自己实际上没有出现的类型设定行动,原因在于博弈方相互之间并不知道"自然"为其他博弈方抽取的实际类型是什么,对其他博弈方来说,一个博弈方类型空间中的每一种类型都是有可能被抽到的,他们必须考虑该博弈方是所有各种类型时会作的选择,并把这些考虑综合进他们自己的决策选择中。其他博弈方的考虑反过来又必然对你的选择产生影响。因此,在静态贝叶斯博弈中,每个博弈方都设定针对自己策略集中每种类型的行动方案是非常必要的,否则就会给静态贝叶斯博弈的分析造成困难。

2. 以不完全信息古诺模型为例

厂商 1 只有一种类型 c_1,因此其策略就是一种行动选择,没有必要更多讨论;厂商 2 则有两种类型 c_H 和 c_L,厂商 2 清楚自己的实际类型,不妨假设就是 c_H。从表面上看,厂商 2 只要针对自己成本为 c_H 的情况选择最优产量 $q_2^*(c_H)$,不必考虑成本为 c_L 时的最优产量 $q_2^*(c_L)$。但如果不确定厂商 2 在成本为 c_L 时的最优产 $q_2^*(c_L)$,厂商 1 的最优产量 $q_1^* = q_1^*(c_1)$ 选择就无法作出,因为厂商 1 不可能知道厂商 2 的实际类型是 c_H,他只能根据厂商 2 的 $q_2^*(c_H)$ 和 $q_2^*(c_L)$ 及它们各自出现的概率大小进行选择。厂商 1 的 $q_1^*(c_1)$ 无法确定,反过来又影响厂商 2 对 $q_2^*(c_H)$ 的确定。因此,即使厂商 2 明知道自己的实际成本是 c_H,他也必须对 $q_2^*(c_L)$ 作出选择,否则就会给该博弈的分析造成困难,最终使得我们无法得出分析结论。利用函数关系式上述论证也可以简洁地表示为:

$$q_2^*(c_H) = q_2^*(c_H, q_1^*) = q_2^*\{c_H, q_1^*[c_1, q_2^*(c_H), q_2^*(c_L)]\}$$

该函数关系式清楚地表明,在上述不完全信息的古诺模型中,$q_2^*(c_H)$ 最终也是

取决于 $q_2^*(c_L)$ 的,因此不考虑厂商 2 对 $q_2^*(c_L)$ 的设定,就无法进行分析。

有了静态贝叶斯博弈中博弈方策略的定义,我们就可以将纳什均衡的概念推广到这种博弈中去,基本思想与完全信息静态博弈中纳什均衡的基本思想仍然是一样的:各博弈方的策略必须是对其他博弈方策略(或策略组合)的最优反应。关键的不同是这里所说的策略,比完全信息静态博弈中的策略要复杂一些,它们不再只是一种简单的行动选择,而是由类型决定行动选择的函数。从而引出了针对这类博弈问题的基本概念——"贝叶斯纳什均衡"。

定义:在静态贝叶斯博弈中, $G = \{A_1, \cdots, A_n; T_1, \cdots, T_n; p_1, \cdots, p_n; u_1, \cdots, u_n\}$,如果对任意博弈方 i 和他的每一种可能的类型 $t_i \in T_i$, $S_i^*(t_i)$ 所选择的行动 a_i 都能满足

$$\max_{a_i \in A_i} \sum_{t_{-i}} \{ u_i [S_1^*(t_1), \cdots, S_{i-1}^*(t_{i-1}), a_i, S_{i+1}^*(t_{i+1}), \cdots, S_n^*(t_n), t_i] p(t_{-i} | t_i) \}$$

则称策略组合 $S^* = (S_1^*, \cdots, S_n^*)$ 为 G 的一个(纯策略)贝叶斯纳什均衡。

上述定义中求最大值的和是对其他博弈方的各种可能的类型组合求和,其中"纯策略"的意义与完全信息博弈中相同。当静态贝叶斯博弈中博弈方的一个策略组合是贝叶斯纳什均衡时,意味着不会有任何一个博弈方想要改变自己策略中的哪怕只是一种类型下的一个行动。

贝叶斯纳什均衡是分析静态贝叶斯博弈的核心概念,在具体的一个有限静态贝叶斯博弈[n 为有限数, $(A_1, \cdots, A_n)$ 和 $(T_1, \cdots, T_n)$ 为有限集]中,找出一个贝叶斯纳什均衡并不难。对一般的有限静态贝叶斯博弈,则理论上在允许采用混合策略的情况下贝叶斯纳什均衡总是存在的。

三、应用案例

案例 1. 市场阻入博弈

假设有一个进入者计划进入一个市场,他有两个策略选择:进入或不进入;而市场在位者可以选择默许或斗争,在位者高成本情况下和低成本情况下双方的得益情况如下表所示:

		在位者			
		高成本情况		低成本情况	
		默许	斗争	默许	斗争
进入者	进入	40,50	−10,0	30,80	−10,100
	不进入	0,300	0,300	0,400	0,400

一般来说,假设进入企业只有一种类型,现有企业有高成本和低成本两种类型。或者说,进入企业具有不完全信息,而现有企业具有完全信息。在该模

型中,进入企业有关现有企业的成本信息是不完全的,但现有企业了解进入企业的成本函数。如果现有企业是高成本,当进入企业进入时最优选择是默许。如果现有企业是低成本,则最优选择是斗争。在不完全信息条件下,进入企业的最优选择依赖于它在多大程度上认为现有企业是高成本或低成本的。这种认识就是对现有企业类型的了解。假定进入者认为在位者是高成本的概率是 p,低成本的概率是 $1-p$,有进入者选择进入的期望利润是 $p \cdot (40) + (1-p) \cdot (-10)$,选择不进入的利润是 0。因此,进入者的最优选择是:如果 $p \geq 1/5$,选进入,如果 $p < 1/5$,选择不进入,当 $p = 1/5$ 时,进入与不进入是无差异的,我们假定其进入。

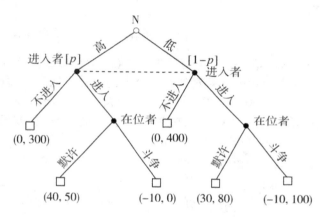

在该模型中,进入者有关在位者的成本信息是不完全的,但在位者了解进入者的成本函数。如果在位者是高成本,当进入者进入时最优选择是默许;如果是低成本,则最优选择是斗争。

案例 2. 二手车市场为什么难以建立?

在发达国家,二手车的价格往往比新车差一大截,即使旧车本身没有什么质量问题,一旦进入二手车市场,其价格就会与新车相比差得很远。在我国许多城市,二手车市场甚至难以建立起来,原因是进入市场的买车人太少。这是为什么呢? 二手车市场的博弈理论为我们解答了这个问题。

在二手车市场上,卖车人比买车人更多地知道车的质量情况,但卖车人不会将旧车的质量问题老老实实地告诉买车人,买车人也知道这种情形,因此,买车人在开出价格时会考虑到车的质量问题。假定没有问题的好车价值 20 万元,有问题的坏车只值 10 万元,并且假设买车人认为市场上出现好车和坏车的可能性各占一半。这时,买车人开出的价格不会高于 $(1/2 \times 20 + 1/2 \times 10)$ 万元 = 15 万元。这样,如果卖车人的车果真是好车,他就不会出售,好车退出市场,但当卖车人的车是坏车时,他会十分积极地将只值 10 万元的车按 15 万元卖出。但买车人知道愿意按 15 万元卖的车一定是坏车,从而认定市场上全是坏车。所以,除非他愿意买一辆坏车,否则他会退出市场。当他愿买坏车时,他只开出 10 万元的价。于是,二手车市场或者建立不起来,没有买主,或者充斥着坏车,真正的好车退出市场,而坏车在不断成交,但价格很低。

类似现象广泛存在于人才市场、信贷市场等,如一个公司流走的往往是能力强的人,因为公司不能正确评价一个能力强的员工的能力,给予的薪水低于其市场价值就会使得员工离职。

案例 3. 将计就计

一个古董商发现一个人用珍贵的茶碟当猫食碗,于是假装对这只猫很感兴趣,要从主人手里买下,主人不卖,为此古董商出了大价钱。成交之后,古董商装作不在意地说:"这个碟子它已经用惯了,就一块送给我吧。"猫主人不干了:"你知道用这个碟子,我已经卖了多少只猫了?"这个小故事告诉我们,掌握的正确信息越多,获胜的可能就越大。

案例 4. 维克瑞拍卖法

如果有一件古董需要拍卖,有许多人参加竞争性拍卖。这件古董在每个买主心中有一个价值评价。但是,卖主不知道买主的评价,买主也不会老实将其对古董的评价告诉卖主,不同买主之间也不知道其他人的价值评价。

如果采用"英式拍卖法",买主们轮流出价,直到开出最高价的买主拿走古董并支付所开出的最高价格。按这种拍卖方法,古董并不能按买主心中的最高评价价值卖出。例如,当买主中的最高评价为 100 万元,第二高评价为 90 万元时,当评价最高的买主开出 91 万元时,就可买走其评价为 100 万元的古董,但只支付了 91 万元。而且由于这是公开竞价,还会出现围标问题,即买主们合谋压价。

另一种方法是一级密封价格拍卖法。买主每人将其开出的价格写入一个信封,密封后交给卖主。卖主拆开所有信封,将古董卖给信封中出价最高的买主,并要求支付最高的价格。这种方法可避免围标,但不能将古董按买主中最高的评价价值卖出,因为买主不会按心中的评价老老实实地将价格写为其价值评价。如果该买主认为古董值 100 万元,他不会写出 100 万元的价格,因为当他开出比 100 万元更低一些的价格时,有可能赢得古董但净赚一个价值与价格的差额,如当他开出 90 万元时,有可能成交并净赚 10 万元。相反,当他开出 100 万元时,即使成交也无赚头,所以,买家都不会老老实实报出心中的价值。

经济学家维克瑞发明的二级密封价格拍卖法(又称维克瑞拍卖法或维克瑞招标法),既可避免围标,又可诱使买主们老老实实地开出心中的真实评价。

维克瑞拍卖法要求每个买主写入信封一个出价,密封后交给卖主,卖主拆开信封后宣布将古董卖给出价最高的人,但只需支付开出的第二高的价格。譬如,出价最高的为100万元,第二高的为90万元,古董就卖给开出100万元的人,但他只需支付给卖主90万元。

对每个买主来说,他不知道其他买主的评价,但给定其他买主的评价(尽管他不知道),他一旦获胜,支付的第二高的价格是固定的,不会随他开出的价格而变;但他开出的价格愈高,获胜的可能就愈大;不过,他不会开出比他的价值评价更高的价格,因为一旦存在别的人开出的价格比他的价值评价还要高,当他获胜时,就必须以高出他的价值评价的价格购买古董,对他来说是得不偿失的。所以,每个人都会老老实实按心中的评价开出价格。如果所有人的评价是一样的,古董就以真实的最高价值卖出。维克瑞拍卖法可以诱使买主说出真话。20世纪70年代美国联邦政府运用维克瑞招标法进行公共工程招标,为联邦政府节省了大笔开支。

案例5. 著名的BF实验

所谓BF实验,就是蜜蜂(Bee)和苍蝇(Fly)实验。这是美国密执安大学教授卡尔·韦克讲述的一个心理学实验。把数只蜜蜂和多只苍蝇装进一个玻璃瓶中,然后将瓶子平放,让瓶底朝向窗户,结果会怎样?我们会看到,蜜蜂会不停地在瓶子底部寻找出口,直至累死为止;而苍蝇会在不到两分钟内全部逃出。

实验结果是智力超群的蜜蜂灭亡,而普通的苍蝇却成功逃生。为什么会出现两种截然不同的结果呢?因为蜜蜂喜欢光亮而且智力超群,于是它们坚定地认为,出口一定是在光线最亮的地方,于是它们不停地重复这一合乎逻辑的行动。而苍蝇呢?它们对于事物的逻辑并不在意,而是到处乱飞,探索任何可能出现的机会,于是它们成功了。

实验、试错、冒险、即兴发挥、迂回前进、混乱、随机应变,所有这些都有助于应付变化,要善于打破固定的思维模式,要有足够的探索未知领域的学习能力。

第十七讲　不完全信息动态博弈

因为不完全信息这个根本特征是一致的,因此动态贝叶斯博弈与静态贝叶斯博弈在许多方面是相似的,如都可以把信息不完全理解成对类型的不完全了解,并通过海萨尼转换转化成完全且不完美信息动态博弈等。

两者的差别是动态贝叶斯博弈转化成的不是两阶段有同时选择的特殊不完美信息动态博弈,而是更一般的不完美信息动态博弈,因此直接利用不完美信息动态博弈的均衡概念进行分析就可以了,不需要引进专门的均衡概念和分析方法。

一、不完全信息动态博弈及其转换

(一)不完全信息动态博弈问题

为了对不完全信息动态博弈及其特征有更深入的了解,先举出现实社会经济问题中此类博弈的一些具体例子。

第一个例子是古玩市场的讨价还价问题。去过古玩市场的人,通常最深刻的感受莫过于古玩的价格非常玄乎,简直让人捉摸不透。在这种市场上成交的每一笔买卖,都会给买卖双方留下一个大大的疑问。买方可能会想:“我付的价格是不是太高了,是否还有杀价的余地?”而同时卖方则会想:“我是否卖得太便宜了,如果再坚持一下也许价格还能再高一点……”当然,也可能有一些容易满足的买方或卖方会很满意所做成的交易,或者他们确实是在一笔交易中捡到大便宜或发了一点横财。不管怎样说,古玩市场是一个最容易让人怀疑、吃不准、时常后悔的交易市场。

那么为什么古玩交易会有那么多的疑问,以至于人们在这里每做一笔交易都是那么犹豫呢?古玩交易让人疑惑和不放心的根本原因,不是古玩的价格昂贵,因为事实上不是所有的古玩价格都很贵,至少大多数不会比一辆汽车贵,而是古玩的效用和价值基础与日常生活用品不同,古玩属于奢侈品而不是生活必需品,其价值主要取决于交换价值而不是使用价值,其效用和价值基础的主观程度较高,客观程度较低。因此对古玩价值的评价非常困难,而且相互之间很难了解对方的评价。对买方来说,经常是对自己想买的古玩的价值完全没有把握,根本不敢相信自己的判断,这就足以使买方犹豫不决了。而且此外,买方对卖方的进价和估价也缺乏了解,因此也无法确定什么价格是卖方愿意接受的真正最低价格,以任何价格成交都无法使他肯定自己做了一笔成功的交易。对卖方来说,同样也可能对自己所卖古玩的真实价值判断失误,卖主把价值很高的古玩作为廉价货贱卖掉的事情也是经常发生的。并且即使卖方是绝对的行家,绝不可能判断失误,也仍然可能对某些交易存在疑问,因为他很难完全清楚买方的估价和购买的迫切程度如何,他总会怀疑是否还能从对方那里获取更多的利润。

由于在古玩交易中买卖双方都对自己和对方存在很多疑问,因此难怪这种市场会显得那么不可捉摸。当然,我们不可能也没有必要研究有关古玩交易所有复杂的可能性,例如对于根本缺乏估价能力的交易者的交易行为就不必研究,因为这种交易行为随意性很大,缺乏让人信服的规律,讨论它们的价值很小。我们主要研究买卖双方都有形成自己的明确估价能力的交易。买卖双方对交易对象的估价可以不同,因为买方主要根据心理效用和预期转卖价格等形成估价,而卖方则主要依据进价和销路等形成估价,但他们必须对价值有自己明确的判断。

这意味着以一定价格完成交易后,买卖双方都清楚自己的得益(对买方是估价减价格,对卖方是价格减估价)。由于双方都无法知道对方的估价,因此相互对对方的得益都不可能完全清楚,因此这是不完全信息博弈的问题。由于古玩市场的交易一般都是卖方先开价,然后买方再还价,直至达成一个双方都接受的价格或放弃交易,因此古玩交易通常是动态博弈问题。因此,在假定买卖双方都有自己确定估价的前提下,古玩交易通常是一种不完全信息的动态博弈,也即动态贝叶斯博弈。

当然并不只有古玩交易有不完全信息动态博弈的特征,其他许多交易活动在一定程度上也有不完全信息动态博弈的特征,因为在许多或者说大多数交易活动中,交易双方对对方做成买卖的迫切程度究竟有多大都很难完全清楚。

这也就是为什么在许多市场交易中,买卖双方常常要从"漫天要价,就地还价"开始,慢慢进行讨价还价的原因,因为双方都想从这个讨价还价的过程中,获得更多关于对方估价和成交得益的信息,以便准确决策和为自己争取更大的利益。不仅是在经济问题中有不完全信息动态博弈,在社会生活的其他许多方面也有此类博弈的例子,例如求婚问题中就有不完全信息动态博弈。

(二)类型和海萨尼转换

我们在静态贝叶斯博弈中处理不完全信息的方法,是将博弈方得益的不同可能理解为博弈方有不同的类型,并引进一个为博弈方选择类型的虚拟博弈方,从而把不完全信息博弈转化成完全且不完美信息动态博弈,这样的处理方法称为海萨尼转换。

　　实际上,这种处理方法同样适用于动态贝叶斯博弈,并且因为动态贝叶斯博弈本身就是动态博弈,大多数都不存在同时选择的问题,因此通过海萨尼转换转化成的完全且不完美信息动态博弈,与第十五讲讨论的一般完全且不完美信息动态博弈没有多大差别。

　　既然通过海萨尼转换可以很容易地将动态贝叶斯博弈转化为完全且不完美信息动态博弈,那么动态贝叶斯博弈分析就可以主要利用第十五讲发展的完美贝叶斯均衡、合并均衡和分开均衡等概念和相应的分析方法,这也意味着本讲不需要再作许多理论准备,可以直接对具体的博弈模型进行分析。

　　(三)基本思路

　　自然首先选择博弈方的类型,博弈方自己知道,其他博弈方不知道,即为不完全信息。其次,行动有先有后,后行动者能观测到先行动者的行动,但不能观测到其类型,即为动态博弈。但是,博弈方是类型依存型的,每个博弈方的行动都传递有关自己类型的信息,后行动者可以通过观察先行动者的行动来推断自己的最优行动。先行动者预测到自己的行动被后行动者利用,就会设法传递对自己最有利的信息。

　　不完全信息动态博弈过程不仅是博弈方选择行动的过程,而且是博弈方不断修正信念的过程。完美贝叶斯均衡是泽尔腾完全信息动态博弈子博弈完美纳什均衡与海萨尼不完全信息静态博弈贝叶斯均衡的结合。

　　完全信息动态博弈中引入了子博弈完美纳什均衡的概念,该均衡剔除了那些不可置信的威胁,但是不完全信息动态博弈中,只有一个子博弈,不能将上述方法直接用于求不完全信息动态博弈的均衡解,但可以借用这一方法逻辑。

　　将每个信息集开始的博弈的剩余部分称为一个“后续博弈”,一个“合理”的均衡应该满足如下要求:给定每一个博弈方有关其他博弈方类型的后验信念,博弈方的策略组合在每一个后续博弈上构成贝叶斯均衡。剔除这种不可信行为的方式是:假定博弈方(在所有可能情况下)根据贝叶斯法则修正先验概率,并且每个博弈方都假定其他博弈方选择的是均衡策略。在日常生活中,当面临不确定时,我们对某事件发生的可能性有一个判断,然后,会根据新的信息来修正这个判断。统计学上,修正之前的判断称为“先验概率”,修正后的判断称为“后验概率”,贝叶斯法则就是人们根据新的信息从先验概率得到后验概率的基本方法。

　　完美贝叶斯均衡是子博弈完美纳什均衡、贝叶斯均衡和贝叶斯推断的结合。它要求:

　　①在每个信息集上,决策者必须有一个定义在属于该信息集的所有决策结上的一个概率分布(信念);

②给定该信息集上的概率分布和其他博弈方的后续策略,博弈方的行动必须是最优的;

③每一个博弈方根据贝叶斯法则和均衡策略修正先验概率。

(四)贝叶斯法则

假定博弈方的类型是独立分布的,博弈方 i 有 K 个类型,有 H 个可能的行动,θ^k 和 a^h 分别代表一个特定的类型和一个特定的行动。如果我们观察到 i 选择了 a^h,i 属于 θ^k 的后验概率是多少?

$$\text{Prob}\{\theta^k \mid a^h\} \equiv \frac{p(a^h \mid \theta^k) \cdot p(\theta^k)}{\text{Prob}(a^h)} \equiv \frac{p(a^h \mid \theta^k) \cdot p(\theta^k)}{\sum\limits_{j=1}^{k} p(a^h \mid \theta^j) \cdot p(\theta^j)}$$

假设一个人有可能是好人(GP)也可能是坏人(BP),他可以做好事(GT)或坏事(BT),一个人干好事的概率等于他是好人的概率 $p(GP)$ 乘以好人干好事的概率 $p(GT|GP)$ 加上他是坏人的概率 $p(BP)$ 乘以坏人干好事的概率 $p(GT|BP)$:

$$\text{Prob}\{GT\} = p(GT \mid GP) \cdot p(GP) + p(GT \mid BP) \cdot p(BP)$$

假定观测到一个人干了一件好事,那么这个人是好人的后验概率是:

$$\text{Prob}\{GP \mid GT\} \equiv \frac{p(GT \mid GP) \cdot p(GP)}{\text{Prob}\{GT\}}$$

假定我们认为这个人是好人的先验概率是 $1/2$,观测到他干了好事之后如何修正他的先验概率依赖于他干的好事好到什么程度:

①是一件非常好的好事,坏人绝对不可能干,则 $p(GT|GP) = 1$,$p(GT|BP) = 0$;

②是一件一般的好事,好人会干,坏人也会干:$p(GT|GP) = 1$,$p(GT|BP) = 1$;

③介于上述两情况间,好人肯定会干,但坏人可能会干也可能不会干:$p(GT|GP) = 1$,$p(GT|BP) = 1/2$。

$$\text{Prob}\{GP \mid GT\} \equiv \frac{p(GT \mid GP) \cdot p(GP)}{\text{Prob}\{GT\}}$$

$$\text{Prob}\{GP \mid GT\} \equiv \frac{1 \times 1/2}{1 \times 1/2 + 0 \times 1/2} = 1$$

$$\text{Prob}\{GP \mid GT\} \equiv \frac{1 \times 1/2}{1 \times 1/2 + 1 \times 1/2} = \frac{1}{2}$$

$$\text{Prob}\{GP \mid GT\} \equiv \frac{1 \times 1/2}{1 \times 1/2 + 1/2 \times 1/2} = \frac{2}{3}$$

假定我们观测到他干了一件坏事,我们相信,好人绝对不会干坏事,那么可以肯定他绝对不是一个好人。

$$\text{Prob}\{GP \mid BT\} \equiv \frac{p(BT \mid GP) \cdot p(GP)}{p(BT \mid GP) \cdot p(GP) + p(BT \mid BP) \cdot p(BP)}$$

$$\equiv \frac{0 \times 1/2}{0 \times 1/2 + p \times 1/2} = 0$$

假定我们原来认为他是个坏人,即他是坏人的先验概率为 1,但突然发现他干了一件好事,我们如何看待呢?

$$\text{Prob}\{BP \mid GT\} \equiv \frac{p(GT \mid BP) \cdot p(BP)}{p(GT \mid BP) \cdot p(BP) + p(GT \mid BP) \cdot p(BP)}$$

$$\equiv \frac{p \times 1}{p \times 1 + q \times 0} = 1$$

二、声明博弈

本部分先讨论一类特殊的不完全信息动态博弈模型,称为"声明博弈":这种博弈模型主要研究在有私人信息、信息不对称的情况下,人们通过口头或书面的声明传递信息的问题。

在经济活动中,拥有信息的一方如何将信息传递给缺乏信息的一方;或者反过来缺乏信息的一方如何从拥有信息的一方处获得所需要的信息,以弥补信息不完全的不足,提高经济决策的准确性和效率,也是博弈论和信息经济学研究的重要问题。因为声明也是一种行为,会对接受声明者的行为和各方的利益产生影响,因此声明和对声明的反应确实可以构成一种动态博弈关系,又由于声明者声明内容的真实性通常是接收声明者无法完全确定的,因此接收声明者很难完全清楚声明者的实际利益,所以声明博弈一般是不完全信息的博弈,也就是动态贝叶斯博弈。美国联邦储备委员会发表一项关于未来货币政策、通胀率控制的声明,企业界作出相应的反应就是这种声明博弈的一个例子。

三、信号博弈

在上一部分讨论的声明博弈的基础上,现在讨论更一般的具有信息传递机制作用的博弈模型——"信号博弈"。信号博弈的基本特征是博弈方分为信号发出方和信号接收方两类,先行动的信号发出方的行动,对后行动的信号接收方来说,具有传递信息的作用。信号博弈其实是一类具有信息传递机制的动态贝叶斯博弈的总称,许多博弈或信息经济学问题都可以归结为此类博弈。

很显然,声明博弈可以看作信号博弈的特例,声明博弈中的声明方相当于信号发出方,行动方相当于信号接收方。只不过声明博弈中信号发出方的行动是既没有直接成本,也不会直接影响各方利益的口头声明,而一般信号博弈模型中信号发出方的行动通常本身就是有意义的经济行为,既有成本代价,对各方的利益也有直接的影响。

例如,工人受教育或通过职业资格考试,能向雇主传递工人素质能力方面的信息,但受教育和通过考试都是有代价的,对劳动生产率和双方的利益也有直接影响,这与工人只要作一个大于自己能力的口头声明显然不是一回事,在可信性方面和对决策的影响方面都有差异。因此,声明博弈只是信号博弈的特例,而信号博弈则是声明博弈的一般化,是研究信息传递机制的更重要的一般模型,也是信息经济学的核心内容。

（一）行为传递的信息和信号机制

信息的不完全和不对称性往往对拥有信息的一方和缺乏信息的一方都会有不利的影响。从拥有私人信息的一方来说,虽然许多时候保守秘密对自己有利,但也存在希望将私人信息传递给他人的情况。例如在二手车交易问题中,拥有货真价实二手车的卖方就希望将自己二手车的质量信息传递给买方,希望买方了解真实情况。当求职者有真才实学的时候,也非常想让招工单位了解自己的真实水平。从缺乏信息的一方来说,更是希望尽可能多地掌握信息,克服自己的信息不完全性。但问题是信息的真实性是没有保障的,许多拥有私人信息者有欺骗的动机,而缺乏信息者又很难判断信息的真伪。因此,在信息不完全、不对称的情况下,传递信息和克服信息不完全的困难并不是一件简单的事情。

（二）信号博弈及其应用举例

信号博弈是一种比较简单的但有广泛应用意义的不完全信息动态博弈。假设博弈方有两个:博弈方 1 的类型是私人信息,是信号发送者,博弈方 2 的类型是公共信息（即只有一个类型）,是信号接收者。

其博弈顺序如下:

①"自然"首先选择博弈方 1 的类型,博弈方 1 知道,但博弈方 2 不知道,只知道 1 属于该类型 x 的先验概率;

②博弈方 1 观测到类型 x 后发出信号;

③博弈方 2 观测到博弈方 1 发出的信号,使用贝叶斯法则从先验概率得到后验概率,然后选择行动。

下面以"市场进入博弈"为例具体介绍信号博弈。

假设博弈双方为在位者和进入者。在第一阶段,市场上只有一个在位者（垄断企业）,在位者有高成本和低成本两种类型,对于在位者,其制定不同价格水平时的利润如下表所示:

价　　格	$p = 4$	$p = 5$	$p = 6$
在位者高成本时的利润	2	6	7
在位者低成本时的利润	6	9	8

在第二阶段,一个潜在进入者考虑是否进入,且假设进入者只有一种类型:进入成本为2,进入者在博弈开始时只知道在位者高成本的概率是 x,低成本的概率是 $1-x$,即先验概率。如果潜在进入者不进入,在位者获得垄断利润。如果潜在进入者进入,两个企业进行古诺博弈,此时在位者成本函数为共同知识,且进入者生产成本函数与在位者高成本函数相同,若在位者为高成本,两个企业成本函数相同,假设对称古诺均衡产量下的价格为 $p=5$,且每个企业得益为3,在位者获得利润3,进入者扣除进入成本2,利润为1;若在位者为低成本,两个企业成本函数不同,假设非对称古诺均衡产量下的价格为 $p=4$,在位者利润是5,进入者得益为1,扣除进入成本2,其利润为 -1。在位者不同成本下进入者进入时他们的利润如下:

进入者进入	在位者的利润	进入者的利润
在位者高成本时, $p=5$	3	1
在位者低成本时, $p=4$	5	-1

在第二阶段,进入者是否进入依赖于它对在位者成本函数的判断:给定在位者是高成本时,进入者进入的净利润是1,低成本时进入者的利润是 -1,所以当且仅当进入者认为在位者是高成本的概率大于 $1/2$ 时,进入者才选择进入。该动态博弈的扩展式如下:

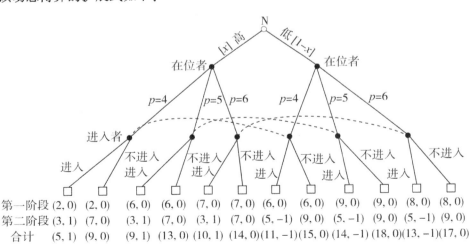

但与静态博弈不同的是,在观测到在位者第一阶段的价格选择后,进入者可以修正其对在位者成本函数的先验概率 x,因为在位者选择的价格可能包含其成本函数的信息。例如,如果只考虑第一阶段,高成本在位者会选择 $p=6$,因此,如果进入者观察到在位者选择了 $p=6$,就可以推断在位者是高成本,选择进

入是有利可图的。但预测到 $p=6$ 会招致进入者进入，那么即使高成本的在位者也可能不会选择 $p=6$。

因此对于在位者来说，一个非单阶段最优价格会减少现期利润，但如果它能阻止进入者进入，从而使在位者在第二阶段得到的是垄断利润而不是古诺均衡利润，且垄断利润与古诺均衡利润的差距足够大，那么在位者有足够的信心选择一个非单阶段最优价格，因为它可能是最优的。

在均衡情况下，在位者究竟选择什么价格，不仅与成本函数有关，而且与进入者对在位者类型判断的先验概率 x 有关。所以问题的核心是：第一阶段在位者选择的不同价格如何影响进入者对在位者类型判断的后验概率，从而影响进入者的进入决策。

从该博弈的扩展式可以看出，在两阶段的动态博弈中，如果不考虑不完全信息和信号机制，低在位者会选择 $p=5$，但低在位者是否会这样选择，取决于进入者对在位者类型判断的先验概率 x 的大小。

①当 $x<1/2$ 时，假定两类在位者都选 $p=5$，进入者不能从观测到的价格中得到任何信息，后验概率仍然是 $x<1/2$，进入的期望利润小于 0，因此不进入是最优的。那么高成本在位者会选择 $p=5$ 吗？如果其选择 $p=5$，可以阻止进入者进入，两阶段共获得利润 13，大于选 $p=6$ 而导致进入者进入的利润 10，所以也有动机选择 $p=5$。

因此，当 $x<1/2$ 时，"不论高成本还是低成本，在位者选择 $p=5$，进入者不进入"构成完美贝叶斯均衡。此为合并均衡（即不同类型的发送者选择相同的信号，或者说，没有任何类型选择与其他类型不同的信号）。在合并均衡下，信号无法揭示发送者的类型，接收者不修正先验概率。

②当 $x\geq1/2$ 时，如果低成本在位者选择 $p=5$，且高成本在位者也选择 $p=5$ 的话，低成本在位者无法将自己与高成本在位者分开，此时进入者进入的期望利润大于 0，进入是最优的，这导致低成本在位者两阶段获得利润 14；但如果他选择 $p=4$，高成本在位者不会模仿（高成本在位者之所以不选择 $p=4$，是因为成本太高，第二阶段的 4 单位利润不足以弥补第一阶段 5 单位的损失），进入者不进入，低成本在位者两阶段可获得利润 15，因此，低成本在位者不会选择 $p=5$，而会选择 $p=4$，其宁愿放弃第一阶段的 3 单位利润换取第二阶段的 4 单位利润。而且，即使低成本在位者选择 $p=5$，高成本在位者也不会选择 $p=5$，而是选择此时更优的 $p=6$。

因此，当 $x\geq1/2$ 时，"低成本在位者选择 $p=4$，高成本在位者选择 $p=6$；如果观测到 $p=4$，进入者选择进入，如果观测到 $p=6$，进入者选择不进入"构成完美贝叶斯均衡。此为分开均衡（即不同类型的发送者以 1 的概率选择不同的信号，或者说，没有任何类型选择与其他类型相同的信号）。在分开均衡下，信号准确地揭示出发送者的类型,接收者修正先验概率。

不完全信息带来的唯一后果是,低成本在位者损失 3 单位的利润,这也可以说是他为了证明自己是低成本而支付的"认证"费用。

根据分析我们知道,在拥有信息和缺乏信息的双方之间的偏好和利益完全一致的情况下,即使是没有任何代价的口头声明也能够有效地传递信息,但当双方的偏好和利益不一致时,口头声明就不再能有效地传递信息。因为在后面这种情况下,拥有信息的一方就有欺骗对方的动机,从而就会破坏整个信息传递的机制。因此,在双方利益不完全一致的情况下,并不是所有的行为都能传递信息,能有效传递信息的行为必须满足一定的性质和条件。

我们来看一些有趣的例子。

(1)萨摩亚岛居民对文身的看法

在萨摩亚岛上武士有很高的地位。但要成为一名武士,首要条件是必须有一身好的文身。文身之所以成为该岛选择武士的标准,显然不是因为它本身对打仗杀敌有什么特别的作用,靠文身是吓不倒敌人的,而是因为该岛居民相信,只有能够忍受文身巨大痛苦的青年,才是有巨大勇气的,而足够的勇气正是成为好武士的必要条件。这正是文身成为该岛挑选武士标准的根本原因,即是否文身可以反映青年人的品质,传递了部落想了解的信息。

(2)波纳佩岛上的一种奇异风俗

在波纳佩岛上,谁能种出特别大的山药,谁的社会地位就高,谁就能赢得人们的尊敬并可担任公共职务。形成这种传统的原因同样也不是因为大山药本身有什么神奇的威力,或者是因为种出大山药就会拥有魔法,而是因为该岛居民相信,能种出比别人更大的山药的人,一定比别人更有智慧,这样的人更能胜任公共职务,管理好岛上的重大事务。这就是说,种出大山药是因为它能够反映出种植者的过人智慧,所以种植者才受到特别重视。它也是一种传递人们无法直接了解的信息的机制。

如果一种行为没有成本,或者不同"品质"的发出方采用这种行为的成本代价没有差异,那么"品质"差的发出方会发出与"品质"好的发出方同样的信号,以伪装成"品质"好,从而使信号机制失去作用。例如若文身和种出大山药对谁都很轻松容易的话,它们就绝不会得到如此重视并成为获得社会地位的手段。

商品市场常常是信息极不完全的,因为消费者通常对所购买的商品只有很有限的知识,并不总是能够识别商品的真实质量,或者是否为假冒伪劣商品。我们在二手车模型中讨论过的"昂贵的承诺",实际上也可以看作一种信号机制,是商业活动中利用信号机制的一种典型例子。

(3)为什么许多实力雄厚的公司还要向银行借很多钱?

在国外,一些资金实力雄厚的公司通常也会向银行贷款。更加令人感到奇怪的是,一些好的公司,一方面自己借钱给别的公司,另一方面又向银行借钱。博弈论运用"信号传递"原理可以对此现象作出解释。

对于一家公司来说,负债增加会增大公司破产的可能性;但是,对于实力雄厚的公司,在同样负债比例下,其破产可能性要小一些。每个公司都会向社会吹嘘自己是好的公司,实力雄厚,但公众不会仅凭口头宣传就相信的。于是,真正好的公司通过向银行借钱来增大自己破产的可能性,令其他实际上不好的公司难以模仿。这种负债比例的增加要做到恰到好处,既可令其他实力稍弱的公司难以模仿,又使自己能够承受。这样,公众就能识别出谁是好的公司,从而竞相购买好的公司的股票,导致公司股票价格上涨,结果这家负债公司会因其股价上涨而获资本增值,破产的可能性反而下降了。

当然,公司通过增加负债来向投资者传递公司信息的代价可能太高,因而有时公司十分乐意向投资者直接披露内部信息,只要这种信息足以使投资者相信其真实性,就会为公司减少信息传递成本。

(4)飞机、轮船等设立头等舱、经济舱的道理是什么?

无论是买票乘飞机还是轮船,不同的人所愿意支付的价格实际上是不一样的。有的人收入高一些,或对花钱看得比较松一些,就可以支付较高的价格;相反,收入低的人或对花钱看得比较紧一些的人,就只愿支付较低的价格。但是,如果你问他们愿意支付什么样的价格,他们都必定说愿支付较低的价格,因为即使有钱人也认为,在同样服务下以低价购买划算一些。

飞机或轮船公司为了将这些在经济学中被称为具有不同支付意愿的人区分开来,让能支付较高价格的人支付较高价格,就设计了一种"信息甄别"的机制,这种机制就是设立头等舱、二等舱、经济舱,等等。这种机制发挥作用的道理是怎样的呢?

头等舱比其他较低等级舱位的价格高许多并不主要是因为它的服务要比其他舱位的服务好许多(当然还是要好一些),而是因为那些坐头等舱的人的支付能力比其他舱位的旅客的支付能力要强许多,说白了,就是坐头等舱的人比坐其他舱位的人更有钱或更能花钱而已!但是,如果航空公司或轮船公司不对舱位作如此区分,即使是有钱人也不会愿意坐同样的舱位而支付比别人更高的价格。

这里,支付能力是旅客的类型,选择舱位等级是他们的选择。支付能力无法观察,但买什么舱位的票却能够观察,航空公司或轮船公司因此而识别出可以支付更高价格的顾客从而赚取更多利润。

譬如,有两位旅客甲和乙乘飞机。甲的最高支付能力为 1000 元,乙的最高支付能力为 1500 元。经济舱的服务成本为 800 元,头等舱的服务成本为1200 元。

经济舱带给甲和乙的消费满足感(经济学中称为效用)为 1000 元,头等舱带给甲和乙的效用为 1800 元。如果没有头等舱,航空公司最多把票价定到 1000 元,利润为 $2 \times (1000 - 800)$ 元 $= 400$ 元。

因为一旦票价高于 1000 元,甲和乙就不会买票了。但当设立头等舱后,航空公司将经济舱票价定为 1000 元,将头等舱票价定为 1500 元。此时,甲的支付能力只有 1000 元,所以甲只有买经济舱,支付 1000 元。乙如果买经济舱,则其净效用(经济学称为消费者剩余)为 $(1000 - 1000)$ 元 $= 0$;但当乙买头等舱票时,其消费者剩余为 $(1800 - 1500)$ 元 $= 300$ 元,所以乙会买头等舱。这时,航空公司的利润增大为 $(1000 - 800)$ 元 $+ (1500 - 1200)$ 元 $= 500$ 元 > 400 元。通过机制设计增大了公司利润。

类似的设计还有,酒店的星级分类(五星级、四星级、三星级等)、冰棍的不同品种与价格、影剧院的不同座位价格表,等等,都是实现信息甄别的机制设计。

第十八讲　合作博弈

一、合作博弈概述

在囚徒困境中,策略组合(不坦白,不坦白)为参与人带来的得益是(-1,-1)。由(-8,-8)到(-1,-1),每个参与人的得益都增加了,即得到一个帕累托改进,但基于参与人的个人理性,(不坦白,不坦白)不是纳什均衡。如果两个参与人在博弈之前,签署了一个协议:两个人都承诺选择不坦白,为保证承诺的实现,参与人双方向第三方支付价值大于1的保证金;如果谁违背了这个协议,则放弃保证金。有了这样一个协议,(不坦白,不坦白)就成为一个均衡,每个人的收益都得到改善。

上述分析表明,通过一个有约束力的协议,原来不能实现的合作方案现在可以实现,这就是合作博弈与非合作博弈的区别。也就是说,二者的主要区别在于人们的行为相互作用时,是否达成一个具有约束力的协议。如果有,就是合作博弈;反之,则是非合作博弈。

(一)概念

合作博弈亦称为正和博弈,是指博弈双方的利益都有所增加,或者至少是一方的利益增加,而另一方的利益不受损害,因而整个社会的利益有所增加。合作博弈研究人们达成合作时如何分配合作得到的收益,即收益分配问题。合作博弈采取的是一种合作的方式,或者说是一种妥协。妥协之所以能够增进妥协双方的利益以及整个社会的利益,就是因为合作博弈能够产生一种合作剩余。至于合作剩余在博弈各方之间如何分配,取决于博弈各方的力量对比和技巧运用。因此,妥协必须经过博弈各方的讨价还价,达成共识,进行合作。在这里,合作剩余的分配既是妥协的结果,又是达成妥协的条件。

(二)合作博弈与非合作博弈的区别

非合作博弈关心的是在利益相互影响的局势中如何选择策略使自己的收益最大。合作博弈使得博弈双方或多方的利益有所增加,即实现"双赢";或者至少使一方的利益增加,而另一方的利益不受损害,因而使整个社会的利益有所增加,这种合作关系被称为有效率的。合作博弈关心的是参与者可以用有约束力的协议来得到可行的结果,而不管是否符合个人理性。合作博弈研究的是人们的行为相互作用时,参与者之间能否达成一个有约束力的协议,以及如何分配合作所得到的收益。

合作博弈与非合作博弈的侧重点有较大差异。合作博弈强调的是集体理性,强调公平和效率,而非合作博弈强调的是个体理性,强调个人决策最优,其结果可能是无效率的,也可能是有效率的,即符合集体理性。简单地说,存在具有约束力协议的博弈就是合作博弈,否则就是非合作博弈。

(三)合作博弈存在的基本条件

在 N 人博弈中,参与人集合用 $I = \{1,2,3,\cdots,n\}$ 表示,I 的任意子集 S 称为一个联盟,联盟存在需要满足以下两个条件。

①对联盟来说,整体收益大于其每个成员单独经营时的收益之和。

②对联盟内部而言,应存在具有帕累托改进性质的分配规则,即每个成员都能获得比不加入联盟时多一些的收益。

由此可知,能够使得合作存在、巩固和发展的一个关键因素是寻找某种分配原则,使得可以在联盟内部的参与者之间有效配置资源或分配利益,使其实现帕累托最优。

二、合作博弈的例子

(1)超市价格联盟

假如一个区域里有沃尔玛、家乐福、中百仓储几个大型超市。由于太集中了,各超市经常打促销战,造成销售净利润下降。为此,他们组成一个价格联盟来限制各自的竞争行为。然后设置了一个惩罚机制,比如你在家乐福经常会看到:如果顾客在 5 千米之内同等规模的超市内发现更低价,我们将双倍退还差价。这样消费者就承担起了发现价格下降信息提供者的职能,如果一个商场降了价,其他商场会联合更大幅度地降价,从而可以约束单个厂商的行为。

(2)哑巴和瘸子

有一对老年夫妻,丈夫是个哑巴,不会说话;妻子下半身残疾,不能走路。由于丈夫不会说话,所以出去买东西,与人打交道不方便;而妻子由于不能走路,整天待在家中,非常苦闷。为了解决两位老人的烦恼,他们的儿女为他们买了一辆三轮车。此后,丈夫出去的时候便带着妻子,买东西、与人交往的时候就让妻子说话;而妻子呢,也可以出去到处转转,不用待在家中苦闷。一辆三轮车,解决了两个人的烦恼,同时又使两人取长补短。

(3)天堂和地狱

曾经有一个人想要了解一下天堂和地狱到底有什么区别,他便去问传教士。传教士把他带到了一栋两层楼的房子里面,一楼有一张大餐桌,桌上摆满了各种美食,但是坐在桌子周边的人个个愁容满面。原来他们的手臂受到了诅咒,不能弯曲,每个人都无法把食物送到自己嘴里。他们又来到了二楼,二楼同样有一张餐桌,桌上摆满了美食,但是他们却欢声笑语不断,吃得津津有味,原来他们既然靠自己的双手吃不到自己嘴里,就与对面坐的人相互喂食。传教士说:"你不是想知道天堂和地狱的区别吗?刚才在一楼看到的是地狱,二楼这里便是天堂。"(二楼的人相互合作,结果每个人都得到了自己想要的,是合作博弈;而一楼的人自私自利,所以得不到自己想要的。)

(4)农夫和蜜蜂

农田的旁边有三丛灌木,每丛灌木中都居住着一群蜜蜂。农夫觉得,这些矮矮的灌木没有多大的用处,心想还不如砍掉了当柴烧。

农夫动手砍第一丛灌木的时候,住在里面的蜜蜂苦苦地哀求他:"善良的主人,您就是把灌木砍掉了也没有多少柴火啊!看在我们每天为您的农田传播花粉的情分上,求求您放过我们的家吧。"农夫看看这些无用的灌木,摇了摇头说:"没有你们,别的蜜蜂也会传播花粉。"很快,农夫就自信地毁掉了第一群蜜蜂的小家。

没过几天,农夫又来砍第二丛灌木。这时候冲出来一大群蜜蜂,对农夫嗡嗡大叫:"残暴的地主,你要敢毁坏我们的家园,我们绝对不会善罢甘休!"农夫的脸上被蜇了好几下,他一怒之下,一把火把第二丛灌木烧得干干净净。

当农夫把目标定在第三丛灌木的时候,蜂窝里的蜂王飞了出来,它对农夫柔声说:"睿智的投资者啊,请您看看这丛灌木给您带来的好处吧!您看这丛黄杨树的木质细腻,成材以后准能卖个好价钱!您再看看我们的蜂窝,每年我们都能生产出很多蜂蜜,还有最有营养价值的蜂王浆,这可都能给您带来很多经济效益呢!"听了蜂王的介绍,农夫忍不住吞了一口口水。他心甘情愿地放下斧头,与蜂王合作,做起了经营蜂蜜的生意,获得了巨大财富,两者实现了双赢!

农夫和蜜蜂的哲理故事启示我们:面对强大的对手,三群蜜蜂做出了三种选择:恳求、对抗、与对手共赢,而只有第三群蜜蜂最终达到了目的。与对手共赢,就是以较小的代价换取更大的利益,这种策略类似于棋局中的弃卒保车,它应该成为博弈方的必备技巧。

(5)鳄鱼和牙签鸟

鳄鱼是很凶残可怕的动物,可它也会遇到困难。比如今天,正吃大餐的时候,牙缝里突然塞进了东西,难受得它马上没有了食欲,很长时间它都感觉牙齿不舒服,隐隐作痛。这时候,飞来了一只小鸟,它有着小巧的身子,尖利的嘴,此时正饥肠辘辘寻找着食物,可它身体太小,发现的食物总是被别的动物先抢走,鳄鱼齿缝间的食物残渣,此时在它眼里,如同上等的美食。

于是小鸟对鳄鱼说:"我叫牙签鸟,可以帮你把牙齿里的东西啄出来,但是我害怕你会把我吃掉。"鳄鱼想了想,回答道:"如果你能答应我以后定期帮我清理牙缝里的东西,我可以保证不吃你!"就这样,牙签鸟和鳄鱼达成了"和平协议",随着时间的推移,它们变成了密不可分的"好朋友"。

初听到这个故事的人,可能会不理解鳄鱼的行为,为什么送上口的美餐也不吃? 其实原因很简单,因为鳄鱼需要这个身体小却很"能干"的合作伙伴来帮它清理口腔及牙齿中的残留食物,以免除口腔疾病的困扰。而牙签鸟又为何冒险去当鳄鱼的"口腔清洁师"呢? 因为它需要食物,鳄鱼齿缝间的腐肉正好可以成为它的美食,让它美美地吃上一顿。它们之间的行为互惠互利,可以用"合作博弈"来形容它们的这一关系。

三、合作收益的分配

多人合作博弈中的收益分配问题与现实经济活动有着密切的联系,为了形成有效率的合作,关键是能够给出一个合理的收益分配方案。1953 年,美国运筹学家沙普利采用逻辑建模方法研究了这一问题。首先他归纳了三条合理的分配原则,即在 n 人合作博弈中,参与人 i 从 n 人联盟博弈获得的收益应当满足的基本性质,进而证明满足这些性质的合作博弈解是唯一存在的,同时给出了沙普利值的计算公式,从而解决了合作收益的分配问题。

(一)沙普利值的引入

有这样一个故事:约克和汤姆结伴旅游。约克和汤姆准备吃午餐。约克带了 3 块饼,汤姆带了 5 块饼。这时,有一个路人路过,路人饿了。约克和汤姆邀请他一起吃饭,路人接受了邀请。约克、汤姆和路人将 8 块饼全部吃完。吃完饭后,路人感谢他们的午餐,给了他们 8 个金币。路人继续赶路。

约克和汤姆为这 8 个金币的分配展开了争执。汤姆说:"我带了 5 块饼,理应我得 5 个金币,你得 3 个金币。"约克不同意:"既然我们在一起吃这 8 块饼,理应平分这 8 个金币。"约克坚持认为每人各 4 块金币。为此,约克找到公正的沙普利。

沙普利说:"孩子,汤姆给你 3 个金币,因为你们是朋友,你应该接受它;如果你要公正的话,那么我告诉你,公正的分法是,你应当得到 1 个金币,而你的朋友汤姆应当得到 7 个金币。"约克不理解。

沙普利说:"是这样的,孩子。你们 3 人吃了 8 块饼,其中,你带了 3 块饼,汤姆带了 5 块,一共是 8 块饼。你吃了其中的 1/3,即 8/3 块,路人吃了你带的饼中的 3 - 8/3 = 1/3;你的朋友汤姆也吃了 8/3,路人吃了他带的饼中的 5 - 8/3 = 7/3。这样,路人所吃的 8/3 块饼中,有你的 1/3,汤姆的 7/3。路人所吃的饼中,属于汤姆的是属于你的 7 倍。因此,对于这 8 个金币,公平的分法是:你得 1 个金币,汤姆得 7 个金币。你看有没有道理?"约克听了沙普利的分析,认为有道理,愉快地接受了1个金币,而让汤姆得到7个金币。

在这个故事中,我们看到,沙普利所提出的对金币的"公平的"分法,遵循的原则是:所得与自己的贡献相等。这就是沙普利值的意思。

(二)沙普利值的计算

计算公式如下所示:

$$\varphi_i(n,v) = \{\sum R[v_i(s) - v_{i-1}(s)]\}/n!$$

其中,R 是 n 个参与人的排列,R 有 $n!$ 个,s 为 R 中的一个排列,$v_i(s)$ 为包括参与人 i 及在他之前的参与人集合组成的联盟的得益值,$v_{i-1}(s)$ 为在他之前的参与人(不包括 i)集合的联盟的得益值。通过上述定义,我们可以看到:

①$v_i(s) - v_{i-1}(s)$ 是一种排列下参与人 i 的边际贡献;

②参与人的沙普利值为他对联盟的边际贡献之和除以各种可能的联盟组合,因此 $\varphi_i(n,v) \leqslant V$;

③所有的参与人的沙普利值之和为 v;

④沙普利值 $\varphi_i(n,v)$ 为期望贡献;

⑤沙普利值得到的前提是各博弈联盟形成的可能性是均等的。

(三)应用举例

假定有一个资本家(厂主)、一个工程师和两名工人。已知资本家有工厂,但没有工程师和工人没法赚钱;如果资本家和工程师合作,没有工人,两个人大材小用临时充当工人,每个月可以赚3万元;如果在二人中加入一个工人,每个月可以赚6万元,再加入一个人就可以赚到9万元;但是如果只有资本家和工人,没有工程师,也没有办法开工。现在,这9万元的利润该如何分配?

厂主对工人说:"我就给你们每个人一个月1.5万元吧。"

工人说:"这也太黑了,我们每个人可以为工厂额外赚3万元,给我们一人2万元,你仍可以白白分到2万元。"

厂主:"笑话,那我不给你工作,别说1.5万元,你一毛钱都赚不到。"

分析过程。究竟应该如何解决这个分配问题呢?首先,我们知道沙普利公平三大原则:①报酬只与各人的贡献有关;②利润属于工作者;③如果有两份工作,就可以得到两份报酬。下面进行符号说明:

$I = \{1,2,3,\cdots,n\}$ ——合作博弈的 n 方

$S \subseteq I$ ——n 方的子集合

$v(S)$ ——相应的效益

P_i ——i 在合作收益中应得到的一份收入

$P = [P_1(v), P_2(v), \cdots, P_n(v)]^T$ ——沙普利值

分配公式为：

$$P_i = \sum_{S \subseteq I} w(|S|)[v(S) - v(S/i)], i = 1, 2, \cdots, n$$

$$w(|S|) = \frac{(n - |S|)!(|S| - 1)!}{n!}$$

分别以 1, 2, 3, 4 代表厂主、工程师和两名工人，则 $I = \{1, 2, 3, 4\}$。

①一个元素：

$$v(1) = v(2) = v(3) = v(4) = 0$$

$$w(1) = \frac{(4 - 1)!(1 - 1)!}{4!} = \frac{1}{4}$$

②两个元素：

$$v(1, 2) = 3, v(1, 3) = 0, v(1, 4) = 0, v(2, 3) = 0, v(2, 4) = 0, v(3, 4) = 0$$

$$w(2) = \frac{(4 - 2)!(2 - 1)!}{4!} = \frac{1}{12}$$

③三个元素：

$$v(1, 2, 3) = 6, v(1, 2, 4) = 6, v(1, 3, 4) = 0, v(2, 3, 4) = 0$$

$$w(3) = \frac{(4 - 3)!(3 - 1)!}{4!} = \frac{1}{12}$$

④四个元素：

$$v(1, 2, 3, 4) = 9$$

$$w(4) = \frac{(4 - 4)!(4 - 1)!}{4!} = \frac{1}{4}$$

所以厂主的应得收入为：

$$P_1 = \frac{1}{4}[v(1) - v(0)] + \frac{1}{12}[v(1, 2) - v(2) + v(1, 3) - v(3) + v(1, 4) - v(4)]$$

$$+ \frac{1}{12}[v(1, 2, 3) - v(2, 3) + v(1, 2, 4) - v(2, 4) + v(1, 3, 4) - v(3, 4)]$$

$$+ \frac{1}{4}[v(1, 2, 3, 4) - v(2, 3, 4)]$$

$$= 0 + 0.25 + 1 + 2.25 = 3.5$$

同理可得：

$$P_2 = 3.5, P_3 = 1, P_4 = 1$$

所以按照每个人的贡献（沙普利值）来分配，应该是厂主得 3.5 万元，工程师得 3.5 万元，两个工人每人得 1 万元。

如果只有一个工人，一个厂主，一个工程师，又应该如何分配呢？

同样，我们算出这三人的沙普利值：

排列	边际贡献			含 1 的 S	$v(s) -$ $v(s/1)$	权重	权重 × $[v(S) -$ $v(S/1)]$
	1	2	3				
123	0	3	3	{1}	0	1/3	0
132	0	6	0				
213	3	0	3	{1,2}	3	1/6	1/2
312	0	6	0	{1,3}	0	1/6	0
231	6	0	0	{1,2,3}	6	1/3	2
321	6	0	0				
沙普利值	15/6 = 2.5	15/6 = 2.5	6/6 = 1				

　　由上表可知,厂主得2.5万元,工程师得2.5万元,工人得1万元。当然,实际生活中工程师所得是没有厂主高的。

　　还可以假设有1名厂主,2名工程师,1名工人。他们的编号分别是1,2,3,4,则

$$v(1) = v(2) = v(3) = v(4) = 0$$

$$v(1,2) = 3, v(1,3) = 3, v(1,4) = 0, v(2,3) = 0, v(2,4) = 0, v(3,4) = 0$$

$$v(1,2,3) = 3, v(1,2,4) = 6, v(1,3,4) = 6, v(2,3,4) = 0$$

$$v(1,2,3,4) = 6$$

　　按照沙普利值计算:

$$P_1 = 3.25, P_2 = 0.75, P_3 = 0.75, P_4 = 1.25$$

即厂主得3.25万元,两个工程师每人得0.75万元,工人得1.25万元。

附录：诺贝尔经济学奖获奖者简介

一、约翰·福布斯·纳什（**John Forbes Nash**，1928—2015）

（一）生平

约翰·纳什 1928 年 6 月 13 日生于美国西弗吉尼亚州，1950 年获得美国普林斯顿高等研究院的博士学位，他那篇仅 27 页的博士论文中有一个重要贡献，就是后来被称为"纳什均衡"的博弈理论。1950 年夏天，他为美国兰德公司工作，那时兰德公司正在试图将博弈论用于冷战时期的军事和外交策略。秋天回到普林斯顿大学后，他并没有继续在博弈论方面的研究，而是开始在纯数学里的拓扑流形和代数簇上做他原先在攻读博士期间曾经感兴趣的工作，同时教些本科生的课程。但是普林斯顿数学系没有给他教职，不是基于他的学术水平，而是因为他的性格因素。1952 年纳什开始在麻省理工学院教书。1958 年纳什开始出现精神分裂症，此后他的大半生都在与精神分裂作斗争。随后纳什回到了普林斯顿大学任数学系教授。由于他与另外两位学者约翰·海萨尼、莱因哈德·泽尔腾在非合作博弈的均衡分析理论方面作出了开创性的贡献，而获得 1994 年诺贝尔经济学奖。2015 年 5 月 23 日，约翰·纳什夫妇遭遇车祸，在美国新泽西州逝世。

（二）主要著述

《n 人博弈中的均衡点》（1950）

《讨价还价问题》（1950）

《非合作博弈》（1951）

《两人合作博弈》（1953）

（三）重要学术贡献

1. 数学领域

纳什第一个纯数学的突破性成果是在他 20 岁出头时做出的"一个关于流形和实代数簇的发现"。1951 年纳什在麻省理工学院开始了关于"等距嵌入"的研究，提出了经典的"纳什嵌入定理"。纳什在研究微分几何学和偏微分方程方面也有突出贡献，他利用嵌入定理解出了之前被认为不可能解出的一类偏微分方程。在微分几何和实代数几何上,纳什有两个影响深远的定理:第一,任何黎曼流形都可以等距嵌入欧式空间中;第二,给定任何闭流形,都存在一个实代数簇,这个代数簇的某个连续分支与给定的流形同构。

2. 纳什均衡理论与非合作博弈论

纳什均衡理论奠定了现代主流博弈理论和经济理论的根本基础。1950年和1951年纳什的两篇关于非合作博弈论的重要论文,彻底改变了人们对竞争和市场的看法。他证明了非合作博弈及其均衡解,并证明了均衡解的存在性,即著名的纳什均衡,从而揭示了博弈均衡与经济均衡的内在联系。纳什的研究奠定了现代非合作博弈论的基石,后来的博弈论研究基本上都是沿着这条主线展开的。非合作博弈论的概念、内容、模型和分析工具等,已渗透到微观经济学、宏观经济学、劳动经济学、国际经济学、环境经济学等经济学科的绝大部分学科领域,改变了这些学科领域的内容和结构,成为这些学科领域的基本研究范式和理论分析工具,从而改变了原有经济学理论体系中各分支学科的内涵。纳什均衡扩展了经济学研究经济问题的范围,形成了基于经典博弈的研究范式体系,并扩大和加强了经济学与其他社会科学、自然科学的联系。

二、约翰·海萨尼(John Harsanyi,1920—2000)

(一)生平

约翰·海萨尼1920年5月29日出生于匈牙利布达佩斯,1944年获得布达佩斯大学药学硕士学位。第二次世界大战后的1946年,海萨尼重新到布达佩斯大学注册入学,攻读博士学位,专业是哲学,兼修社会学和心理学,并于1947年6月获得布达佩斯大学哲学博士学位。从1947年9月至1948年6月,海萨尼在布达佩斯大学的社会学研究所作助教。在悉尼的工厂当劳工的同时,海萨尼在悉尼大学修读经济学夜间课程,并于1953年取得文学硕士学位。1959年海萨尼取得了第二个博士学位——经济学博士学位。1994年,海萨尼获得诺贝尔经济学奖。海萨尼老年时患上阿兹海默病,2000年8月9日在柏克利死于心脏病发作。

(二)主要著述

《博弈和社会中的理性行为与讨价还价均衡》(1977)

《关于伦理学与社会行为及其科学解释的论文》(1976)

《博弈论论文集》(1982)

《博弈均衡选择的一般理论》(1988)

(三)重要学术贡献

1. 不完全信息理论

海萨尼对博弈论最大的贡献在于他在不完全信息问题上的突破。海萨尼将不完全信息建模为自然完成的一种抽彩,这种抽彩决定局中人的特征,而这些特征是局中人偏好与经验的总和。每个局中人都清楚自己的特征,但不知道别人的真实特征,即他对整个博弈局势只有不完全信息。不完全信息的这种博弈局势把千变万化的不完全信息都归结为局中人对他人的主观判断。这种方法成功地将不易建模的不完全信息转化为数学上可处理的不完善信息,即数学上的一种先验分布。

不完全信息博弈的解是由纳什均衡概念推广而来的。其均衡点(贝叶斯均衡点)是一个 n 重策略,每个局中人的个人策略均是对其他局中人的 $(n-1)$ 重策略的某种类型的最优应对。海萨尼运用这种方法来克服将局中人的信息与偏好以及他对其他局中人信息与偏好的了解进行建模时所遇到的复杂性。这一思路极富创造性,使不完全信息博弈成为解决经济问题的一个有力工具。

2. 混合策略

海萨尼指出,每一真实的博弈形势总会受一些微小的随机波动因素的影响。在标准型博弈模型中,这些影响表现为微小的独立连续随机变量,每个局中人的每一策略均对应一个。这些随机变量的具体取值仅为相关局中人所知,这种知识即成为私有信息;而联合分布则是博弈者的共同信息,这称为变动收益博弈。各随机变量的取值类型影响着每一个博弈者的收益。在适当的技术条件下,变动收益博弈所形成的纯策略组合与对应无随机影响的标准型博弈的混合策略组合恰好一致。当随机变量趋于零时,变动收益博弈的纯策略均衡点转化为对应无随机影响的标准型博弈的混合策略均衡点。

3. 合作博弈与非合作博弈

海萨尼的通用议价模型是第一个适用于标准型博弈问题的 n 人合作理论。通过对均衡时效用权重与联盟对局中人分红具有独创性的构造,他定义了一种议价解法,与非合作博弈的一种均衡点非常相似。他在议价模型中为一个具有可转移效用的零和特征方程型博弈设计了一个收益向量序列,以其序列递推过程描述联盟的选择过程。其理论利用非直接优势概念形成了修正的稳定集概念。海萨尼对稳定集概念的非合作重建为考察联盟形成的非合作模型构造提供了方法上的突破。

4. 海萨尼转换

海萨尼提出了一种处理不完全信息博弈的方法,引入一个虚拟的局中人——"自然"。自然首先行动,它决定每个局中人的特征。每个局中人知道自己的特征,但不知道别的局中人特征。这种方法将不完全信息静态博弈变成一个两阶段动态博弈,第一个阶段是自然的行动选择,第二阶段是除自然外的局中人的静态博弈。这种转换被称为海萨尼转换,这个转换把不完全信息转变成为完全且不完美信息,从而可以用分析完全信息博弈的方法进行分析。

三、莱茵哈德·泽尔腾(Reinhard Selten,1930—2016)

(一)生平

莱茵哈德·泽尔腾 1930 年 10 月 10 日出生于德国的布雷斯劳,1957 年获得法兰克福大学数学硕士学位。而后从事博弈论及其应用、实验经济学等方面的学术研究。泽尔腾 1961 年获得法兰克福大学数学博士学位。1967—1968 年,在加州大学伯克利分校做访问教授,1972 年转到比勒费尔德大学工作,1984 年后一直在德国波恩大学工作。1994 年,泽尔腾因在"非合作博弈理论中开创性的均衡分析"方面的杰出贡献而获得诺贝尔经济学奖。泽尔腾曾任美国艺术与科学学院外籍名誉院士、南开大学公司治理研究中心顾问。2016 年 8 月 23 日在波兰城市波兹南逝世。

(二)主要著述

《一个有关寡头的实验》(1959)

《改写厂商理论的想法》(1962)

《n 人博弈的评价》(1964)

《一个具有需求惯性的寡头博弈模型》(1965)

《策略理性模型》(2000)

《博弈论与实验研究》(2005)

(三)重要学术贡献

1. 博弈论与实验经济学

1959 年,泽尔腾与萨尔曼合作发表了他的第一篇学术论文《一个有关寡头的实验》。在当时,实验经济学这门学科还不存在。泽尔腾大学期间学习心理学课程时做实验的经验给了他做这项研究以很大的便利。有限理性问题的研究占用了泽尔腾很多的时间,但并没有取得多少进展。泽尔腾越来越意识到,像他文章中那样的纯理论研究价值有限,要构造有限理性的经济行为理论必须通过实验的方法,而不是闭门造车。

泽尔腾感到与不同领域的具有较少数学训练的科学家的合作是很有意义的。他与政治学家研究了国际冲突的博弈论模型,并发现政治学家能根据经验事实做出正确的判断,而不受数学模型的制约。泽尔腾还与植物学家研究了蜜蜂传花粉过程的理论模型。1987 年至 1988 年,泽尔腾作为比勒费尔德大学"行为科学中的博弈论"研究会的组织者,与经济学家、生物学家、数学家、政治学家、心理学家以及哲学家等一起研究讨论,并在 1991 年出版了四卷本的《博弈均衡模型》。在波恩大学,泽尔腾的研究主要集中于实验经济学研究,目标是建立一个充分考虑人们行为有限理性的决策理论和博弈理论。

2. 子博弈完美纳什均衡

泽尔腾在 20 世纪 60 年代中期将纳什均衡概念引入动态分析。在 1965 年发表《一个具有需求惯性的寡头垄断模型》一文,提出了"子博弈完美纳什均衡"的概念,又称"子博弈精炼纳什均衡"。这一研究对纳什均衡进行了第一次改进,选择了更具说服力的均衡点。他指出,如果在一个完美信息的动态博弈中,各博弈方的策略构成的一个策略组合满足在整个动态博弈及它的所有子博弈中都构成纳什均衡,那么这个策略组合成为该动态博弈的一个"子博弈完美纳什均衡"。子博弈完美纳什均衡与纳什均衡的根本不同之处在于子博弈完美纳什均衡能够排除均衡策略中不可信的威胁或承诺,因此是真正稳定的。

3. 颤抖手均衡

1975 年,泽尔腾提出了著名的"颤抖手均衡"概念。泽尔腾假定,在博弈中存在一种数值极小但又不为 0 的概率,即在每个博弈者选择对他来说所有可行的一项策略时,可能会偶尔出错,这就是所谓的"颤抖之手"。因此一个博弈者的均衡策略是在考虑到其对手可能"颤抖"(偶尔出错)的情况下对其对手策略选择所作的最优的策略回应。单从这一点来看,在演化博弈论中,最初的演化稳定性的出现,并不完全来自博弈双方的理性计算,而实际上可能是随机形成的(往往取决于博弈双方"察言观色"的一念之差)。

四、詹姆斯·莫里斯(James Mirrlees,1936—　　)

(一)生平

詹姆斯·莫里斯 1936 年生于苏格兰的明尼加夫,1957 年获爱丁堡大学数学硕士学位。1960 年,以硕士学历申请剑桥大学本科经济学专业学习。随后转学经济学。1963 年,获剑桥大学经济学博士学位。1963 - 1968 年,莫里斯任剑桥大学经济学助理讲师、讲师、剑桥大学三一学院研究员,此期间还曾任巴基斯坦卡拉奇经济开发研究所顾问。1969 年,莫里斯被正式聘为牛津大学教授。1976 - 1978 年,任英国财政部政策最优化委员会成员。1980 年,出任国际经济计量学会副会长。1982 年,担任国际经济计量学会会长,并当选为美国经济学会的外籍会员。他还曾担任过英国皇家经济学会会长,是英国科学院院士、美国艺术与科学院院士,并担任过几个重要学术杂志的编辑工作。1994 年,由于夫人患乳腺癌去世,莫里斯教授为换个环境于1995年5月转到剑桥大学任教。1995年,被选为剑桥大学的政治经济学教授,并再次成为三一学院的研究员。他继续研究福利经济学和契约理论。1996年,因其对不对称信息理论的贡献,他和威廉·维克瑞一起获诺贝尔经济学奖。1998年,被授予爵士称号。2002年起,担任香港中文大学客座教授。2010年起,担任新设立的香港中文大学晨兴书院院长。

（二）主要著述

《关于福利经济学、信息和不确定性的笔记》（1974）

《道德风险理论与不可观测行为》（1975）

《关于利用消费和生产率之间关系的欠发达经济的纯理论》（1975）

《组织内激励和权威的最优结构》（1976）

（三）重要学术贡献

1. 委托代理理论

委托代理理论是建立在不对称信息博弈论的基础上的,倡导所有权和经营权分离,企业所有者保留剩余索取权,而将经营权利让渡。莫里斯奠定了委托代理的基本模型框架,他开创的分析框架后来又由霍姆斯特姆等人进一步发展,在委托代理文献中被称为莫里斯－霍姆斯特姆模型方法。在不对称信息情况下,委托人不能观测到代理人的行为,只能观测到相关变量,这些变量由代理人的行动和其他外生的随机因素共同决定。因而,委托人不能使用"强制合同"来迫使代理人选择委托人希望的行动,激励兼容约束是起作用的。于是委托人的问题是选择满足代理人参与约束和激励兼容约束的激励合同以最大化自己的期望效用。当信息不对称时,最优分担原则应满足莫里斯－霍姆斯特姆条件。

2. 最优税制理论

最优税制理论研究的是政府在信息不对称的条件下,如何征税才能保证效率与公平的统一问题。1971年,莫里斯对激励条件下最优所得税问题做出了经典研究。在考虑了劳动能力分布状态、政府最大化收益、劳动者最大化效用,以及无不定性、无外部性等一系列严格假设的情况下,他得出了一系列引人注目的结论,其中两点就是对高工资率和最低工资率都应课以零（边际）税率。

3. 经济增长与发展理论

莫里斯在经济增长与发展等方面也成就非凡,曾与斯特恩合编《经济增长模型》一书,与利特尔合著《发展中国家的项目签订和计划》一书,并于1975年发表《关于利用消费和生产率之间关系的欠发达经济的纯理论》一文,对经济政策,尤其是增长理论进行了功利主义分析,探讨了不确定性对适度增长的影响、非再生资源理论、不可分割的增长理论,以及耐用品的不可替代性定理等。在发展经济学领域,莫里斯提出了成本收益分析方法,建立了低收入经济的发展模型,研究了国际援助政策的效用与结果。

五、威廉·维克瑞(William Vickrey,1914—1996)

(一)生平

威廉·维克瑞1914年出生于加拿大。1935年获耶鲁大学理学学士学位,1937年获哥伦比亚大学硕士学位。1945年起任职于哥伦比亚大学。1947年获哥伦比亚大学哲学博士学位。1964—1967年,他担任哥伦比亚大学经济系主任,在此期间曾任纽约市城市经济协会会长。1967年成为斯坦福大学行为科学高级研究中心研究员与世界经济计量学会会员。1971年出任澳大利亚莫纳什大学客座讲师。1973年出任美国经济研究局局长。1974年,他出任联合国发展规划、预测和政策中心财政顾问,并成为美国文理研究院研究员。1979年获芝加哥大学人文学博士。1996年10月8日,维克瑞与詹姆斯·莫里斯共同获得诺贝尔经济学奖,以表彰他们"在不对称信息下对激励经济理论做出的奠基性贡献"。不幸的是,维克瑞教授在获奖三天之后,在前去开会的途中去世。

(二)主要著述

《累进税制议程》(1947)

《反投机、拍卖和竞争性密封投标》(1961)

《微观静态学》(1964)

《突变论和宏观经济学》(1964)

《公共经济学》(1994)

(三)重要学术贡献

1. 赋税研究

维克瑞早年的学术生涯与赋税研究结下了不解之缘,《累进税制议程》一书使他一举成名,由此他参加了舒普的税制委员会,并与舒普一起奔赴日本,建立了日本战后税制的基础。他认为大多数所得税制度规定的课税依据中列入的资本收益指导已实现的收益,其部分原因在于未实现的收益难以准确计算,如一些资本资产在收益实现以前很难确定其所有权的归属。对此维克瑞建议对这类应计收益按实际收益追溯征税。同时,他还研究了累积平均资产、遗赠权继承税、遗产税年终级差、未分配利润税收的合理化、工资收入信贷的合理化、土地价值税等问题。

2. 拍卖问题

维克瑞探讨了公共要价与秘密投标策略,研究了拍卖规则与公共要价的激励之间的相互关系,分析了有关拍卖的私人资讯、策略报价等问题。他在公用事业与运输的最优定价理论方面也做出了重大贡献,研究范围包括反应性标价、城市的拥挤情况收费、模拟期货市场、通货膨胀对效用调节和计价收费方法的影响等方面。他还曾参加美国和其他国家有关城市交通路线快速运转所需运费结构的研究工作,分析了交通拥挤现象和高峰负荷效应。他极力主张根据交通工具使用时间的拥挤程度来定价,建议采取工程学的方法来解决城市汽车使用的监控和通行税的征税问题。维克瑞研究的虽然多为具体的市场机制,但其研究对于人们认识更为一般的市场机制、建立市场微观结构的一般理论具有重大的价值。

3. 维克瑞投标法

维克瑞投标法的规则基本上与传统投标相同,唯一不同点是赢标者付出的价格,不再是他所出的标,而是第二高标,故又称"次高价投标法"。若采用这种投标法,投标者的最好投标策略,就是依照自己对标的物的评价据实出标。这样的好处是方便投标者,投标者在决定其出标时,只要评估自己的需求,而不需要费力去搜集与评估每一个竞争对手的需求,所以大大地减少了准备工作。在实际应用上,维克瑞投标法也逐渐被人们所采用,例如美国的国库券拍卖。

维克瑞对于投标的研究,其意义不只局限于投标方面,因为投标方法解决的是如何在信息不完整或其分配不对称下最有效率地配置资源的问题,这开创了信息经济学研究的先河。在信息不完整或其分配不对称情况下,掌握较多信息者可以策略性地运用其信息以博取利益,而信息经济学所要探讨的,就是要如何设计契约或机制来处理各种激励与管制的问题。维克瑞对投标与喊价的研究,带来了许多相关的研究,让我们更了解诸如保险市场、信用市场、厂商的内部组织、工资结构、租税制度、社会保险、政治机构等问题。

六、乔治·阿克洛夫(George Akerlof,1940——　)

(一)生平

乔治·阿克洛夫1940年出生于美国康涅狄格州的纽海文。1966年毕业于麻省理工学院,获得博士学位,当年加盟加州大学伯克利分校经济系,任助教,自1980年到现在一直在加州大学伯克利分校任经济学首席教授。他的研究借鉴了社会学、心理学、人类学以及其他学科的成果。他的研究领域包括宏观经济学 、贫困问题、家庭问题、犯罪、歧视、货币政策和德国统一问题等。

(二)主要著述

《稳定增长——在危急关头吗?》(1967)

《资本、工资与结构失业》(1969)

《"柠檬"市场:质量的不确定性与市场机制》(1970)

《种族制度经济学与无休止的激烈竞争及其他可悲的陈述》(1976)

《货币需求基金流通理论的微观模型》(1978)

《失业影响的社会习俗理论》(1980)

《货币需求短期趋向:对老问题的新展望》(1982)

《礼物互换与效率工资理论:四种展望》(1984)

《劳动力市场效率工资模型》(1986)

《非理性行为的理性模型》(1987)

《泡沫经济学》(1989)

《合理工资前提与失业》(1990)

《惩罚与服从》(1991)

《社会悬殊与社会制裁》(1995)

《自我控制与退职救助》(1998)

《经济学与恒等式》(2000)

(三)重要学术贡献

1. 劣势选择

阿克洛夫研究发现,在一个市场中如果卖方掌握了比买方更有利的信息,卖方就可以掩盖产品的真相,以次充好。比如二手车市场,卖方对车况肯定比买方清楚得多,买方则只能从车的表面情况来判断。这样卖方与买方处于信息非对称的状况,卖方具有信息优势,而买方则处于"劣势选择"地位。他的理论还揭示出,在不规则的市场,如果买者无法观察到商品的内在质量,那么卖者就会以次充好。由于信息的不对称,将最终导致高质量的产品从市场中退出,而只有低质量的产品仍留在市场中,结果造成市场萎缩。阿克洛夫还揭示了借贷人和放款人之间的信息不对称如何导致第三世界国家如此高的借贷率等问题,其影响相当深远。

2. 柠檬市场

柠檬市场也称次品市场,是指信息不对称的市场,即在市场中,产品的卖方对产品的质量拥有比买方更多的信息。在极端情况下,市场会萎缩甚至不存在,这就是信息经济学中的逆向选择。"柠檬"在美国俚语中表示"次品"或"不中用的东西"。柠檬市场效应是指在信息不对称的情况下,往往好的商品遭受淘汰,而劣等品会逐渐占领市场,从而取代好的商品,导致市场中都是劣等品。

阿克洛夫认为信息不对称问题可能导致整个市场崩溃,或者市场萎缩,以至于只有劣等品充斥其中。他还指出,类似的信息不对称在发展中国家尤其普遍并产生了重要影响。他以印度 20 世纪 60 年代的信贷市场为例子来说明逆向选择问题。印度小地方放贷者索取的利率是大城市利率的两倍。在城镇借款然后在农村放贷出去的一个中年人并不了解借款人信誉,因此极易遭受惨重损失。在信息不对称条件下,利率发挥两种功能:第一,利率作为选择机制发挥作用;第二,利率作为动力机制发挥作用。最终,在既定的贷款利率水平上,一些人愿意借款却无法得到。这就和信贷是配给发放的一样。它和劳动力市场上的非自愿失业是一个道理。阿克洛夫一个关键的见解是经济主体有强烈的激励去抵消信息问题对市场效率的不利影响。他认为许多市场机构可以被看成是为了解决不对称信息问题而出现的。

七、迈克尔·斯彭斯(Michael Spence,1943——)

(一)生平

斯彭斯 1943 年 11 月 7 日出生美国新泽西州的蒙特克莱尔,1962—1966 年就读于普林斯顿大学并获哲学学士学位,1968 年获得牛津大学数学硕士学位,并获得该校罗德奖学金,1972 年获得哈佛大学经济学博士学位。1972—1975 年,斯彭斯在斯坦福大学担任经济学系副教授,之后一直在哈佛大学从事研究和教学工作,1983 年当选美国社会科学院院士。1984 年至 1990 年他担任哈佛大学文理学院院长,是该院历年来最年轻的院长之一。1990 年斯彭斯回到斯坦福大学并担任该校商学院研究生院院长,1990 年至 1999 年他担任斯坦福大学商学院院长,是该院历年来任期最长的院长之一。1991 年到 1997 年期间还担任美国国家科技及经济政策研究委员会主席。因其"利用不对称信息理论对市场经济进行的研究",2001 年斯彭斯获诺贝尔经济学奖。

(二)主要著述

《劳动力市场中的信号问题》(1973)

《市场信号:雇佣及相关程序的信息传递》(1974)

《垄断、质量与规制》(1975)

《工资水平的竞争、可信任和获得工作的必要信号条件》(1975)

《产品的选择、固定成本与垄断竞争》(1976)

《产品的多样化和福利》(1976)

《消费者的错觉、产品的失误与生产者的责任》(1977)

《非线性价格与福利》(1977)

《新市场投资、战略与增长》(1979)

《广告宣传与进入市场壁垒》(1980)

《开放经济中的产业组织》(1980)

《开放经济中的竞争:加拿大模式》(1980)

《学习欺诈与竞争》(1981)

《金融投资竞争组织》(1983)

《投资银行的竞争结构》(1983)

《博弈论:经济学家的新工具》(2000)

(三)重要学术贡献

1. 不对称信息市场

市场中卖方比买方更了解有关商品的各种信息;掌握更多信息的一方可以通过向信息贫乏的一方传递可靠信息而在市场中获益;买卖双方中拥有信息较少的一方会努力从另一方获取信息;市场信号显示在一定程度上可以弥补信息不对称的问题;信息不对称是市场经济的弊病,要想减少信息不对称对经济产生的危害,政府应在市场体系中发挥强有力的作用。这一理论为很多市场现象如股市沉浮、就业与失业、信贷配给、商品促销、商品的市场占有等提供了解释,并成为现代信息经济学的核心,被广泛应用到从传统的农产品市场到现代金融市场等各个领域。

2. 信号传递模型

斯彭斯最重要的研究成果是市场中具有信息优势的个体为了避免与逆向选择相关的一些问题发生,如何能够将其信息"信号"可信地传递给在信息上具有劣势的个体。信号要求经济主体采取观察得到且具有代价的措施以使其他经济主体相信他们的能力,或更为一般地,相信他们产品的价值或质量。斯彭斯的贡献在于形成了这一思想并将之形式化,同时还说明和分析了它所产生的影响。斯彭斯将教育作为劳动力市场上生产效率的信号。其中基本观点是除非信号成本在其发出者即求职者之间显著不同,否则信号不会有成功的效果。雇主不能将能力强的求职者从能力弱的求职者中区分开来,除非在后者选择较低的教育水平时前者发现自己对所受教育进行的投资能得到回报。斯彭斯还说明了存在教育和工资不同"预期"均衡的可能性,生产效率相同时,男性和白人的工资比女性和黑人的工资高。

信号发送模型将预期、决策信息集、信息条件等概念引入博弈论,从而对博弈论的发展和应用产生了深远的影响。斯彭斯创立和总结了信号理论的基本模型,并且运用它解释了很多的经济现象,例如,歧视、合作行为以及准入和提职等问题,同时对担保和二手汽车市场等例子做了细致深入的分析。信号理论的提出为信息经济学奠定了理论基石,而斯彭斯由此被称为信息经济学的先驱者、信号理论之父。

八、约瑟夫·斯蒂格利茨(Joseph Stiglitz,1943—　　)

(一)生平

约瑟夫·斯蒂格利茨1943年2月9日出生于美国,24岁时获得麻省理工学院博士学位,此后在剑桥大学从事研究工作。1969年他被耶鲁大学聘为经济学教授,三年后被选为计量经济学会的会员。1979年,他获得约翰·贝茨·克拉克奖,1988年成为美国国家科学院院士,同年起在斯坦福大学任经济学教授。1993年步入政界,成为克林顿政府的总统经济顾问委员会成员,从1995年6月起任该委员会主席。1997年起,他又担任世界银行高级副行长兼首席经济学家。2000年至今,斯蒂格利茨执教于哥伦比亚大学。2001年,因为对信息经济学的创立做出的重大贡献,斯蒂格利茨获得诺贝尔经济学奖。

(二)主要著述

《现代经济增长理论选读》(1969)(与宇泽弘文合著)

《公共经济学讲义》(1980)(与阿特金森合著)

《商品价格稳定理论》(1981)(与纽伯里合著)

《公共部门经济学》(1986)

《政府在经济中的作用》(1986)

《市场结构分析的新发展》(1986)(与马修森合编)

《经济学》(1993)

《喧嚣的九十年代》(2005)

《国际间的权衡交易》(2008)

《全球化及其不满》(2010)

《不平等的代价》(2012)

(三)重要学术贡献

1. 不对称信息经济学

斯蒂格利茨多次强调假如不考虑信息的不对称性的话,那么经济学模型很可能是误导性的。因为市场参与者不能得到充分的信息,市场的功能是不完善的,常常对人们的利益造成损害,所以政府和其他机构必须巧妙地对市场进行干预,以使市场正常运作。市场中卖方比买方更了解有关商品的各种信息,掌握更多信息的一方可以通过向信息贫乏的一方传递可靠信息而在市场中获益。买卖双方中拥有信息较少的一方会努力从另一方获取信息,市场信号显示在一定程度上可以弥补信息不对称的问题。他所倡导的一些前沿理论,如逆向选择和道德风险,已成为经济学家和政策制定者的标准工具。

2. 保险市场分析

保险公司不能完全区分高风险和低风险的客户,例如那些房屋毁于火灾的可能性极大的和房屋不太可能起火的客户。对所有人索要同样高的保险费,只会吸引风险最大的顾客,而那些风险小的客户很可能就不买保险了,而过多的高风险客户很快就会使保险公司债台高筑,所以保险公司要"干预"。它们限制保险额度,对每个人都不给足他想要的偿付额,使他们有安装防火装置和采取其他预防措施的动机。此外,全额保险的保费非常高;低风险的客户通过提高可扣除费用,只需支付少得多的保费。

以汽车险为例,由于保险公司无法观察到投保人的行为,投保人看管汽车的努力可能会因为投保而发生改变,从而可能使汽车被盗的概率上升,保险公司就更可能亏损,结果就是没有公司愿意提供汽车保险。每个投保人可能知道自己汽车被盗的概率,而保险公司不一定知道这种信息。那些觉得自己的汽车被盗的概率比较大的人会更有投保的积极性,这样保险公司赔偿的概率也会变高,会更容易亏损。斯蒂格利茨认为,提高保费不能使保险市场的逆向选择现象消失。原因是提高保费时,那些丢车概率低且犹豫不决的客户可能会选择不投保,因为丢车概率低,其所能接受的保费就低,这时保险市场同样难以存在。并且斯蒂格利茨证明:在竞争市场上,不存在混同均衡,只存在分开均衡。这是因为保险市场存在竞争,比如保险公司提供一种合同使这两类人都选择投保,那么总会有另一个保险公司设计一个合同,把丢车概率低的人吸引过去。

九、丹尼尔·卡尼曼(**Daniel Kahneman**,1934—　　)

(一)生平

丹尼尔·卡尼曼1934年3月出生在以色列特拉维夫,以色列和美国双重国籍。1954年毕业于以色列耶路撒冷的希伯来大学,获心理学与数学学士学位。1961年获美国加州大学心理学博士学位。1961—1978年先后任希伯来大学心理学讲师、高级讲师、副教授、教授。1978—1986年任加拿大不列颠哥伦比亚大学心理学教授。1986—1994年任美国加州大学伯克利分校心理学教授。1993年起至今任美国普林斯顿大学心理学教授和伍德罗威尔逊学院公共事务教授。2000年起兼任希伯来大学理性研究中心研究员。2002年因"开创了一系列实验法,为通过实验室实验进行可靠的经济学研究确定了标准"与弗农·史密斯一同获得了2002年的诺贝尔经济学奖。

(二)主要著述

《瞳孔直径与记忆负荷》(1966)

《心理任务中的知觉缺陷》(1967)

《不确定条件下的判断:启发式和偏见》(1974)

《决策框架和心理选择》(1981)

《预测的心理学》(1973)(与特沃斯基合著)

《前景理论:风险条件下的决策分析》(1979)(与特沃斯基合著)

《不确定条件下的判断:启发式和偏见》(1982)(与特沃斯基合著)

《公平和经济学的假设》(1986)(与塞勒等合著)

《谨慎选择以及大胆预测:风险的认知前景》(1993)

《投资者的心理侧面》(1998)

《选择、价值和框架》(2000)(与特维斯基合著)

《启发式和偏见:直觉判断心理学》(2002)

《思考,快与慢》(2011)

(三)重要学术贡献

1. 将心理学研究视角与经济科学结合起来

丹尼尔·卡尼曼将心理学研究的视角与经济科学结合起来,成为这一新领域的奠基人。他在不断修正经济人假设的过程中,看到了经济理性这一前提的缺陷,也就发现了单纯的外在因素不能解释复杂的决策行为,由此正式将心理学的内在观点和研究方法引进了经济学。他最重要的成果是关于不确定情形下人类决策的研究,他证明了人类的决策行为如何系统性地偏离标准经济理论所预测的结果。卡尼曼的研究激发起新一代的经济学和金融研究者将认知心理学的观点应用于人类内在的行为动机的研究,掀起了行为经济学和行为金融学的研究热潮,使经济学的理论更加丰富。

2. 前景理论

卡尼曼与阿莫斯·特维斯基通过大量社会学、心理学实验发现,人们在决策过程中,经常使用直观推断方法将一些复杂的决策问题简化为一些简单的判断,而以这些经验规则为主要特征的直观推断会产生严重的系统性错误和偏差。这些偏差可以大致归为以下四类:相似性偏差、可得性偏差、锚定效应、认知分歧和群体影响。他进一步研究发现,在决策过程中,人的风险态度和行为特征与期望效用理论存在系统性的偏离。具体来说又分为以下三种:确定性效应、反射效应、分离效应。他们通过实验对比发现,大多数投资者并非是标准金融投资者而是行为投资者,他们的行为不总是理性的,也并不总是回避风险的。投资者在投资账面值损失时更加厌恶风险,而在投资账面值盈利时,随着收益的增加,其满足程度速度减缓。前景理论解释了不少金融市场中的异常现象,如阿莱悖论、股价溢价之谜等。

3. 幸福指数

卡尼曼和普林斯顿大学经济学教授艾伦·克鲁格一直致力于提出"国民幸福指数",以此来衡量人们的幸福感,并希望这项指标与国内生产总值一样成为一个国家发展水平的衡量标准。卡尼曼指出:"幸福经济"还没有纳入经济学教科书,但是随着收入上升与幸福感之间的联系不复存在,"幸福经济"这一概念将逐渐得到重视。准确衡量幸福感的标准可能在企业和政府中得到广泛应用。对于幸福感,调查得出的数据是不确定的,情绪同样也会影响被调查者的回答。卡尼曼的解决办法是,让人们在一段时间内对不同活动所得到的愉悦感进行排序。

十、弗农·史密斯(**Vernon Smith**,1927—   )

(一)生平

弗农·史密斯1927年1月1日出生于美国堪萨斯州的威奇托,被称为实验经济学之父。1949年获得加州技术学院学士学位,1952年获得堪萨斯州立大学硕士学位,1955年获得哈佛大学博士学位。1961—1967年,担任普渡大学教授。1961—1962年,担任斯坦福大学客座教授。1967—1968年,担任布朗大学经济学教授。1968—1975年,担任马萨诸塞大学经济学教授。1974—1975年,担任南加州大学和加州技术学院客座教授。1975—2001年,担任亚利桑那州立大学经济学教授。1986—2001年,担任亚利桑那州立大学经济学实验室研究主任。从2001年开始,弗农·史密斯担任乔治·梅森大学经济学教授和法学教授。他因"开创了一系列实验法,为通过实验室实验进行可靠的经济学研究确定了标准"与丹尼尔·卡尼曼一同获得了2002年的诺贝尔经济学奖。

(二)主要著述

《竞争市场行为的实验性研究》(1962)

《实验性拍卖市场与瓦尔拉斯假定》(1965)

《社会选择中的一致性、自愿性同意原理》(1977)

《作为一门实验科学的微观经济学体系》(1982)

《论述、崩溃和实验性现货资产市场的外生预期》(1988)

《偏好、财产权和讨价还价博弈中的匿名问题》(1994)

《实验经济学论文集》(2000)

《经济学中的理性》(2007)

(三)重要学术贡献

1. 实验经济学

弗农·史密斯奠定了实验经济学的基础。他发现,仅仅依靠实际数据很难判断一个理论是否正确,也很难准确描述什么原因导致理论失效。而在可控的实验室条件下,模仿人们在市场上的相互行为和其他形式的相互影响的方法能有效地揭示经济理论的发展。他将经济分析引入实验室,发展了一系列的经济学实验方法,并为通过实验进行可靠的经济学研究确定了标准。例如,可以运用电脑上的程序实现模拟的囚徒困境、市场交易、模拟谈判等,并获得一系列参数,通过把这些参数和理论数值进行比较,试图运用心理学、社会学、演化论等去解释。

2. 双向拍卖市场机制

史密斯最重要的研究是以市场机制为对象。在有关竞争性市场的创新性实验、对不同拍卖形式的检验以及对诱生性价值判断方法的设计方面,他为这一研究领域奠定了基础。他在哈佛大学求学时,师从著名经济学家张伯伦,就沿着导师的方向为描述竞争性市场设计了"双向拍卖"的实验机制,从而验证了竞争均衡价格理论的正确性。

3. 对拍卖理论的检验

史密斯关于拍卖的实验研究核心是对某些拍卖单件物品方式的已有理论进行预测。实验结果是,英式拍卖和次高价格拍卖等价;荷兰式拍卖和密封最高价格拍卖并没有产生等价结果;密封最高价格拍卖产生的平均卖价更高。

4. 风洞实验

风洞实验室是进行空气动力实验最常用、最有效的工具之一,通过系统地操纵某些实验条件,观测与这些实验条件相伴随现象的变化,从而确定条件与现象之间的因果关系。早在20世纪60年代史密斯就发展了经济学领域的风洞实验,提倡在实施经济政策前先在实验室里进行模拟运作。在这个实验中,他们研究了公共品供给激励一致性机制的设计;检验了经济理论学家提出的各种机制以及他自己提出的各种变体的有效性;用计算机模拟了市场对机场时间段配置机制,并对电力市场的各种组织形式进行了实验研究。

十一、罗伯特·奥曼(Robert Aumann,1930—)

(一)生平

罗伯特·奥曼1930年6月生于德国莱茵河畔法兰克福,拥有以色列和美国双重国籍。1938年因逃避纳粹迫害,随全家迁到美国纽约。1950年获得纽约城市学院数学学士学位。1952年和1955年在麻省理工学院分别获得数学硕士学位和数学博士学位。1956年至今,担任耶路撒冷希伯来大学教授。1994年获得了以色列颁发的经济学奖。因为"通过博弈论分析改进了我们对冲突和合作的理解"与托马斯·谢林共同获得2005年诺贝尔经济学奖。

（二）主要著述

《缺原子博弈值》（1974）

《博弈论》（1981）

《博弈论讲座》（1989）

《不完全信息重复博弈》（1995）

（三）重要学术贡献

1. 重复博弈论:理论系统性的发展

（1）完全信息的重复博弈

奥曼认为完全信息的重复博弈论与人们之间相互作用的基本形式的演化相关。它可以解释合作、利他主义、报复、威胁等现象。奥曼还考察了许多具体的合作行为,定义了"强均衡"概念,即没有任何参与人团体可以通过单方面改变它们的决策来获益的情形。他指出重复博弈的强均衡与一次性博弈的核相一致。为此,奥曼定义和研究了非转移效用博弈,这开拓了该领域的研究空间,因为在此之前仅有"单边支付"博弈被研究。

（2）不完全信息的重复博弈

奥曼在给美国武器控制和裁军机构的开创性报告中,建立了不完全信息的重复博弈模型。他们指出,信息使用的复杂性实际上可以以一种简练明确的方式来解决。在一个重复的两人零和博弈中,其中一个参与人比另一个拥有更多信息,拥有更多信息的参与人所使用的信息数量是被精确地决定的;有时是完全揭露或根本没有揭露,有时是部分揭露。这种分析被扩展成两人零和博弈与非零和博弈。许多新的精深的观点和概念由此产生。例如,奥曼、马希勒和斯特恩斯在1968年引入了一个"联合控制的彩票"的概念,即没有参与人可以单方面地改变彩票不同结果的可能性,这个概念与非零和博弈密切相关。事实上,奥曼的有关不完全信息博弈的许多重要观点已被应用于许多经济学科,如寡头垄断、委托代理理论、保险等。

2. 合作博弈理论与非合作博弈论:非转移效用与理性的假设

（1）合作博弈理论

合作博弈的基本形式是联盟型博弈,它隐含的假设是存在一个在参与人之间可以自由转移的交换,每个参与人的效用在其中是线性的。这些博弈被称为"可转移效用"博弈。奥曼把"可转移效用"理论扩展到一般的非转移效用理论,发展并加强了可转移效用和非转移效用的合作博弈论。他界定了非转移效用联盟形式的博弈概念,提出了相应的合作解的概念。他研究了不同模型中的合作解,同时将非转移效用值公理化,这是奥曼对合作博弈论基本原理所作的贡献之一。

（2）非合作博弈论

非合作博弈论的重点是对个体的策略选择，即每个参与人如何博弈，或者说选择什么策略达到他的目标。与之不同，合作博弈理论的重点则是对群体，并仅从更一般的意义上阐述了每个联盟的赢得，而没有说明如何赢得。奥曼发展并提炼了"什么是理性"的问题，他认为：如果一个参与人在既定的信息下最大化其效用，他就是理性的。因此，一个理性人选择他最偏好的行动，当然"最"是相对于他所掌握的（关于环境和其他参与人的）知识而言的。

3. 塔木德难题

奥曼使用博弈论分析犹太法典中的塔木德难题，解决了长期悬而未决的遗产分割问题。他总结出古代犹太人解决财产争执的三个原则：①仅分割有争议财产，无争议财产不予分割。②宣称拥有更多财产权利的一方最终所得不少于宣称拥有较少权利的一方。③财产争议者超过两人时，将所有争议者按照其诉求金额排序，最小者自成一组，剩下所有争议者另成一组，争议财产在两组间公平分配。

十二、托马斯·谢林（Thomas Schelling，1921—2016）

（一）生平

托马斯·谢林 1921 年 4 月出生于美国加利福尼亚州的奥克兰市。1944 年获加州大学伯克利分校文学学士学位。1948 年获得哈佛大学文学硕士学位，1951 年获得哈佛大学经济学博士学位。1948 年至 1953 年，他先后为马歇尔计划、白宫和总统行政办公室工作。1953—1958 年任耶鲁大学经济学教授，1958 年被聘为哈佛大学经济学教授。1969 年到哈佛大学肯尼迪研究生院兼职，担任政治经济学教授。1978 年，他从哈佛大学辗转来到马里兰学院研究公共事务。1988 年美国经济学联合会将其评为"杰出资深会员"。1992 年当选为美国经济学联合会会长。他凭借对预防核战争的相关行为的研究，获得"国家自然科学奖"。2005 年，他因为"通过博弈论分析改进了我们对冲突和合作的理解"而与罗伯特·奥曼一同被授予诺贝尔经济学奖。2016 年 12 月 14 日谢林在他位于马里兰州贝塞斯达的家中去世。

（二）主要著述

《冲突的策略》（1960）

《战略与军控》（1961）

《武器的影响力》（1966）

《微观动机与宏观行为》（1978）

《选择与结果》（1984）

《承诺的策略及其他文论》(2006)

(三)重要学术贡献

1. 威慑理论

谢林认为,核裁军并不一定会导致战略的稳定,核军备竞赛也不一定会导致战略的不稳定,问题的核心在于让对手相信本国没有首先攻击对手的动机。因此国家应尽力做出"可信承诺"以减少对手的猜疑。要想使对手放弃发动突然袭击,其最有效的办法便是消除对手首先发动突然袭击的优势,使对手认识到这样的冒险将不会得到任何好处。威慑的成功与否并不取决于本国当前所具有的毁灭对手的能力,而是取决于报复能力。在威慑行为中,报复能力比抵御攻击的能力更加重要。在任何一方都不具备一次性毁灭对手还击能力的前提下,一国只有保护好本国具有报复能力的武器,其威慑才会真正发挥作用。"核恐怖平衡"才是防止核大战的唯一稳定的有效机制。

2. 种族隔离模型

在个体与其所生存的环境之间存在着一个互动的体系。即使所有的个体都足够宽容,他们或许并不反对与不同文化、宗教或肤色的人居住在同一个社区,这也并不能消除城市中存在的隔离现象。因为在个体看来,他们的邻居中必须至少有一部分是和自己特征相近的人。如果这个条件不能得到满足的话,他们将不得不迁出社区,去寻找那些和自己特征相近的群体。因此,如果社区内某个群体的规模持续下降,就会产生多米诺骨牌效应,最终导致这个群体的成员全部迁出社区,原先各种族平安相处的社区就会变成一个"种族隔离"的社区,这就是"谢林隔离模型"。

3. 讨价还价理论

讨价还价实际上是一个非零和博弈。在效率曲线上,博弈者的利益是对立的,没有帕累托改进的余地。但这种对立只是一种逻辑上的可能,在效率曲线上的所有点中,必然有一点上博弈者的利益是一致的。他们避免两败俱伤的共同想法,体现为他们在效率曲线上找到一个合适的点,以解决彼此的冲突。这涉及一系列默契协调的问题,首先,谢林认为这种协定的达成类似于"双方期望的协调"问题,即如果任何一方都推测这个结果双方都可能接受,那么协定就可以达成了。其次,谢林认为这种期望由许多因素共同塑造:包括历史的、美学的、法律的、道德的,以及文化的因素,当然也包括纳什等人所强调的数学因素。通过讨价还价现象的观察得到的结论就是一个博弈者避免两败俱伤的努力如何影响对手类似的行为。

4. "谢林点"

谢林点(也被称为中心点)指的是人们在缺乏沟通的情况下往往会采用的

一种解决问题的办法。中心点就是每个人预期别人预期他可能会怎么做的方法。在谢林的大量实验中几乎每种情形都提供了某种合作行为的线索,也就是中心点,每个人都能预期别人会预期他那么做的一个点。各方找到的答案可能凭借依靠的是想象力,而不是逻辑推理;也有可能它会取决于类比的方法,或者某些先例、偶然的安排、对称的或美学的甚至几何的布局;而且会取决于涉及的人以及他们彼此了解的程度等。这些问题的一个突出特点就是都存在中心点,也就是存在某些突出或者显著的解决问题的方法。

十三、里奥尼德·赫维克兹(Leonid Hurwicz,1917—2008)

(一)生平

里奥尼德·赫维克兹1917年8月21日出生于俄罗斯莫斯科的一个犹太家庭。出生后数月俄罗斯就发生了十月革命,赫维克兹举家在1919年逃离了俄罗斯。1919年获得波兰华沙大学法学硕士学位,1939年在伦敦政治经济学院学习后到了日内瓦。他是美国科学院院士、总统奖获得者和明尼苏达大学校董事会讲座教授。1947年首先提出并定义了宏观经济学中的理性预期概念。他曾于1990年由于"对现代分散分配机制的先锋性研究"获得美国国家科学奖。因为在创立和发展"机制设计理论"方面所作的贡献,赫维克兹在2007年获得诺贝尔经济学奖。2008年6月25日赫维克兹去世。

(二)主要著述

《资源配置中的最优化与信息效率》(1960)

《无须需求连续性的显示性偏好》(1972)

《资源分配的机制设计理论》(1973)

《信息分散的系统》(1978)

《市场经济的缺陷与政府干预》(2000)

《设计中的经济机制》(2009)

(三)重要学术贡献

1. 机制设计理论

经济机制理论讨论的问题是:对于任意给定的一个目标,在自由选择、自愿交换的分散化决策条件下,能否并且怎样设计一个经济机制,使得经济活动参与人的个人利益和设计者既定的目标一致。赫维克兹的经济机制理论包括信息理论和激励理论,并用经济模型给出了令人信服的说明。经济机制理论的模型由四部分组成:经济环境、自利行为描述、想要得到的社会目标及配置机制。赫维克兹证明:没有什么经济机制有比竞争市场机制更低的信息空间的维数,并且产生了帕累托有效配置。他通过深入的研究和严密的论证,推理出竞争市场机制是唯一的利用最少信息并且产生了有效配置的经济机制的结论。在一定条件下,竞争市场机制可以实现资源有效配置,且在最大程度上降低信息成本。

除经济学领域外,机制设计理论还可以在政治学领域发挥作用。赫维克兹做了许多奠基性的工作,使机制设计理论逐渐成为经济学领域的基本概念和原理。莫里斯和维克瑞根据该理论,提出了委托—代理理论,开创了信息经济学领域新的分支,并在赫维克兹获奖之前获得诺贝尔经济学奖。

2. 信息效率

机制设计理论通常涉及信息效率和激励相容两个基本概念。信息效率是关于经济机制实现既定社会目标所需信息量多少的问题,因此机制设计要求具有尽可能低的信息传递成本和较少的关于消费者、生产者以及其他经济活动参与人的信息。

3. 激励相容"不可能性定理"

激励兼容问题是在所设计的机制下,使不同的参与人在追求个人利益的同时能够达到设计者所设定的目标,在实现总体目标的同时可以兼顾个人利益。根据机制设计理论,人们可以在很大程度上提升自己对最理想分配机制的理解,分辨市场动作是否良好,经济学家则可以根据该理论判断有效交易机制。在经济社会成员数目有限的条件下,即使对于只有私人商品的经济环境,不可能存在任何经济机制,当人们的行为按占优策略决策时,它能执行帕累托最优配置。

赫维克兹的"真实显示偏好"不可能性定理是一个类似的结论。在个人经济环境中,在参与性约束条件下,真实显示偏好和资源的帕累托最优配置是不可能同时达到的。因为如果一个人愿意讲真话,那就意味着讲真话是他的占优策略。因此在机制设计中,要想得到能够产生帕累托最优配置的机制,很多时候必须放弃占优均衡假设,即放弃每个人都讲真话办真事的假设。

4. 其他贡献

20世纪40年代中后期,赫维克兹将主要的研究兴趣放在计量经济学上,在动态计量模型的识别方面进行了先锋式的探索,做了很多基础性的工作。他率先提出并定义了理性预期的概念,随着经济学的发展,理性预期学派已经在经济学领域取得丰硕的成果,逐渐成为宏观经济学的重要组成部分。在如何从需求函数的存在来证明效用函数的存在这一可积性结果方面,赫维克兹也做了许多重要的工作。

十四、埃里克·马斯金(Eric Maskin,1950—)

(一)生平

埃里克·马斯金1950年12月生于纽约。1972年获得哈佛大学数学学士学位后,又选择在哈佛大学继续深造,1974年获得应用数学硕士学位,1976年获得应用数学博士学位。1977年开始,马斯金在麻省理工学院担任教职。1981年开始,马斯金成为麻省理工学院的经济学教授。1985年,马斯金重返哈佛大学,并在这里任教16年。2003年出任世界计量经济学会会长。马斯金现任普林斯顿高级研究所社会研究学院讲座教授,普林斯顿高等研究院社会科学部主任。2007年11月8日,受聘成为清华大学名誉教授。2007年诺贝尔经济学奖授予里奥尼德·赫维克兹、埃里克·马斯金和罗杰·迈尔森三名经济学家,以表彰他们在创建和发展"机制设计理论"方面所作的贡献。

(二)主要著述

《纳什均衡和福利最优化》(1977)

《经济研究评论》(1999)

(三)重要学术贡献

1. 机制设计理论

马斯金最突出的贡献是将博弈论引入机制设计。机制设计此前只是从中央计划者的角度考虑问题。那么,在这个机制里面,谁是中央计划者呢?最后怎么执行?而马斯金在这方面有重大的推动,他认为并不需要一个中央计划者。我们不需要一个中央计划者命令人们去怎么做,而是设计好一个机制,人们都是为了自己的利益在这个机制的引导下行动。

2. 马斯金定理

马斯金将博弈论引入经济制度的分析中,证明了纳什均衡实施的充分和必要条件,为寻找可行的规则提出了一种标准,这项结果又被称为"马斯金定理"。简单地说,实施理论就是给出所有纳什均衡都是帕累托最优(或激励有效)的机制的充分必要条件,其目的在于为机制施加一些条件,使得其纳什均衡都是最优的。根据均衡结果与设定的目标之间的关系,可以将实施分为完全实施、基本实施和弱实施。均衡结果恰好与目标吻合,则为完全实施;均衡结果部分实现目标,则为基本实施;均衡结果远离目标,则为弱实施。根据信息的完善程度,均衡结果分为占优策略均衡、纳什均衡、强纳什均衡、子博弈完美纳什均衡、非占优纳什均衡等类型。这说明微小的信息决定着目标的实施程度。

3. 马斯金单调性

在纳什均衡假设下,马斯金给出了能被实施的社会选择规则一定是满足单调性的条件,即著名的"马斯金单调性"。如果社会选择规则选择了某个选项,那么在所有人都没有降低对这个选项偏好的情况下,这个选项将总是社会选择的结果;同时,如果单调性和没有否决权条件(如果其他参与人都同意某项配置方案,那么就没有人拥有否定该项配置方案的权力)同时满足,并且至少有三个参与人,那么纳什均衡实施就是可能的。因为在具有至少三个参与人的私人商品经济中,如果每个人的效用函数都是单调的,则不存在任何资源配置方案,使得它对于一个以上的参与人同时是最好的,从而个人"没有否决权"的条件显然得到满足。赫维克兹和史迈德勒证明了在特定条件下所有的纳什均衡都是帕累托最优机制是可能的。马斯金不仅考虑了完全信息博弈中的纳什均衡,而且其结论还适用于不完全信息博弈的贝叶斯纳什均衡。

十五、罗杰·迈尔森(Roger Myerson,1951—   )

(一)生平

罗杰·迈尔森1951年出生在美国波士顿。1973年在哈佛大学取得应用数学硕士学位,1976年在哈佛大学取得应用数学博士学位。1982至2001年,迈尔森在美国伊利诺伊州西北大学任教,目前是芝加哥大学的经济学教授,并获卓越服务教授名衔,研究专长包括经济学领域里的博弈论和政治学领域里的投票体制等。20世纪80年代,迈尔森用机制设计理论和博弈论为加州电力改革设计方案。在博弈论领域,引入了更新的纳什均衡概念,现在称为"更适当的均衡"。2007年诺贝尔经济学奖授予里奥尼德·赫维克兹、埃里克·马斯金和罗杰·迈尔森三名美国经济学家,以表彰他们在创建和发展"机制设计理论"方面所作的贡献。

(二)主要著述

《纳什均衡与福利最优化》(1977)

《最优拍卖设计》(1981)

《博弈论:矛盾冲突分析》(1991)

《经济决策的概率模型》(2009)

(三)重要学术贡献

1. 机制设计理论

由赫维克兹开创并由埃里克·马斯金、罗杰·迈尔森进一步发展的机制设计理论极大地加深了对优化分配机制属性、个人动机、私人信息等的理解,这种理论使我们能区分市场运作良好的市场和运作不好的市场,它帮助经济学家确定有效的贸易机制、规则体系和投票程序。机制设计理论可以看作是博弈论和社会选择理论的综合运用,如果假设人们是按照博弈论所刻画的方式行为的,并且设定按照社会选择理论对各种情形都有一个社会目标存在,那么机制设计就是考虑构造什么样的博弈形式,使得这个博弈的解就是那个社会目标,或者说落在社会目标集合里,或者无限接近于它。它和信息经济学几乎是一回事,只不过后者有不同的发展线索,但毫无疑问所有信息经济学成果都可以在机制设计的框架中处理。从研究者的角度看,一个机制最值得关注的特征有两个:信息和激励。机制的运行总是伴随着信息的传递,那么信号空间的维度成为影响机制运行成本的一个重要因素,所谓信息问题就是要求机制的信号空间的维度越小越好,当然必要时还需考虑信息的复杂性。而激励问题就是我们通常说的激励相容,在不同的博弈解前提下,激励相容有不同的表现形式。机制设计理论家们几乎对各种情形下什么样的社会选择规则是可执行的问题都进行了探讨。

2. 显示原理

马斯金和迈尔森在1979年将博弈论扩展到贝叶斯纳什均衡,但也只能用于没有虚报信息的情况。1982年,迈尔森对显示原理进行了综合,并将其扩展到包含不完全信息的贝叶斯纳什均衡,同时包括虚报信息和可能违背建议的情况。1988年,迈尔森又将其扩展到多阶段博弈,从而将显示原理推广到最一般的情形。他考察了单物品拍卖所面临的主要问题:由于卖主不知道拍品对众多潜在的买主的价值,因此必须设计一个能使其期望效用最大化的拍卖机制。他证明了维克瑞关于四种标准拍卖机制的期望收入等价的一般性结论,并认为有必要研究哪种拍卖机制是卖主的最优选择。迈尔森根据显示原理把最优机制的寻找范围缩小到了激励相容的直接机制,并将最优拍卖机制设计问题转化为一个双重约束下的线性规划问题,即卖主在参与约束和激励相容约束下如何使其预期剩余最大化。迈尔森的研究大大推动了拍卖理论的发展。显示原理的发现大大降低了机制设计问题的复杂程度,把很多复杂的社会选择问题转化为博弈论可处理的不完全信息博弈,大大缩小了筛选范围,也为深入探索铺平了道路。

十六、埃尔文·罗斯(Alvin Roth,1951—　　)

(一)生平

埃尔文·罗斯1951年12月19日出生于美国的一个犹太家庭,现任哈佛大学商学院教授。罗斯1971年本科毕业于哥伦比亚大学,获得运筹学学士学位,随后赴斯坦福大学攻读研究生,1973年获运筹学硕士学位,一年后获运筹学博士学位。离开斯坦福之后,罗斯直到1982年一直在伊利诺伊大学任教,此后他在匹兹堡大学担任安德鲁－梅隆经济学教授直到 1998 年,之后他加入哈佛大学并在此工作至今。罗斯是美国杰出年轻教授奖——斯隆奖的获得者、美国艺术和科学院院士,他也是美国国家经济研究局和美国计量经济学学会成员。罗斯在博弈论、市场设计和实验经济学领域都曾作出重大贡献,获 2012 年诺贝尔经济学奖。

(二)主要著述

《交易的不言自明模式》(1979)

《交易的博弈理论模式》(1985)

《经济学的实验室实验:6 个观点》(1987)

《沙普利值:致劳埃德－沙普利的评论》(1987)

《匹配的两面:博弈理论模拟和分析的研究》(1990)(与马约尔合著)

《实验经济学手册》(1995)

《鲍伯－威尔逊传统的博弈论》(2001)(与霍姆斯特罗姆和米尔格罗姆合著)

《共享经济:市场设计及其应用》(2015)

(三)重要学术贡献

1. 匹配理论

匹配理论最早开始于盖尔和沙普利关于大学生招生和婚姻匹配问题的研究。罗斯发现,沙普利教授的理论能够阐明一些重要市场在实践中的运作机制,之后他将这些研究成果运用于实验,并帮助重新设计了诸多匹配机制。通过一系列实验,他发现"稳定"是了解特定市场机制成功的关键因素。

罗斯对匹配理论进行了重要发展:第一,设计并分析了中央匹配机制;第二,研究了不存在中央匹配机制时,双方参与人通过搜寻达成匹配的过程。罗斯证明,一般来说不存在对所有参与人都激励相容的稳定匹配机制。他还进一步证明,所有的偏好操纵,只要是非劣纳什均衡,那么它都是一个稳定的匹配结果。

2. 市场设计

市场设计主要寻求在市场失灵情况下的解决方案,而所谓"市场失灵",是指无法依靠价格这一经济学的核心原则来解决问题,罗斯意识到了沙普利的理论和计算可让实践中重要市场的运作方式变得更清晰。在一系列的实验性研究中,罗斯和他的同事表明,为了理解某个特定市场制度为何成功,研究其稳定性是关键所在。罗斯后来成功地通过系统性的实验室实验支持了前述结论。罗斯还就涉及道德限制和特定情况的方面进行了修正。

埃尔文·罗斯重新设计了现有的体系以匹配医生和医院、学生和学校、患者和志愿者,具体来说,诸如在学生和大学之间如何配置教育资源、器官捐献者与接收移植的病人之间如何匹配器官资源等方面,这些理论和实践都有应用。他最为著名的设计是"全国住院医生配对程序",通过这一程序,美国每年约有两万名医生找到了心仪的医院作为自己职业生涯的起点。他还帮助设计了纽约高中配对系统,每年有约九万名高中生通过这一系统择校。2003 年,罗斯参与了医院领域肾脏捐赠系统的设计。美国有 8.5 万名患者等待肾脏捐赠,每年有 4000 名患者因器官短缺而死亡,其中一个重要原因是捐赠匹配系统的效率太低。在罗斯设计的新系统里,对于想捐肾给亲人但因为血型不匹配而无法实现的情况,系统可以帮助他们与其他不匹配的类似捐赠组交换器官。

十七、罗伊德·沙普利(Lloyd Shapley,1923—   )

(一)生平

罗伊德·沙普利 1923 年 6 月 2 日出生于美国马萨诸塞州剑桥。1943 年,沙普利进入哈佛大学,1943 年至 1945 年,加入美国陆军航空队,前往成都支援中国抗战。战争结束后,他返回哈佛校园并获得数学学士学位。1948 年至 1949 年,沙普利进入兰德公司。1954 年获得美国普林斯顿大学博士学位。1954 年至 1981 年,他重回兰德公司工作。1967 年加入世界计量经济学会。1979 年成为美国国家科学院会员。1981 年担任美国加州大学洛杉矶分校教授。1981 年获得约翰·冯·诺伊曼理论奖。1986 年任耶路撒冷希伯来大学的名誉博士。2007 年沙普利成为美国经济学会特聘研究员。2012 年与埃尔文·罗斯共同获诺贝尔经济学奖。

(二)主要著述

《n 人博弈的价值》(1953)

《随机对策理论》(1953)

《委员会体系下权力分配评估理论》(1954)

《大学入取和婚姻稳定》(1962)

《简单博弈论:描述理论概述》(1962)

《市场博弈论》(1969)

《长期竞争:博弈论分析》(1994)

《潜在博弈论》(1996)

《机构权力分配》(2003)

(三)重要学术贡献

1. 匹配博弈

匹配博弈是研究和应用都非常广泛的一类博弈,最早开始于盖尔和沙普利的一篇简短而有重大启发意义的关于大学生招生和婚姻匹配问题的研究。沙普利采用了合作博弈理论对不同经济主体如何匹配以及匹配形式的各种可能性进行了深入研究,其研究重点在于保证配对的稳定性。所谓稳定性,就是不存在这样两个市场主体,他们都更中意于他人,并胜过他们当前的另一半匹配对象。沙普利分析出一种被称为"盖尔–沙普利算法"的特定方法,以保证总能获得稳定的匹配,这一机制还可以对相关各方试图操纵匹配过程加以限制。沙普利的研究还揭示了如何通过机制设计对市场的某方产生系统性收益。

2. 盖尔–沙普利算法

盖尔–沙普利算法也被称为"延迟接受算法",简称"G-S算法",是盖尔和沙普利教授为了寻找一个稳定匹配而设计出的市场机制。市场一方中的对象(医疗机构)向另一方中的对象(医学院学生)提出要约,每个学生会对自己接到的要约进行考虑,然后抓住自己青睐的,拒绝其他的。该算法一个关键之处在于合意的要约不会立即被接受,而只是被"抓住",也就是"延迟接受"。要约被拒绝后,医疗机构才可以向另一名医学院学生发出新的要约。整个程序一直持续到没有机构再希望发出新的要约为止,到那个时候,学生们才最终接受各自"抓住"的要约。沙普利采用合作博弈理论并比较不同匹配的方法进行研究,确保配置的稳定性,并在匹配过程中限制变量的影响,从而保证匹配的双方不会被对方干扰。这一研究成果展现了一种特定方法的设计如何系统地有益于市场中的一方或另一方。

3. 沙普利值

沙普利值提出了一个好的方法和机制,可以帮助企业根据边际贡献进行分配。对于一个参与人而言,不确定结局(如赌博、抽彩等)的值是以其效用大小对预期结局的评价:这是他期望获得的先验测度。类似的,人们可评价一种感兴趣的对策,即测量该对策中每个局中人的值。由于沙普利值强烈的直观吸引力及数学上的易处理,它已成为很多研究的应用焦点,尤其是在大型经济模型中。此外,确定沙普利值的公理可以方便地转换为适合于解决诸如以一种公平的方式考察配置联合成本之类的问题。

十八、让·梯若尔(Jean Tirole,1953—　　)

(一)生平

让·梯若尔1953年8月9日出生于法国巴黎,1978年获得巴黎第九大学应用数学博士学位后,转入经济学领域,到美国麻省理工学院继续深造,师从埃里克·马斯金,并于1981年获得经济学博士学位,现担任法国图卢兹大学产业经济研究所科研所长,同时在巴黎大学、麻省理工学院担任兼职教授,并先后在哈佛大学、斯坦福大学担任客座教授。1984 年至今担任 *Econometrica* 期刊副主编。他还是普纳思经济管理研究院学术委员。2014 年诺贝尔经济学奖被颁发给梯若尔，以表彰其"对市场力量和监管的分析"。

（二）主要著述

《理性预期下投机行为的可能性》（1982）

《资产泡沫和世代交叠模型》（1985）

《产业组织理论》（1988）

《博弈论》（1991）（与弗登博格合著）

《经济组织中的串谋问题》（1992）

《政府采购与规制中的激励理论》（1993）（与拉丰合著）

《经济组织中的串谋问题》（1992）

《不完全契约理论：我们究竟该站在什么立场上》（1999）

《电信竞争》（2000）（与拉丰合著）

《公司治理结构》（2001）

《金融危机、流动性与国际货币体制》（2002）

《国际金融理论》（2002）

《公司金融理论》（2002）

（三）重要学术贡献

1. 新产业组织理论

梯若尔将博弈论和信息经济学的基本分析方法应用于产业组织理论，开始构建新的框架分析解决产业结构调整中出现的新问题。新产业组织理论的特点如下：从重视市场结构的研究转向重视市场行为的研究；突破了传统产业组织理论单向的、静态的研究框架，建立了双向的、动态的研究框架；博弈论的引入，意味着对传统的由市场机制决定的瓦尔拉斯均衡可行性的怀疑，如现代大公司可通过许多非市场的制度安排，如合谋、组织结构调整来解决问题，而不依靠市场。

2. 博弈论

梯若尔和弗登博格合著的《博弈论》是博弈论领域最具权威性的教材，书中涵盖了非合作博弈的全部重要内容，包括策略式博弈、纳什均衡、子博弈完美性、重复博弈以及不完全信息博弈等常规内容，而且还包括马尔科夫均衡这样的非常规内容。

3. 新规制经济学

梯若尔和拉丰完成了新规制经济学理论框架的构建，将信息经济学与激励理论的基本思想和方法应用于垄断行业的规制问题。在批判传统规制理论的基础上，他们创建了激励性规制的一般框架，结合公共经济学与产业组织理论的基本思想以及信息经济学与机制设计理论的基本方法,成功解决了不对称信息下的规制问题。

4. 串谋理论

梯若尔建立了串谋理论的基本框架,提出了"防范串谋原理":为了避免串谋带来组织效率的损失,对于一般性组织,委托人总可以设计一组新的机制或契约,通过转移支付等手段,使得代理人的收益超过他参与串谋的收益,从而抵消了代理人参与串谋的积极性。梯若尔在非合作博弈的框架下,运用声誉模型和重复博弈模型,指出串谋往往发生在具有长期合作关系的组织中,这种长期关系使得代理人在串谋时更重视合作的声誉以及未来的收益,因而保证了串谋契约是自持的。

5. 不完全契约理论

以梯若尔和马斯金为代表的机制设计学派运用机制设计理论的最新成果证明,不可预见的偶然性所造成的契约的不完全性,并不构成资源配置无效率的本质障碍,在当事人的效用函数不是非常限制性的情形下,我们可以设计出一个激励相容的机制,实现帕累托有效配置,这就是"可能定理"。所谓机制的复杂与否必须放到具体的应用范围中去讨论,如果机制设计与实施的成本低于它所带来的收益,这种机制就是可行的。

6. 金融学理论

梯若尔基于信息不对称和委托代理理论,分析金融决策行为中的一般规律,将公司金融的分析范式引入国际金融和金融监管,提出双重代理问题和共同代理问题。在不对称信息框架下重新改写了公司金融理论,运用对策论、激励理论、产业组织理论的方法,重点讨论了公司治理结构、控制权分配、流动性管理、监管与收购等问题,给公司金融理论界定了更广阔的研究范围和新的研究方向。

参考文献

［1］Joel Watson. *Strategy：an Introduction to Game Theory*，Third Edition. W. W. NORTON& COMPANY，2013.

［2］Robert Gibbons. *A Primer in Game Theory*，Third Edition. Pearson Academic，1992.

［3］阿维纳什·K. 迪克西特，巴里·J. 奈尔伯夫. 策略思维. 北京：中国人民大学出版社，2002 年.

［4］阿维纳什·K. 迪克西特，巴里·J. 奈尔伯夫. 妙趣横生博弈论. 北京：机械工业出版社，2009 年.

［5］黄炜，单娇，代娟. 核查成本与防范保险共谋欺诈风险的博弈选择. 保险研究，2013年第 11 期.

［6］蒋文华. 用博弈的思维看世界. 杭州：浙江大学出版社，2014 年.

［7］焦宝聪，陈兰平，方海光. 博弈论——思想方法及应用. 北京：中国人民大学出版社，2013 年.

［8］施锡铨. 博弈论. 上海：上海财经大学出版社，2000 年.

［9］王则柯. 新编博弈论平话. 北京：中信出版社，2003 年.

［10］谢识予. 经济博弈论. 上海：复旦大学出版社，2003 年.

［11］詹姆斯·米勒. 活学活用博弈论——如何利用博弈论在竞争中取胜. 北京：中国财政经济出版社，2006 年.

［12］张维迎. 博弈论与信息经济学. 上海：上海三联书店，上海人民出版社，1996 年.

［13］朱·弗登博格，让·梯若尔. 博弈论. 北京：中国人民大学出版社，2010 年.

教辅申请说明

　　北京大学出版社本着"教材优先、学术为本"的出版宗旨，竭诚为广大高等院校师生服务。为更有针对性地提供服务，请您按照以下步骤在微信后台提交教辅申请，我们会在1~2个工作日内将配套教辅资料，发送到您的邮箱。

◎手机扫描下方二维码，或直接微信搜索公众号"北京大学经管书苑"，进行关注；

◎点击菜单栏"在线申请"—"教辅申请"，出现如右下界面：

◎将表格上的信息填写准确、完整后，点击提交；

◎信息核对无误后，教辅资源会及时发送给您；
如果填写有问题，工作人员会同您联系。

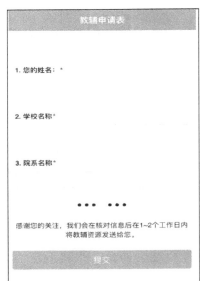

温馨提示：如果您不使用微信，您可以通过下方的联系方式（任选其一），将您的姓名、院校、邮箱及教材使用信息反馈给我们，工作人员会同您进一步联系。

我们的联系方式：

北京大学出版社经济与管理图书事业部
通信地址：北京市海淀区成府路205号，100871
电子邮件：　em@pup.cn
电　　话：　010-62767312 /62757146
微信：北京大学经管书苑（pupembook）
网址：www.pup.cn